工学结合·基于工作过程导向的项目化创新系列教材
国家示范性高等职业教育机电类“十三五”规划教材

机械制造技术

（第2版）

JIXIE ZHIZAO JISHU

▲主　编　林承全　刘合群　贺　剑
▲副主编　门　超　钟昌清　胡兴旺　颜昌标

http://www.hustp.com
中国·武汉

内容简介

全书共分8章，主要包括机械制造技术概论，金属材料的力学性能，金属的结晶理论及应用，工程材料及热处理，铸造、锻压、焊接及胶接，金属切削基本理论，金属切削加工及装备，机械制造工艺规程设计等内容。

图书在版编目(CIP)数据

机械制造技术/林承全，刘合群，贺剑主编. —2版. —武汉：华中科技大学出版社，2017.8
ISBN 978-7-5680-3245-2

Ⅰ.①机… Ⅱ.①林… ②刘… ③贺… Ⅲ.①机械制造工艺-高等职业教育-教材 Ⅳ.①TH16

中国版本图书馆CIP数据核字(2017)第187215号

机械制造技术(第2版)
Jixie Zhizao Jishu

林承全　刘合群　贺剑　主编

策划编辑：张　毅
责任编辑：张　毅
责任监印：朱　玢
出版发行：华中科技大学出版社(中国·武汉)　电话：(027)81321913
武汉市东湖新技术开发区华工科技园　邮编：430223
录　排：武汉正风天下文化发展有限公司
印　刷：武汉市籍缘印刷厂
开　本：787mm×1092mm　1/16
印　张：14.75
字　数：363千字
版　次：2017年8月第2版第1次印刷
定　价：38.00元

前言 QIANYAN

为贯彻落实《国务院关于加快发展现代职业教育的决定》(国发〔2014〕19 号)的精神，我们根据教育部制定的“高职高专技能型人才培养方案”以及“机械制造技术”课程的教学基本要求编写了这本书。本书的编写结合了国内高职院校课程的改革实践，借鉴了同类课程的有益经验，根据新形势下高等职业教育专业人才的培养目标和要求，加强基础，突出能力，注重素质，强调自身特色。

本书将传统的“金属工艺学”“金属切削原理与刀具”“机械制造工艺学”“金属切削机床”等课程整合，突出专业知识的实用性、综合性和先进性，其基本理论以应用为目的，以“必需、够用”为度，以讲清概念、强化应用为重点，注重实践性、启发性和科学性，注重对学生创新能力、创业能力和创造能力的培养。每章都编有丰富的习题以供师生选用。书中采用的基本术语、材料牌号、设备型号等均符合最新的国际标准和国家标准。

本书主要适用于机电一体化、模具、数控、汽车等机械类、近机械类各专业两年制和三年制学生的教学，参考学时数为 90～150；也可作为其他相关专业的教材或参考书，还可供从事机械制造的工程技术人员参考。

本书由林承全(荆州职业技术学院)、刘合群(咸宁职业技术学院)和贺剑(随州职业技术学院)担任主编，门超(承德石油高等专科学校)、钟昌清(咸宁职业技术学院)、胡兴旺(咸宁职业技术学院)和颜昌标(武汉铁路职业技术学院)担任副主编，其中，林承全编写第 1 章、第 2 章，刘合群编写第 3 章，门超编写第 4 章，贺剑编写第 5 章，钟昌清编写第 6 章，胡兴旺编写第 7 章，颜昌标编写第 8 章。全书由林承全统稿和定稿。

在本书的编写过程中参阅了一些国内外出版的同类书籍，在此特向有关作者表示衷心感谢！

由于编者水平所限，书中不妥之处在所难免，恳请读者批评指正。

编　者

2017 年 5 月

目录 MULU

第1章 机械制造技术概论

1.1 机械制造技术的发展

一、机械制造业的基本情况

机械制造技术是以制造一定质量的产品为目标，研究如何以最少的消耗、最低的成本和最高的效率进行机械产品制造的综合性技术。机械制造技术在国民经济中具有十分重要的地位和作用，无论是传统产业还是新兴产业，都离不开各种各样的机械设备。世界各国都把机械制造业作为振兴和发展国民经济的战略重点之一。

机械制造业的规模和水平是反映国民经济实力和科学技术水平的重要标志，是国家工业体系的重要基础和国民经济的重要组成部分；机械制造技术是工业生产、国际经济竞争、产品革新的一种重要手段。在基础机械、基础零部件、基础工艺的发展中，其关键问题是制造技术的发展。

二、我国机械制造技术的发展情况

机械制造业经历了工业化革命，现在，现代科学技术的飞速发展又为现代制造业的技术革新与技术改造提供了新的基础。我国正在逐步成为全球制造业大国，并将从制造业大国转变为制造业强国。面对激烈的市场竞争，企业不得不采用新的生产方式以及现代管理模式，来快速响应市场，增强企业核心竞争力。

目前，机床领域的尖端产品，如五轴联动叶片加工中心、大型数控龙门车铣加工中心、五面体加工中心、大型车削中心及柔性加工线，我国都已实现了产业化；立式镗铣头、空间回转镗铣加工中心等，我国都已开发成功并用于生产；复合式板材加工中心、液压式回转头数控压力机等，我国都已达到国际先进水平；我国的工具行业在超硬材料、复杂刀具等方面也取得了一定的进步，高精度、高效率、高寿命的刀具、磨具市场占有率不断提高。

我国的机械制造业虽然取得了很大的成绩，但与国民经济发展的需要、与世界先进水平相比还存在一定的差距。

今后我国机械制造业的发展战略是：适应国民经济发展的要求，以基础机械的关键制造技术，柔性化、自动化制造技术，重大成套技术装备及大批量制造技术为重点，研究开发优质、高效、精密工艺与装备，为新一代产品投产和规模生产提供新工艺、新装备作为总目标；加强基础技术研究，积极消化、掌握引进技术，提高自主开发能力，抓好工艺与装备紧密结合，以及常规制造技术、精密检测技术、数控技术的综合应用等环节，形成常规制造技术、现代制造技术和高新技术并存的多层次制造技术发展结构。

1.2 本课程的内容及性质

一、本课程的内容

“机械制造技术”课程的内容包括各种刀具的结构、材料、使用和加工的方法，金属切削加工过程的基本规律；常用金属材料的基本知识、钢的热处理、常用工程材料、铸造成形、锻压成形、焊接与胶接成形，机械制造测量的数据处理与合格工件的判别方法。学习机械加工工艺过程设计原理，掌握机床夹具设计原理和装配工艺的有关基础知识，使学生能正确选择使用机床和刀具，并具有一般零件机械加工工艺规程的编制能力和参与生产技术准备与组织生产的能力。

本课程重点讨论铸造、锻压、焊接、胶接的工艺及应用，以及常用零件的加工工艺规程。通过学习逐步建立适应机械制造过程中需要的工作规范，使学生掌握机械加工技术，并具有良好的职业素质。

“机械制造技术”课程是一门有关机械零件制造方法及其用材的综合性专业技术课程。其具体内容由以下几个部分组成。

(1) 金属材料及热处理，主要介绍各种常用材料的性能、使用及热处理工艺对金属材料的影响。

(2) 毛坯成形的基本方法，主要介绍毛坯成形的三种基本方法，揭示毛坯成形的基本原理、常见缺陷的原因和预防措施，同时对零件的结构工艺进行分析。

(3) 金属切削原理及切削加工方法，主要揭示金属切削过程中的切削规律，常用机床的工作原理及组成，常用刀具的结构特点及使用；重点分析和比较各种表面加工方法的特点及应用。

(4) 机械制造工艺，主要包括机械加工工艺规程的制订及工艺尺寸链的计算、典型零件的加工工艺等。

二、本课程的性质

机械制造技术是人类社会发展的基础，是人类生产和生活的基本方法，所以历史学家以石器时代、陶器时代、铜器时代来划分古代史的各阶段。如今，人类正跨入人工合成材料的新时代。

自20世纪80年代改革开放以来，我国机械制造业得到稳步健康发展，已经形成能提供具有先进水平的大型成套技术设备的工业体系，机械制造业已成为我国最大的产业部门之一。特别是进入21世纪，一大批高精技术设备得以开发，一些关键技术有所突破。如今，材料、能源和信息已成为发展现代化生产的三大支柱，而材料又是能源与信息发展的物质基础。各种材料的性能好坏直接影响到产品的质量、寿命和可靠性。目前，现代机械制造技术正向着高速、自动、精密等方向发展。同学们是继往开来的接班人，因此，要努力学好机械制造技术，将来为国家建设做出更大的贡献。

“机械制造技术”课程的学习除解决正确选材外，还涉及一些加工工艺问题，尤其是热处理工艺、机械制造工艺、装配工艺等。因此，正确选材、合理用材及正确选择热处理和机械加工方法来满足机械零件性能要求是这门课程学习的主导线。

机械制造技术是一门内容广泛、理论和实践相结合的课程，本课程是一门专业技术课程。它综合运用了普通物理、机械设计基础、机械制图、公差与配合等课程的知识，解决常用机械零件的材料选择，制造与装配等，比以往的先修课程更接近工程实际。它主要是研究各类机械零件所要解决的共性问题，在机电类专业课程体系中占有非常重要的位置。机械制造技术是面向机械制造类各专业学生的专业技术课程，同时也是机械制造类各专业学生的职业技能课程之一。本课程定位于使学生了解和掌握常用机械加工技术的基础知识，为学习其相关专业课程和将来从事生产技术工作准备必要的基础知识。

1.3 本课程的特点、学习要求和学习方法

一、本课程的特点

“机械制造技术”作为一门专业技术主干课程，要求学生掌握并熟悉机械制造过程中传统的和现代的各种常用加工方法和制造工艺以及相关的切削机理、加工原理、装备的选用原则、加工质量的分析和控制方法等。以往的专业课教材大多数基于传统的机械加工理论以及传统的机械加工方法，其生产组织、生产方式、生产管理以及质量管理等理念还停留在早期的概念上，教材内容较窄、较细、较旧，专业课分成多门课程，与现代制造业的发展现状严重脱节。“机械制造技术”通过整合几门传统专业课，重新调整课程体系和教学内容，并在多年教材研究和教学改革经验积累的基础上，将传统的机械制造理论进行精简和整合，有机糅合现代制造的理论和方法。

课程设置的目的是为学生在制造技术方面奠定最基本的知识和技能基础。本课程是一门实践性很强的课程，需有相应的实践性教学环节与之配套。“机械制造技术”课程的改革体现在以下方面。

(1) 增强了机械制造系列课程的系统性和完整性，消除了重复的内容，压缩了学时。

(2) 符合“实践—认识—实践”的认知规律（即先金工实习，后讲授课程，再进行生产实习、课程实验和课程设计）。

(3) 内容的深度和广度适中，避免了原专业课过专、过细、过深的倾向。

(4) 讲授方法的改革和多媒体的应用，改进了教学效果，调动了学生的学习兴趣和主动性；

(5) 课程整合带动了资源（包括人力资源和物质资源）的整合，实现了资源共享与充分利用，为深化教改提供了可靠保证。

二、本课程的学习要求

“机械制造技术”课程立足于对学生机械制造类各专业机械制造基本理论和基本操作技能的培养。通过学习本课程，使学生对制造活动有一个总体的了解与把握，能掌握金属切削过程的基本规律，掌握机械加工的基本知识，能选择加工方法与机床、刀具、夹具及加工参

数，具备制订工艺规程的能力和掌握机械加工精度和表面质量的基本理论和基本知识，初步具备分析解决现场工艺问题的能力。了解当今先进制造技术和先进制造模式的发展概况，初步具备对制造系统、制造模式进行选择决策的能力。为后续课程的学习及今后从事机械制造生产、管理工作打下坚实的基础。具体要求如下。

(1) 掌握金属材料力学性能及其测试的基本方法，熟悉各种工程材料的使用及热处理方式。

(2) 掌握金属切削的基本理论，具有根据加工条件合理选择刀具种类、刀具材料、刀具几何参数、切削用量及切削液的能力。

(3) 熟悉各种机床的用途、工艺范围，具有通用机床传动链分析与调整的能力。

(4) 掌握机械制造工艺的基本理论，具备制定机械加工工艺规程和装配工艺规程的能力，学会分析机械加工过程中产生误差的原因，并能针对具体工艺问题提出相应的改善措施。

(5) 对机械制造技术的新发展有一定的了解。

为适应我国机械工业发展，培养高技能型制造技术应用型人才，在教学模式上，应构建“产、学、研”结合的新型教学模式；在教学方法上，要充分利用现代化教学设备(如网络教学系统、双向多媒体教学系统等)，装备现代化实训设备(如数控实训基地等)，以现代化教学手段进一步促进教育观念、教育体系、教育装备和师资队伍的现代化。

三、本课程的学习方法

结合实践环节，按照生产环节的要求理解、学习理论知识。“优质、高产、低成本”是指导机械制造技术工作的基本原则。机械制造工程人员的任务就是要在给定的生产条件下，按照预定的供货日期要求，最经济地制造出具有规定质量要求的产品，因此，本课程在学习过程中要以此为主线联系各部分内容。

(1) 实践性强。本课程内容源于生产和科学实践，而技术理论的发展又促进和指导生产的发展。学习技术的目的在于应用，在于提高技术水平。因此，要坚持理论与实践并重，特别应注重实训、实验、专项设计等实践教学。多进工厂和实习车间，有利于消化和理解有关概念、原理和加工方法。多动手、多实践，可以更好地掌握机械加工技术。

(2) 涉及面广、内容丰富。本课程涉及的内容有材料、热处理、毛坯成形、切削原理、机床、刀具和制造工艺等。因此，要学会抓主要矛盾，解决主要问题。

习题

简答题

1. “机械制造技术”课程的特征有哪些？它与其他课程的区别是什么？
2. “机械制造技术”课程的性质与地位是什么？
3. 机械制造业的发展方向是什么？并举例说明零件的制造方法。
4. 机械制造技术的任务是什么？
5. 学习机械制造技术应注意什么？你打算如何学好本课程？

第2章

金属材料的力学性能

2.1 强度和塑性

金属材料的性能对零件的使用和加工有十分重要的影响，表2.1为金属材料性能的主要种类。在机械制造领域选用材料时，大多以力学性能为主要依据。

表2.1 金属材料的性能

性能种类	主要指标
力学性能	强度、塑性、硬度、冲击韧度、疲劳强度等
物理性能	密度、熔点、导热性、导电性、热膨胀性等
化学性能	耐腐蚀性、抗氧化性、化学稳定性等
工艺性能	铸造性能、锻造性能、焊接性能、切削加工性能和热处理工艺性能等

力学性能是指材料在各种载荷作用下表现出来的抵抗力，主要的力学性能指标有强度、塑性、硬度、冲击韧度、疲劳强度等。

一、强度

强度是金属材料在载荷作用下抵抗塑性变形或断裂的能力。根据载荷作用方式不同，强度可分为抗拉强度(σ_b)、抗压强度(σ_{bc})、抗弯强度(σ_{bb})和抗剪强度(σ_τ)等。一般情况下多以抗拉强度作为判断金属强度大小的指标。

抗拉强度指标是通过金属拉伸试验测定的。按照标准规定，把标准试样装夹在拉伸试验机上，然后对试样逐渐施加拉伸载荷，随载荷不断增加，试样逐渐产生变形而被拉长，直至试样被拉断为止。在试验过程中，试验机将自动记录下每一瞬时所施加载荷 F 和试样发生相应伸长变形量 Δl，并绘制出载荷与变形间变化关系的曲线——拉伸曲线。

1. 拉伸曲线

图2.1所示为低碳钢的拉伸曲线图，以此为例说明拉伸过程中几个变形阶段(四个阶段)。

(1) oe——弹性变形阶段。试样的伸长量与载荷成正比增加，此时若卸载，试样能完全恢复原状。F_e为能恢复原状的最大拉力。

(2) es——屈服阶段。当载荷超过 F_e后，试样除产生弹性变形外，开始出现塑性变形。当载荷增加到 F_s时，图形上出现平台，即载荷不增加，试样继续伸长，材料丧失了抵抗变形的能力，这种现象称为屈服。F_s为屈服载荷。

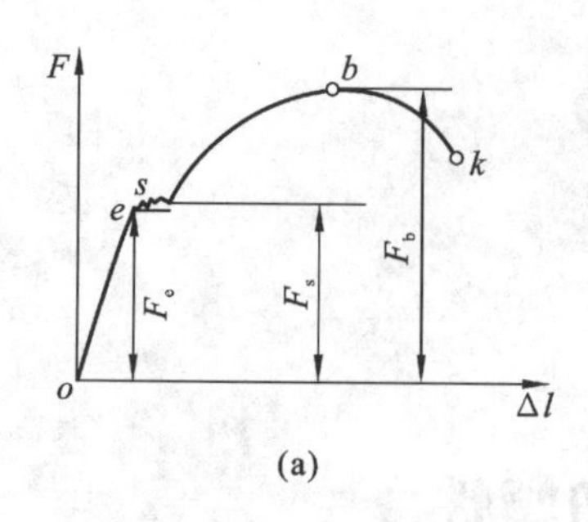

(a)

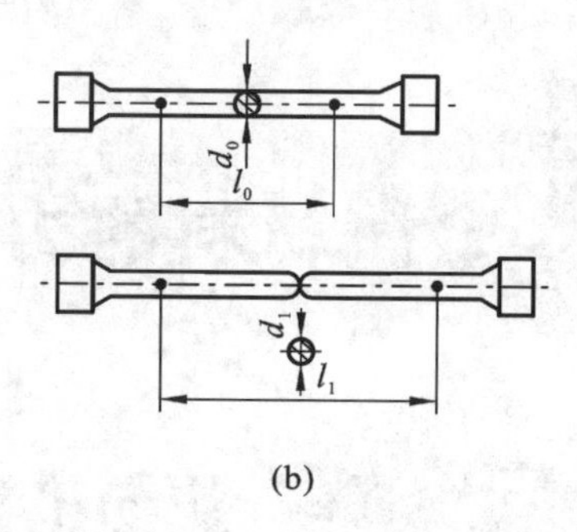

(b)

图 2.1　低碳钢的拉伸曲线图

(3) *sb*——均匀塑性变形阶段。载荷超过 F_s 后,试样开始产生明显塑性变形,伸长量随载荷增加而增大。F_b 为试样拉伸试验的最大载荷。

(4) *bk*——缩颈阶段。载荷达到最大值 F_b 后,试样局部开始急剧缩小,出现“缩颈”现象,试样变形所需载荷也随之降低,到 *k* 点时试样发生断裂。

工程上使用的金属材料,并不是都有明显的四个阶段,对于脆性材料,就没有明显的四个阶段,弹性变形后马上发生断裂。

2. 强度指标

金属材料的强度是用应力来度量的。常用的强度指标有屈服点和抗拉强度。

(1) 屈服点 σ_s。在拉伸过程中,载荷不增加,试样还继续发生变形的最小应力,单位为 MPa。

$$\sigma_s = F_s/A_0 \tag{2-1}$$

式中:F_s——屈服时的最小载荷(N);

A_0——试样原始截面积(mm^2)。

对于无明显屈服现象的金属材料(如铸铁、高碳钢等),通常规定产生 0.2%塑性变形时的应力作为条件屈服点,用 $\sigma_{0.2}$ 表示。

(2) 抗拉强度 σ_b。金属材料在拉断前所承受的最大应力,单位为 MPa。

$$\sigma_b = F_b/A_0 \tag{2-2}$$

式中:A_0——试样原始截面积(mm^2);

F_b——试样拉断前所承受的最大载荷(N)。

屈服点和抗拉强度都是机械零件设计和选材的重要依据。机械零件在工作时,一般不允许产生明显的塑性变形。

二、塑性

塑性是金属材料在载荷作用下产生塑性变形(或永久变形)而不断裂的能力,塑性指标也是通过拉伸试验测定的。常用塑性指标是断后伸长率和断面收缩率。

1. 断后伸长率

断后伸长率 ψ 是指拉伸试验中试样拉断后,标距长度的相对伸长值,即

$$\delta = (l_1 - l_0)/l_0 \times 100\% \tag{2-3}$$

式中：l_0——试样原始标距长度(mm)；

l_1——试样被拉断时标距长度(mm)。

2. 断面收缩率

断面收缩率 ψ 是指拉伸试样拉断后试样截面积的收缩率，即

$$\psi=(A_0-A_1)/A_0\times100\% \tag{2-4}$$

式中：A_0——试样原始截面积(mm^2)；

A_1——试样被拉断时缩颈处的最小截面积(mm^2)。

断面收缩率不受试样尺寸的影响，因此能更可靠地反映材料的塑性大小。

断后伸长率和断面收缩率数值越大，表明材料的塑性越好。良好的塑性是保证顺利完成轧制、锻造、拉拔、冲压等成形工艺的必要条件，也可避免机械零件在使用中万一超载而发生突然折断。

2.2 硬 度

硬度是指金属材料抵抗外物压入其表面的能力，即金属材料抵抗局部塑性变形或破坏的能力。硬度是衡量金属材料软硬程度的指标，实际上硬度是金属材料力学性能的一个综合物理量。常用的硬度指标有布氏硬度、洛氏硬度和维氏硬度等。

一、布氏硬度

将一定直径的压头，在一定的载荷下垂直压入试样表面，保持规定的时间后卸载，压痕表面所承受的平均应力值称为布氏硬度值，以 HB 表示。图 2.2 所示为布氏硬度试验原理图。

$$HB=F/S_{压}=0.102\times2F/[\pi D(D-\sqrt{D^2-d^2})] \tag{2-5}$$

式中：F——试验力(N)；

$S_{压}$——压痕表面积(mm^2)；

D——球体直径(mm)；

d——压痕直径(mm)。

当试验压头为淬硬钢球时，硬度符号为 HBS，适于测量布氏硬度值小于 450 的材料；当试验压头为硬质合金钢球时，硬度符号为 HBW，适于测量布氏硬度值小于 650 的材料。HBS 或 HBW 之前的数字为硬度值，例如，120 HBS、450 HBW 等。

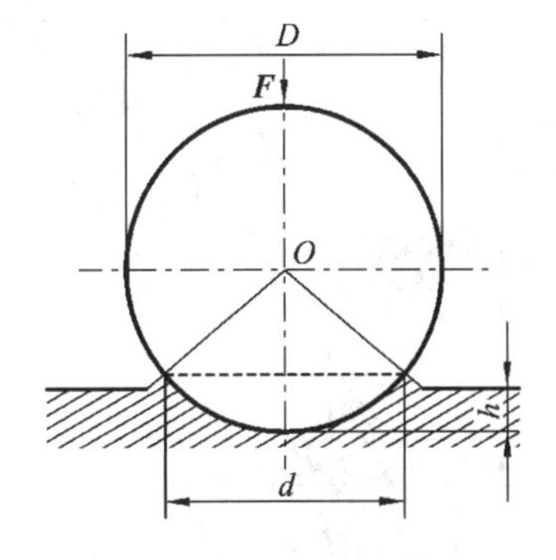

图 2.2 布氏硬度试验原理图

布氏硬度压痕面积较大，能较真实地反映出材料的平均性能，而且不受个别组成相和微小不均匀度的影响，具有较高的测量精度。布氏硬度计主要用来测量灰铸铁、有色金属以及经退火、正火和调质处理的钢材等材料。因压痕较大，布氏硬度不适宜检验薄件或成品。

二、洛氏硬度

用规定的载荷,将顶角为120°的圆锥形金刚石压头或直径为1.588 mm的淬火钢球压入金属表面,取其压痕深度计算硬度的大小,这种硬度称为洛氏硬度,用HR表示。

图2.3所示为洛氏硬度试验原理图。0—0为金刚石压头没有与试样表面接触时的位置;1—1为加初载后压头的位置,压头压入深度ab;2—2为加主载后压头的位置,此时压头压入深度ac;卸除主载后,由于恢复弹性变形,压头位置提高到3—3位置。最后,压头受主载后实际压入表面的深度为bd,即洛氏硬度用bd大小来衡量。

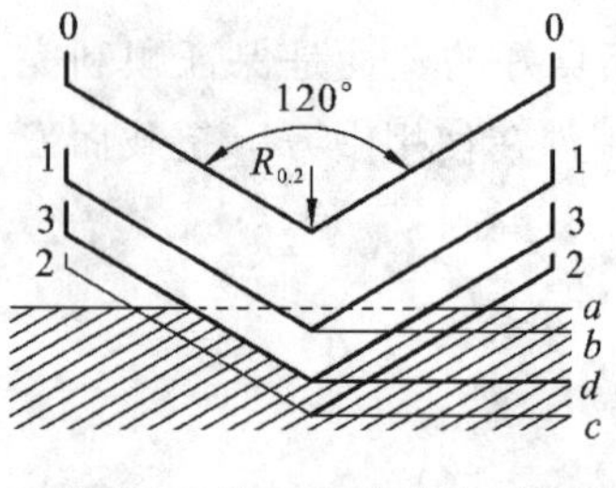

图2.3 洛氏硬度试验原理图

$$HR=K-bd/0.002 \quad (2\text{-}6)$$

式中:K——常数(金刚石作压头,$K=100$;钢球作压头,$K=130$)。

洛氏硬度计采用A、B、C三种标度对不同硬度材料进行试验,硬度分别用HRA、HRB、HRC表示。HRA主要用于测量硬质合金、表面淬火钢等;HRB主要用于测量软钢、退火钢、铜合金等;HRC主要用于测量一般淬火钢件。

三、维氏硬度

用49~981 N的载荷,将顶角为136°的金刚石四方角锥体压头压入金属表面,以其压痕面积除以载荷所得之商称为维氏硬度,用符号HV表示。它适用于测定厚度为0.3~0.5 mm的薄层材料,或厚度为0.03~0.05 mm的表面硬化层的硬度。

2.3 冲击韧度和疲劳强度

一、冲击韧度

冲击韧度是金属材料抵抗冲击载荷作用而不被破坏的能力,通常用一次摆锤冲击试验来测定。

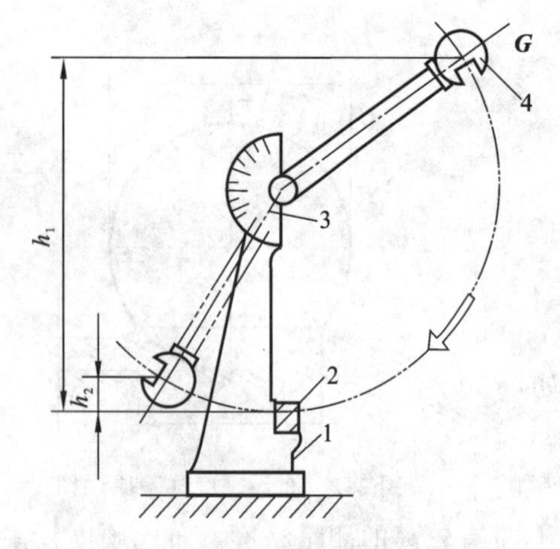

图2.4 摆锤冲击试验原理图

1—支座;2—试样;

3—指针;4—摆锤

摆锤冲击试验原理如图2.4所示。将标准试样安放在摆锤试验机的支座上,试样缺口背向摆锤,将具有一定重力$\boldsymbol{G}$的摆锤举至一定高度h_1,使其获得一定势能Gh_1,然后由此高度落下将试样冲断,摆锤剩余势能为Gh_2。将冲击吸收功A_K除以试样缺口处的截面积S_0,即可得到材料的冲击韧度α_K,计算公式如下:

$$\alpha_K=A_K/S_0=G(h_1-h_2)/S_0 \quad (2\text{-}7)$$

式中:A_K——冲击吸收功(J);

G——摆锤的重力(N);

h_1——摆锤举起的高度(cm)；

h_2——冲断试样后摆锤的高度(cm)；

α_K——冲击韧度(J/cm^2)；

S_0——试样缺口处截面积(cm^2)。

使用不同类型的标准试样(U 形缺口或 V 形缺口)进行试验时，冲击韧度分别以 α_{KU} 或 α_{KV} 表示。冲击韧度 α_K 值越大，表明材料的韧性越好，受到冲击时越不易断裂。

二、疲劳强度

许多机械零件，如轴、齿轮、轴承、弹簧等，在工作中承受的是交变载荷。在这种载荷作用下，虽然零件所受应力远低于材料的屈服点，但在长期使用中往往会突然发生断裂，这种破坏过程称为疲劳断裂。

工程上规定，材料经无数次重复交变载荷作用而不发生断裂的最大应力称为疲劳强度。图 2.5 所示为通过试验测定的材料交变应力 σ 和断裂前应力循环次数 N 之间的关系曲线(疲劳曲线)。曲线表明，材料受的交变应力越大，则断裂时应力循环次数 N 越小，反之，则 N 越大。当应力低于一定值时，试样经无限次循环也不破坏，此应力值称为材料的疲劳强度，用 σ_r 表示；对称循环 $r=-1$，疲劳极限用 σ_{-1} 表示。实际上工程规定，钢在经受 10^7 次、有色金属经受 10^8 次交变应力作用下，不发生破坏时的应力作为材料的疲劳强度。

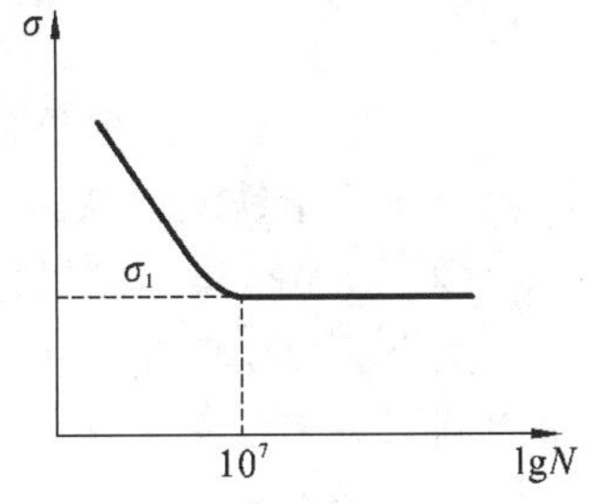

图 2.5 疲劳曲线

材料的疲劳强度与其合金化学成分、内部组织及缺陷、表面划痕及零件截面突然改变等有关。设计零件时，为了提高零件的疲劳强度，应改善结构设计避免应力集中；为了提高加工工艺性和减少内部组织缺陷，还可以通过降低零件表面粗糙度和表面强化方法(如表面淬火、喷丸处理等)来提高表面加工质量。

习题

简答题

1. 什么是金属材料的力学性能？常用的力学性能指标有哪些？
2. 塑性好的材料和塑性差的材料在超负荷承载时造成断裂破坏，有什么不同的特点？
3. 常用的硬度测量方法有哪些？各适宜于何种场合？
4. 什么是疲劳断裂？如何避免？
5. 冲击韧度是如何测量的？

第3章

金属的结晶理论及应用

3.1 金属的晶体结构与结晶

金属材料一般是按照其最高价氧化物的颜色进行分类，可分为黑色金属和有色金属两大类。

(1) 黑色金属。黑色金属包括铁、铬、锰三种，但后两种在实际生产中很少单独使用，故黑色金属泛指铁或以铁为主而形成的物质，如钢和铁。

(2) 有色金属。除黑色金属以外的其他金属称为有色金属，如铜、铝和镁等。

纯金属在实际生产中虽然得到了一定的应用，但其强度低、价格高，因此在使用中受到了限制。为了提高纯金属的强度，实际生产中广泛使用的是合金。

不同的金属材料具有不同的力学性能，即使是同一种金属材料，在不同条件下其力学性能也是不一样的。金属材料这种性能上的差异是由其内部结构所决定的。

一、金属的结构与结晶

1. 晶体与非晶体

在物质内部，凡是原子呈无规则堆积状况的，称为非晶体。例如，普通玻璃、松香、树脂等都属于非晶体。相反，凡原子作有序、有规则排列的称为晶体，如图3.1(a)所示。绝大多数金属和合金都属于金属晶体。

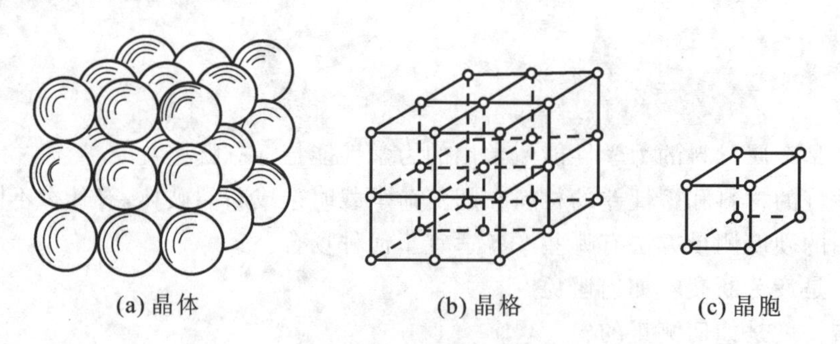

(a) 晶体　　(b) 晶格　　(c) 晶胞

图3.1　晶体中原子的排列与晶格示意图

晶体与非晶体的差异主要为晶体都有规则的几何外形，而非晶体则不然；晶体具有固定的熔点，而非晶体的熔点是不定的；晶体具有各向异性，而非晶体则具有各向同性。

2. 晶体结构的概念

1) 晶格与晶胞

晶体内部的原子是按一定的几何规律排列的，为了便于研究原子在空间排列的几何规律，把每个原子看成是一个点，这个点代表原子的振动中心，这样，金属的晶体结构就成为一个规则排列的空间点阵，把这些点用直线连接起来，就形成了一个空间格子，这种空间的网状结构，就称晶格，如图3.1(b)所示。

晶格是由许多大小、形状相同的几何单元反复堆积而构成的，这种完整地反映晶格特征的最小几何单元称晶胞，如图3.1(c)所示。由于晶胞能够完整地反映晶格中原子的排列规律，因此，在研究金属的晶体结构时，是以晶胞作为研究对象的。

晶格中的点称晶格结点，结点代表原子在晶体中的平衡位置。原子在晶格结点上并不是固定不动的，而是以晶格结点为中心作高频振动，随着温度的升高，原子振动的幅度也就越大。

2）晶格常数

不同晶体内部的原子半径是不一样的。在组成晶胞后，晶胞的大小和形状是不一样的，晶胞的大小可用晶胞的棱边长度来表示，而晶胞的形状可用棱边之间的夹角来表示。它们统称为晶格常数。

二、常见金属的晶体结构

晶格描述了金属晶体内部原子的排列规律，金属晶体结构的主要差别就在于晶格形式及晶格常数的不同。在已知的金属元素中，除少数具有复杂的晶体结构外，大多数金属具有简单的晶体结构，其中常见的有以下三种。

1. 体心立方晶格

体心立方晶格的晶胞是一个立方体，如图3.2(a)所示，即在晶胞的中心和8个顶角各有一个原子，因每个顶角上的原子同属于周围8个晶胞所共有，所以，每个体心立方晶胞的原子数为2，属于这类晶格的金属有α-Fe、铬、钼、钨、钒等。这类金属的塑性较好。

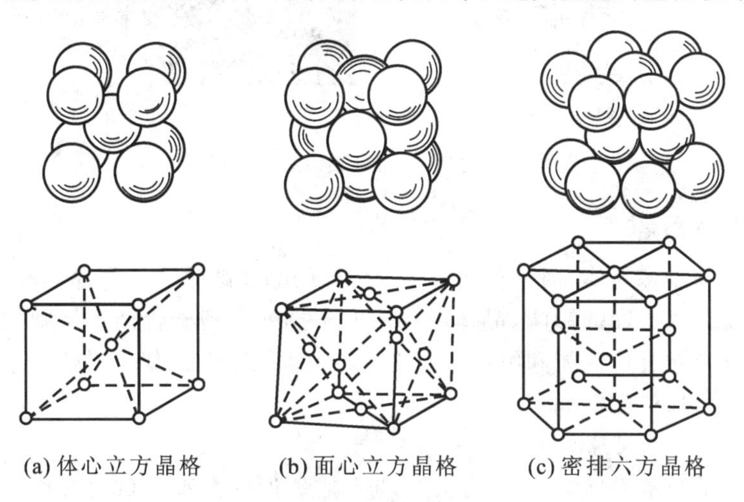

(a) 体心立方晶格　(b) 面心立方晶格　(c) 密排六方晶格

图3.2 常见的晶格结构

2. 面心立方晶格

面心立方晶格的晶胞也是一个立方体，如图3.2(b)所示，即在晶胞的8个顶角和6个面的中心各有一个原子。因每个面中心的原子同属于两个晶胞所共有，故每个面心立方晶格的原子数为4,属于这类晶格的金属有铝、铜、金、镍、γ-Fe等。这类金属的塑性优于具有体心立方晶格的金属。

3. 密排六方晶格

密排六方晶格的晶胞是一个六棱柱体,如图3.2(c)所示。原子位于两个底面的中心处和12个顶角上,棱柱内部还包含着3个原子,其晶胞的实际原子数为6,属于这类晶格的金属有镁、锌、铍等。这类金属通常较脆。

金属的晶格类型不同,其性能必然存在差异。即使晶格类型相同的金属,由于各元素的原子直径和原子间距不同等原因,其性能也不相同。

三、金属的实际晶体结构

1. 金属的多晶体结构

单晶体是指具有一致结晶位向的晶体,如图3.3(a)所示,表现出各向异性。而实际的金属都是许多结晶位向不同的单晶体组成的聚合体,称为多晶体,如图3.3(b)所示。每一个小单晶体称晶粒。晶粒与晶粒之间的界面称晶界。由于多晶体中各个晶粒的内部构造是相同的,只是排列的位向不同,而各个方向上原子分布的密度大致相同,故多晶体表现出各向同性,也称“伪无向性”。

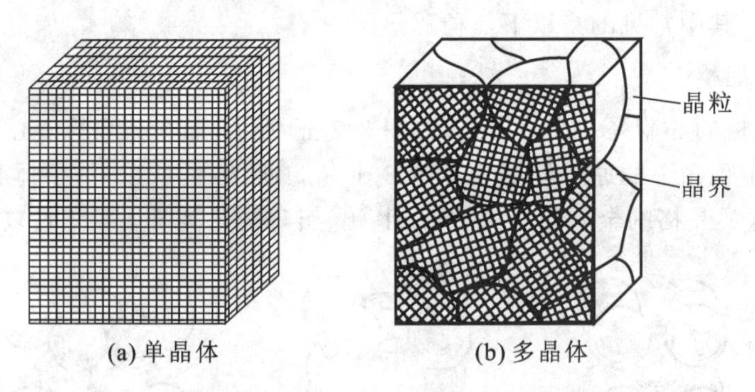

图3.3 单晶体与多晶体结构示意图

2. 金属的晶体缺陷

实际金属不仅是多晶体,而且存在着各种各样的晶体缺陷。所谓晶体缺陷,是指由于结晶条件或加工条件诸方面的影响,晶体内部的原子排列受到干扰而不规则的区域。实际金属晶体缺陷的存在对金属性能和组织转变均会产生很大影响。根据晶体缺陷的几何形态特征,一般将其分为以下三类。

1) 点缺陷(空位和间隙原子)

点缺陷是最简单的晶体缺陷,它是在结点上或邻近的微观区域内偏离晶体结构的正常排列的一种缺陷。点缺陷是发生在晶体中一个或几个晶格常数范围内,其特征是在三维方向上的尺寸都很小。例如,结晶时,晶体上应被原子占据的结点未被原子占据,形成空位,如图3.4(a)所示。也可能有的原子占据了原子之间的空隙,形成间隙原子,如图3.4(b)所示。空位和间距原子都会造成点缺陷。

2）线缺陷(位错)

线缺陷是指晶体内部结构中沿着某条线(行列)方向上的周围局部范围内所产生的晶格缺陷。例如，图 3.5 所示晶体的 $ABCD$ 面以上，多出了一个垂直方向的原子面 $EFGH$，即晶体的上下两部分出现错排现象。多余的原子面像刀刃一样插入晶体，在刃口附近形成线缺陷。这样的线缺陷通常称为刃型位错。

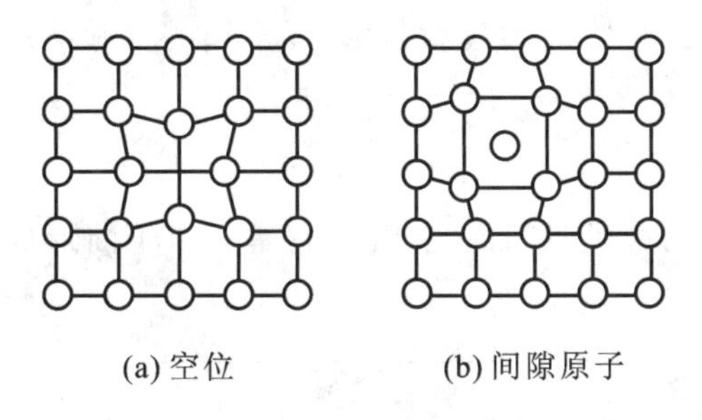

图 3.4 点缺陷

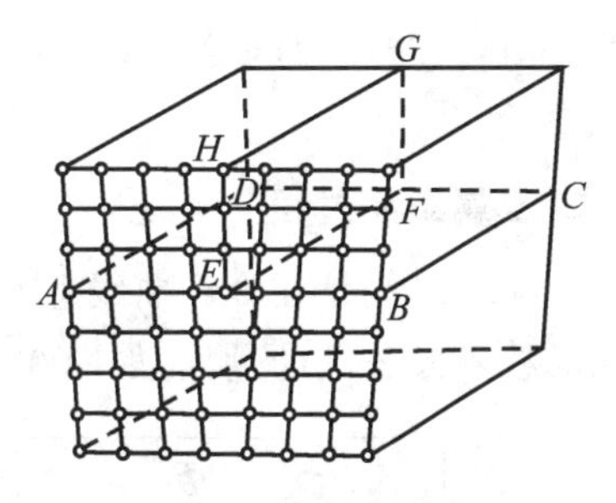

图 3.5 刃型位错示意图

3）面缺陷(晶界和亚晶界)

面缺陷是指沿着晶格内或晶粒间某些面的两侧局部范围内所出现的晶格缺陷。在多晶体中，各晶粒之间的位向互不相同，多数相差 30°～40°，当一个晶粒过渡到另一个晶粒时，必然会有一个原子排列无规则的过渡层。在实际金属晶体的晶粒内部，原子排列也不是完全理想的规则排列，而是存在着许多尺寸更小(边长 10^{-6}～10^{-4} cm)、位向差也更小(一般小于 1°～2°)的小晶块，它们相互嵌镶成一个晶粒，这些小晶块称为亚晶粒(或亚结构、嵌镶块)。亚晶粒内部原子排列的位向是一致的，亚晶粒的交界面称为亚晶界。

由于在金属晶体内部存在着空位、间隙原子、位错、晶界和亚晶界等缺陷，都会造成晶格畸形，引起塑性变形抗力增加，从而使金属的强度增加。

四、金属的结晶

金属的结晶是指金属由液态转变为固态的过程，也就是原子由不规则排列的非晶体状态过渡到原子作规则排列的晶体状态的过程。金属的晶体结构是在结晶过程中逐步形成的，研究结晶的规律对于探索改善金属材料性能的途径具有重要意义。

1. 冷却曲线与过冷现象

工业上使用的绝大多数金属材料都属于合金。但纯金属与合金的结晶过程基本上遵循同样的规律。为了由浅入深地讨论，下面先介绍纯金属的结晶。

纯金属的结晶都是在一定温度下进行的，它的结晶过程可用冷却曲线来描述。如图 3.6 所示，冷却曲线上有一个平台，这个平台所对应的温度就是纯金属进行结晶的温度。纯金属的结晶都是在恒定的温度下进行的。

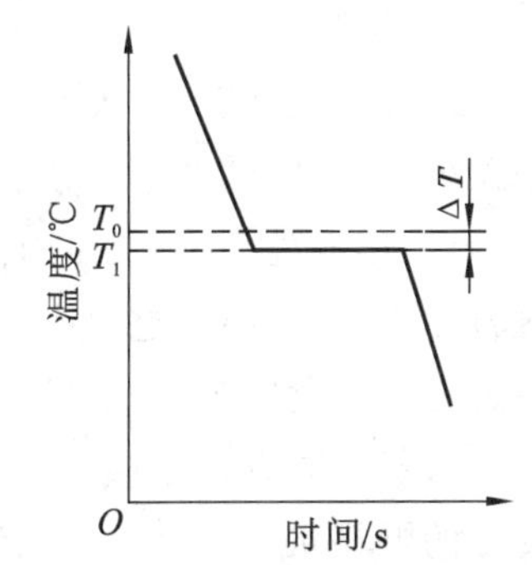

图 3.6 纯金属的冷却曲线

在冷却曲线上出现平台的原因是由于结晶过程中有大量潜热放出，补偿了散失在空气中的热量，使温度并不随冷却时间的增长而下降，直到金属结晶终了后，由于不再有潜热释放，故温度又重新下降。

纯金属在无限缓慢的冷却条件下(即平衡条件下)结晶,所测得的结晶温度称为理论结晶温度,可用 T_0 表示。但实际上金属由液态向固态结晶时,都有较大的冷却速度,此时,液态金属将在理论结晶温度以下某一温度 T_1 才开始结晶。金属的实际结晶温度 T_1 低于理论结晶温度 T_0 的现象称为过冷现象。理论结晶温度与实际结晶温度之差 ΔT,称为过冷度。$\Delta T=T_0-T_1$。实际上金属总是在过冷的情况下结晶的,但同一金属结晶时的过冷度不是一个恒定值,它与冷却速度有关。结晶时,冷却速度越大,过冷度就越大,即金属的实际结晶温度就越低。

2. 金属结晶过程

金属的结晶是在冷却曲线上水平段所对应的这段时间内完成的,它是一个不断形成晶核和晶核不断长大的过程,如图 3.7 所示。

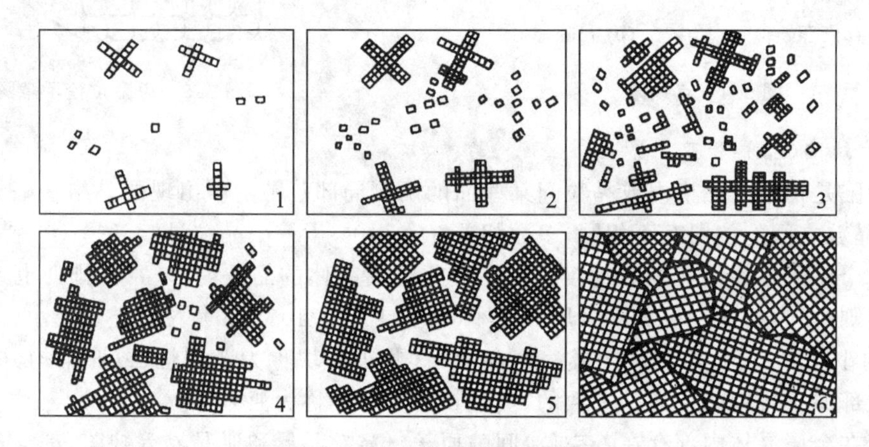

图 3.7　金属结晶过程示意图

1)形核

当液态金属的温度下降到接近 T_1 时,某些局部会有一些原子规则地排列起来,形成极细小的晶体,这些小晶体很不稳定,遇到热流和振动就会立即消失,时聚时散,此起彼伏。当低于理论结晶温度时,稍大一点的细小晶体有了较好的稳定性,就有可能进一步长大成为结晶核心,称为晶核。

2)长大

晶核形成之后,会吸附其周围液态中的原子不断长大,晶核长大使液态金属的相对量逐步减少。刚开始,各个晶核自由生长,并且保持着规则的外形。当各个生长着的小晶体彼此接触后,接触处的生长过程自然停止,因此小晶体的规则外形遭到破坏。最后,全部液态金属转变成晶体,结晶过程终止。纯金属的结晶过程如图 3.7 所示,图中 1、2、3、4、5、6 表示结晶过程的变化顺序。

由于不同方位形成的小晶体与其周围的晶体相互接触,使得小晶体的外形几乎都呈不规则的颗粒状。每个颗粒状的小晶体称为晶粒,晶粒与晶粒之间的界面称为晶界。一般纯金属就是由许多晶核长成的外形不规则的晶粒和晶界所组成的多晶体。

3. 金属结晶后的晶粒大小

金属结晶后的晶粒大小对其力学性能影响很大。晶粒大小对纯铁力学性能的影响见表

3.1。一般情况下，晶粒越细小，金属的强度、硬度越高，塑性、韧性越好。

表3.1 晶粒大小对纯铁力学性能的影响

晶粒平均直径/mm	R_{eL}/MPa	R_m/MPa	A/(%)
7.0	184	34	30.6
2.5	216	45	39.5
0.2	268	58	48.8
0.16	270	66	50.7

晶粒越细小，则晶界越多、越曲折，晶粒与晶粒之间相互咬合的机会就越多，越不利于裂纹的传播和发展，增强了彼此间的结合力，不仅使强度、硬度提高，而且塑性、韧性也越好。因此，细晶粒组织的综合力学性能好，生产中总是希望获得细晶组织。实际生产中，常采用增大过冷度 ΔT、变质处理和附加振动等方法获得细晶组织。用细化晶粒强化金属的方法称为细晶强化，它是强化金属材料的基本途径之一。

1）增加过冷度

实践证明，增加结晶时的过冷度 ΔT，能使晶核的形成速率 N 增加，也能使晶核的长大速率 v 增加。但是，形核速率 N 要比长大速率 v 大得多，如图3.8所示。因此，增加过冷度能获得细晶粒组织。

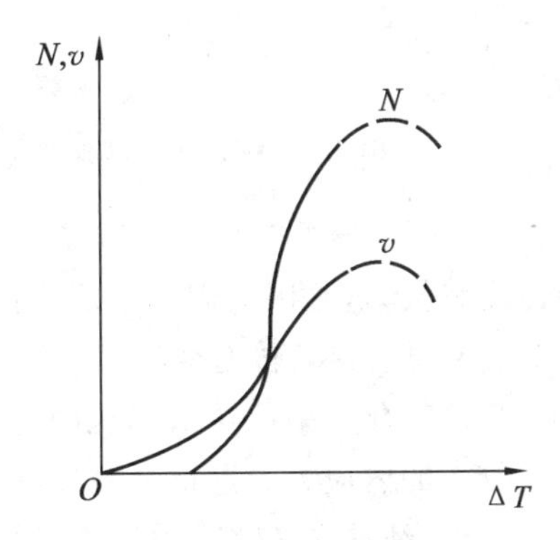

图3.8 形核速率 N、长大速率 v 与 ΔT 的关系

2）变质处理

对于液态金属，特别是对于数量多、体积大的液态金属来说，获得大的过冷度是不容易办到的。为此，可在浇铸前，向液态金属中加入少量的某种物质，以便形成大量的人工晶核，从而使晶核数目大大增加，达到细化晶粒的目的，加入的这种物质称为变质剂。这种依附于这些固态杂质微粒的形核方式，称为非自发形核。通过非自发形核获得细晶粒组织的方法，称为变质处理，也称为孕育处理。

3）附加振动

生产中还可以采用机械振动、超声波振动、电磁振动等方法，使熔融金属在铸型中产生运动，从而使得晶体在长大过程中不断被压碎，最终获得细晶粒组织。

五、金属的同素异晶转变

大多数金属在结晶完了之后晶格类型不再变化，但有些金属，如铁、锰、钛、钴等在结晶成固态后继续冷却时，其晶格类型还会发生一定的变化。

金属在固态下随温度的改变，由一种晶格类型转变为另一种晶格类型的变化，称为金属的同素异晶转变。由同素异晶转变所得到的不同晶格类型的晶体，称为同素异晶体。同一金属的同素异晶体按其稳定存在的温度，由低温到高温依次用希腊字母 α、β、γ、δ 等表示。

铁是典型的具有同素异晶转变特性的金属。如图3.9所示为纯铁的冷却曲线，它表示

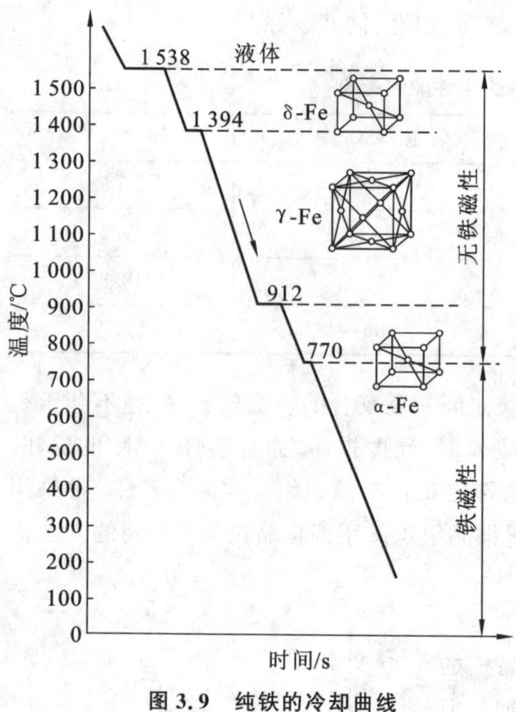

图 3.9　纯铁的冷却曲线

了纯铁的结晶和同素异晶转变的过程。由图可见,液态纯铁在 1 538 ℃进行结晶,得到具有体心立方晶格的 δ-Fe,继续冷却到 1 394 ℃时发生同素异晶转变,δ-Fe 转变为面心立方晶格的γ-Fe,再继续冷却到 912 ℃时又发生同素异晶转变,γ-Fe 转变为体心立方晶格的 α-Fe,再继续冷却到室温后,晶格类型不再发生变化。这些转变可用式子表示为

$$\underset{(体心立方晶格)}{\delta\text{-Fe}} \xrightleftharpoons{1\,394℃} \underset{(面心立方晶格)}{\gamma\text{-Fe}} \xrightleftharpoons{912\ ℃} \underset{(体心立方晶格)}{\alpha\text{-Fe}}$$

金属的同素异晶转变是通过原子的重新排列来完成的,实际上是一个重结晶过程。因此,它遵循液态金属结晶的一般规律:有一定的转变温度,转变时需要过冷,有潜热放出,转变过程也是通过形核和晶核长大来完成的。但由于金属的同素异晶转变是在固态下发生的,故又具有其本身的特点。

(1) 同素异晶转变比较容易过冷。一般液态金属结晶时的过冷度比较小,固态转变的过冷度较大,这是因为固态下原子扩散比在液态中困难,转变容易滞后。

(2) 同素异晶转变容易产生较大的内应力。由于晶格类型不同,原子排列方式不同,晶格类型的变化会引起金属体积的变化,例如 γ-Fe 转变为 α-Fe 时,铁的体积膨胀约 1%,从而产生较大的内应力。这也是钢在淬火时引起应力,导致工件变形和开裂的重要因素。

此外,纯铁在 770 ℃时发生磁性转变,在此温度以下,纯铁具有铁磁性,在 770 ℃以上则失去磁性。磁性转变时无晶格类型变化。

同素异晶转变是金属的一个重要性能,凡是具有同素异晶转变的金属及其合金,都可以用热处理的方法来改变其性能,同素异晶转变也是金属材料性能多样化的主要原因。

3.2　合金的晶体结构与二元合金相图

纯金属具有良好的导电性、导热性、塑性和金属光泽,在工业上具有一定的应用价值。但由于强度、硬度一般较低,远远不能满足生产实际的需要,而且冶炼困难,价格成本均较高,其使用受到很大限制。因此,实际生产中大量使用的金属材料主要是合金。

一、基本概念

1. 合金

合金是指由两种或两种以上化学元素(其中至少有一种是金属元素)所组成的具有金属特性的物质。例如,黄铜是由铜与锌组成的合金,钢和铸铁是铁与碳组成的合金等。

2. 组元

组成合金最简单的、最基本的、能够独立存在的物质称为合金的组元。给定组元可以按不同比例配制一系列不同成分的合金，构成一个合金系。在一个合金系内，组元可以是元素，也可以是稳定的化合物。

由两种组元构成的合金称为二元合金；由三种组元构成的合金称为三元合金；由三种以上组元构成的合金称为多元合金。

3. 相与组织

在合金中，成分、结构及性能相同的组成部分称为相。相与相之间有明显的界面。数量、形状、大小和分布方式不同的各种相组成合金组织。

二、合金组织

合金的性能由组织决定，而组织由相组成。所以，在研究合金的组织、性能之前，必须先了解合金的相。根据构成合金各组元之间相互作用的不同，固态合金的相可分为固溶体和金属化合物两大类。

1. 固溶体

合金在固态下，由于组元间相互溶解而形成的相称为固溶体，即在某一组元的晶格中溶入了其他组元的原子。在各组元中，晶格类型与固溶体相同的组元称为溶剂，其他组元称为溶质。固溶体是合金的一种基本相结构。

1）固溶体的类型

当溶质原子在溶剂晶格中不占据格点位置而是嵌于格点之间的空隙时，形成间隙固溶体，如图3.10左上角所示。间隙固溶体中的溶质元素多是原子半径较小的非金属元素，如碳、硼、氮等。因溶剂晶格的间隙有限，间隙固溶体只能是有限固溶体。

当溶质原子代替溶剂原子占据溶剂晶格的结点位置时，形成置换固溶体，如图3.10右下角所示。置换固溶体中溶质与溶剂元素的原子半径相差越小，则溶解度就越大。若溶剂元素与溶质元素在元素周期表中位置靠近，且晶格类型相同，往往可以按任意比例配制，都能相互溶解，从而形成无限固溶体。

2）固溶体的性能

溶质原子溶入溶剂晶格，将使晶格发生畸变，如图3.11所示。晶格畸变对金属的性能有重大的影响，它将使合金的强度、硬度提高，这种现象称为固溶强化，它是提高金属材料力学性能的重要途径之一。

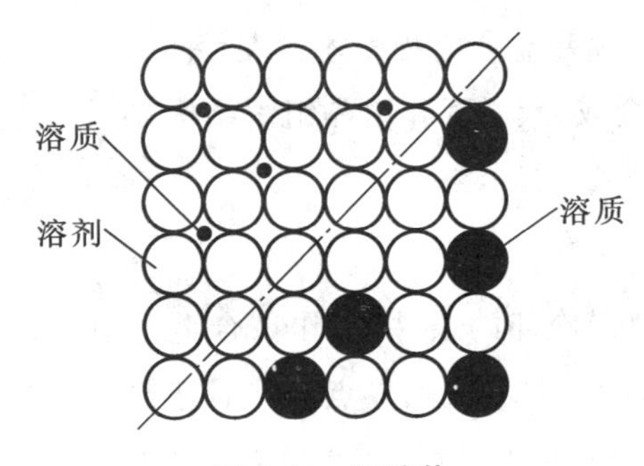

图3.10 固溶体

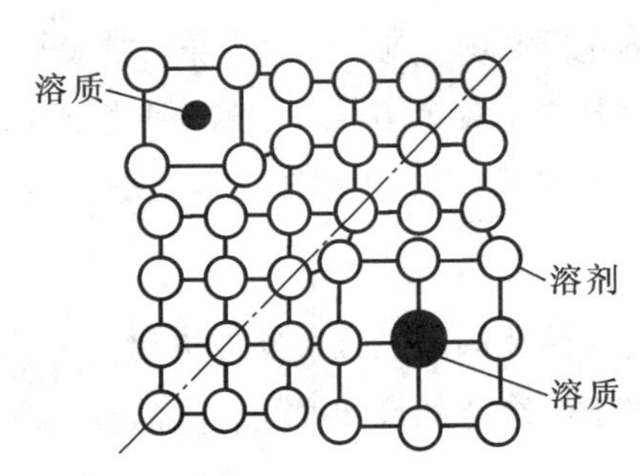

图3.11 固溶强化

实践证明,在一般情况下,如果溶质的浓度适当,对固溶体的塑性影响较小,即固溶体不但强度、硬度比纯金属高,而且塑性、韧性仍然较好。因此,实际使用的金属材料大多数是单相固溶体合金或以固溶体为基体的多相合金。

2. 金属化合物

合金的组元在固态下相互溶解的能力往往有限,当溶质含量超过在溶剂中的溶解度时,有些组元之间可发生相互作用而形成化合物。金属化合物是金属与金属或金属与非金属之间形成的具有金属特性的化合物相,是很多合金的另一种基本相结构。金属化合物通常具有不同于组元的复杂晶格结构。

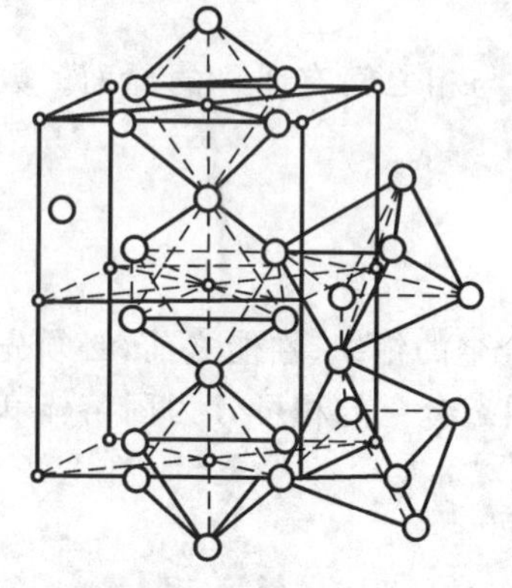

图 3.12 Fe_3C 的晶体结构

例如,在铁碳合金中,碳的含量超过铁的溶解能力时,多余的碳与铁相互作用形成金属化合物 Fe_3C,其晶格结构如图3.12所示。它既不同于铁的晶格,也不同于碳的晶格,是复杂的斜方晶格。

金属化合物的熔点高、硬度高、脆性大,塑性、韧性几乎为零,故很少单独使用。

当合金中含有金属化合物时,将使合金的强度、硬度和耐磨性提高,而塑性降低。因此,金属化合物是许多合金材料的重要强化相,与固溶体适当配合,可以提高合金的综合力学性能。

3. 机械混合物

在合金中,由两种或两种以上的相按一定的质量分数组成的物质称机械混合物。

在机械混合物中,各组成部分可以是纯金属、固溶体或金属化合物各自混合,也可以是它们之间的混合。机械混合物中的各相仍保持自己原有的晶格,在显微镜下可以明显地分辨出各组成部分的形态。

机械混合物的性能主要取决于各组成部分的性能,以及它们的形态、大小及数量。

三、合金的结晶

合金的结晶与纯金属的结晶有相似之处,但是,纯金属的结晶是在某一温度下进行(如铁为1 538 ℃),而合金的结晶比纯金属复杂得多,必须建立合金相图才能表示清楚。合金相图就是表示合金结晶过程的简明图解,它是研究合金成分、温度和结晶组织结构之间变化规律的重要工具,利用相图可以正确制定热加工的工艺参数。

1. 合金相图的建立

合金相图是通过实验方法建立的。首先在极缓慢冷却的条件下,作该合金系中一系列不同成分合金的冷却曲线,并确定冷却曲线上的结晶转变温度(临界点),然后把这些临界点标在温度-成分坐标上,最后把坐标图上的各相应点连接起来,就可得出该合金的相图。

以铜、镍合金为例,用热分析法建立相图的步骤如下。

(1) 配制一系列不同成分的铜镍合金，如铜 100%；铜 80%，镍 20%；铜 60%，镍 40%；铜 40%，镍 60%；铜 20%，镍 80%；镍 100%等(均指质量分数)。

(2) 用热分析法测出上述各种不同成分合金的冷却曲线，如图 3.13(a)所示，找出冷却曲线上的各临界点。纯铜和纯镍的冷却曲线上都有一个平台，平台所对应的温度即结晶温度。结晶是在恒温下进行的，所以只有一个临界点。在其他四种不同成分铜镍合金的冷却曲线上，都有两个转折点，上转折点所对应的温度为结晶开始温度，即上临界点；下转折点所对应的温度为结晶结束温度，即下临界点。结晶过程是在上、下临界点之间的温度范围内完成的。

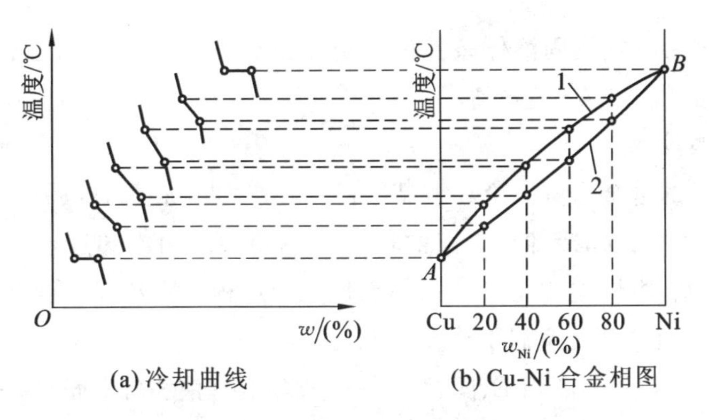

(a) 冷却曲线　　(b) Cu-Ni 合金相图

图 3.13　铜镍合金相图的建立

(3) 将各临界点描绘在温度-成分坐标系中。把意义相同的临界点用平滑的线条连接起来，构成 Cu-Ni 合金相图，如图 3.13(b)所示。上临界点连成的线条称为液相线；下临界点连成的线条称为固相线。

2. 二元合金结晶过程分析

(1) 匀晶合金。当两组元在液态和固态均能无限互溶时，所形成的合金称为二元匀晶合金，所构成的相图称为二元匀晶相图。如图 3.14 所示 Cu-Ni 合金相图属于匀晶相图。

(2) 共晶合金。两组元在液态时无限互溶、在固态时有限互溶，并且发生共晶反应所构成的相图称为二元共晶相图。如图 3.15 所示 Pb-Sn 相图属于共晶相图。

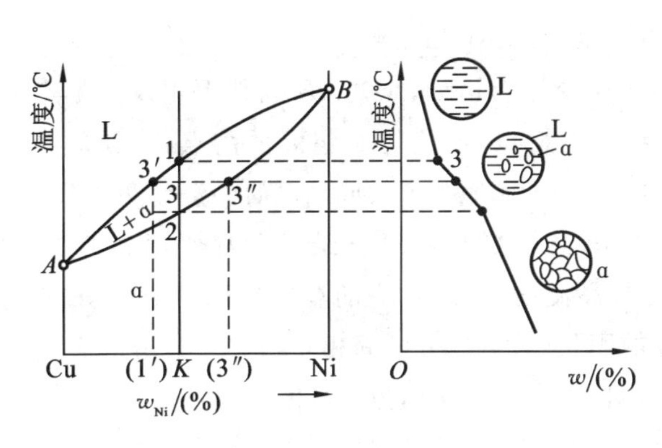

图 3.14　匀晶相图

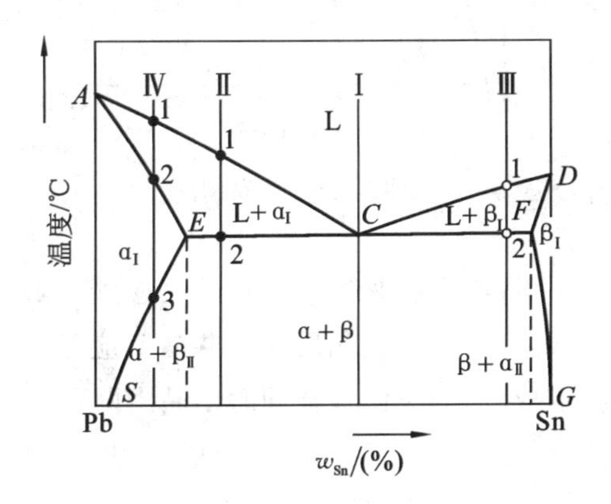

图 3.15　共晶相图

四、匀晶相图与共晶相图

1. 匀晶相图

1) 相图形成条件及特征

两组元组成的合金系，在液态和固态下均无限互溶时，才能形成匀晶相图。如图 3.14 所示的 Cu-Ni 合金相图为典型的匀晶相图，它是所有基本相图中最简单的一种，仅由两条线(即液相线和固相结线)所分隔开的两个单相区(即液相区和固相区)与一个双相区(液相和固相共存区)组成。

只有满足形成无限置换固溶体条件的两组元组成的合金时才能形成匀晶相图，如 Cu-Ni 合金、Fe-Cr 合金和 Au-Ag 合金等。

2) 合金的结晶过程

现以成分为 K 的合金为例讨论其结晶过程及其产物。如图 3.14 所示，合金温度高于 1 点的温度时，全部为液相 L，冷却至 1 点的过程为单相的均匀冷却过程。从 1 点往下冷却，液相中开始析出 α 固溶体，这也是形核和晶核长大的过程。冷却到 2 点时，液相 L 全部结晶为 α 固溶体，然后一直冷却至室温不再发生变化。

相图特征：两个单相区(液相 L、固相 α)，一个双相区(液相 L+固相 α)。

2. 共晶相图

两组元组成的合金系，在液态无限制互溶且固态有限互溶，并发生共晶反应时，形成共晶相图。

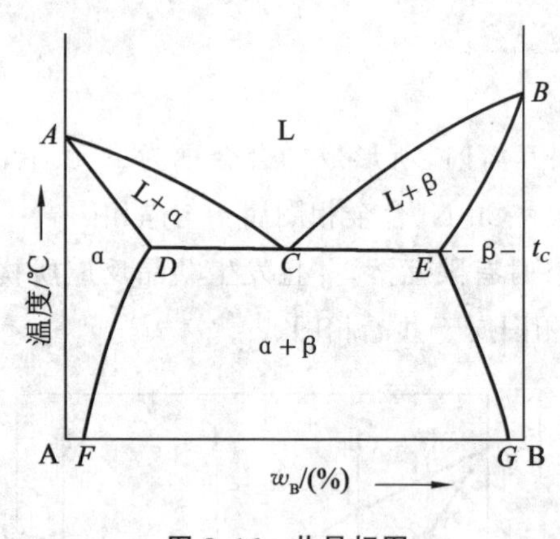

图 3.16　共晶相图

图 3.16 所示为共晶相图。Pb-Sn 合金系、Al-Si 合金系、Ag-Cu 合金系等，均形成共晶相图。共晶相图有三种相，即液相 L、固相 α 和固相 β。α 相是以 A 组元为溶剂、B 组元为溶质的有限固溶体；β 相是以 B 组元为溶剂、A 组元为溶质的有限固溶体。共晶相图有三个单相区：L 液相区、固相 α 相区、固相 β 相区。在单相区之间有三个双相区：(L+α)相区、(L+β)相区、(α+β)相区。

ACB 线是液相线，$ADCEB$ 线是固相线。A 点是 A 组元的熔点，B 点是 B 组元的熔点；C 点是共晶点，即固相 α 和固相 β 共同结晶时的温度和成分。

DCE 水平线称为共晶反应线。成分在 D—E 之间的所有合金结晶时都要碰到 DCE 线，都要产生共晶反应。共晶反应是在一定的共晶温度(C 点对应的温度)下，共晶成分(C 点成分)的液体合金同时结晶出两种一定成分的固相(D 点成分的固相 α 和 E 点成分的固相 β)的反应。共晶反应可形成两相复合的共晶组织，这种组织又称为共晶体，共晶反应式为

$$L_C \longrightarrow \alpha_D + \beta_E$$

共晶组织是两种固相同时从液体中共同结晶出来的，所以生成的两种固相相互影响，均

匀、致密地以各种不同的形态组合在一起，成为有一定特征的组织存在于合金的组织中，对合金的性能产生重要的影响。

五、包晶相图与共析相图

1. 包晶相图

1) 形成条件

两组元组成的合金系，在液态无限互溶且固态有限互溶，并发生包晶反应时，才能形成包晶相图。如 $Fe\text{-}Fe_3C$ 系、Cu-Zn 系、Fe-Mn 系、Fe-Ni 系等都有包晶反应，相图中都包含有包晶部分。

2) 相图特征

如图 3.17 所示，与共晶相图相似，包晶相图有三个单相区：液相 L、固相 α、固相 β。在单相区之间有三个双相区：(L＋α)相区、(L＋β)相区、(α＋β)相区。有一条三相共存的水平线 *CDE*，在该线上进行包晶反应。所有 *CDE* 线范围内成分的合金从液态冷却时，其成分垂直线都要与 *CDE* 线相交，都要发生包晶反应。

3) 包晶反应

在包晶温度下，*C* 点成分的固相 α 与 *E* 点成分的液相 L 在恒温下转变为 *D* 点成分的固相 β 的过程。包晶反应式为

$$\alpha_C + L_E \rightarrow \beta_D$$

CDE 水平线称为包晶反应线。

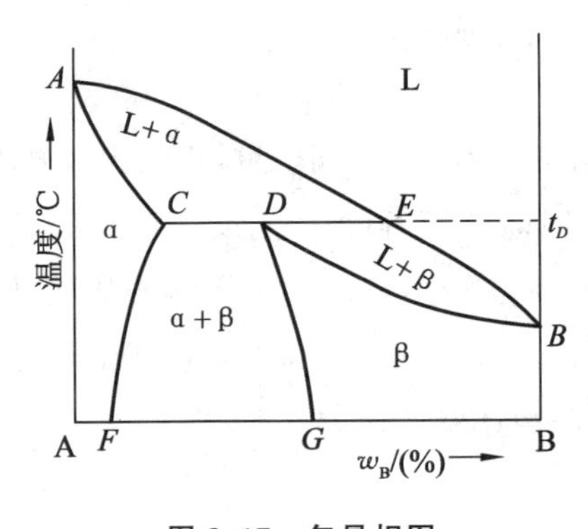

图 3.17 包晶相图

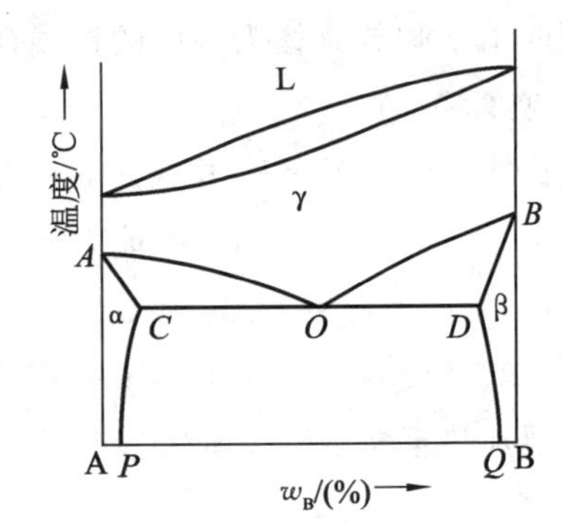

图 3.18 共析相图

2. 共析相图

图 3.18 的下半部为共析相图。共析反应式为

$$\gamma_O \longrightarrow \alpha_C + \beta_D$$

共析反应：*O* 点成分的 γ 固溶体，在共析温度下，析出 *C* 点成分的固相 α 和 *D* 点成分的固相 β 的过程。*COD* 线为共析反应线。

共析反应与共晶反应相似，都是一种相在恒温下转变成另外两种固相的反应。但共析反应前不是液相，而是固相，它与共晶反应有以下几点不同。

(1) 固态下的原子扩散比液态困难得多，所以共析转变很容易过冷。

(2) 因共析转变很容易过冷，所以共析产物比共晶产物细密得多。

(3) 共析反应前后相的晶体和晶格的紧密度不同,所以转变时伴随有容积的变化,会产生内应力。

许多合金的相图虽然比上述相图复杂得多,但这些相图都是由各种基本相图组成的。读者只要具备了分析基本相图的能力,对复杂相图的分析就有了基础。

3.3 铁碳合金相图及其应用

碳钢和铸铁是现代化工业生产中使用最广泛的金属材料,其组成元素都是铁和碳,故可称为铁碳合金。铁碳合金相图是研究碳钢和铸铁组织及性能的基础。

一、铁碳合金的基本组织与类型

1. 铁碳合金的基本组织

1) 铁素体(F)

铁素体是碳溶于α-Fe中形成的间隙固溶体,用符号F表示。其显微组织为均匀明亮、边界平缓的多边形晶粒。由于α-Fe具有体心立方晶格,原子间隙较小,所以溶碳能力很小,在727 ℃时溶碳最多,为 w_C=0.021 8%,室温下约为0.008%,铁素体的性能与纯铁相近,强度、硬度较低(R_{eL}=180~280 MPa,50~80 HBW),而塑性、韧性较好(A=30%~50%,K_U=128~160 J)。以铁素体为基体的铁碳合金适于塑性变形成形加工。

2) 奥氏体(A)

奥氏体是碳溶于γ-Fe中形成的间隙固溶体,用符号A表示。其显微组织为边界比较平直的多边形晶粒。γ-Fe的溶碳能力较强,在727 ℃时碳的溶解度可达 w_C=0.77%,随着温度的升高,碳的溶解度增加,到1 148 ℃时达到最大(w_C=2.11%)。奥氏体的强度、硬度较高(R_m≈400 MPa,160~200 HBW),塑性、韧性也较好(A=40%~50%)。在生产中,钢材大多数要加热至高温奥氏体状态进行压力加工,因其塑性好而便于成形。

3) 渗碳体(Fe_3C)

铁与碳形成的金属化合物称为渗碳体,用符号 Fe_3C 表示。渗碳体的平均碳含量 w_C=6.69%,是一种具有复杂晶格结构的化合物。渗碳体的硬度很高(约800 HBW),脆性很大,几乎没有塑性,不能单独使用。渗碳体通常以片状、粒状、网状、带状等形态分布于铁碳合金中,对铁碳合金的性能有着很大的影响。

通常把铁碳合金中的渗碳体分为:一次渗碳体 $Fe_3C_{Ⅰ}$(由液体中直接结晶出来的)、二次渗碳体 $Fe_3C_{Ⅱ}$(由奥氏体中析出)、三次渗碳体 $Fe_3C_{Ⅲ}$(由铁素体中析出)、共晶渗碳体 $Fe_3C_{共晶}$(共晶转变形成)、共析渗碳体 $Fe_3C_{共析}$(共析转变形成)。这些渗碳体的来源和形态虽有所不同,但本质并无区别,其碳含量、晶体结构和本身性质完全相同。

4) 珠光体(P)

由铁素体和渗碳体组成的机械混合物称为珠光体,用符号P表示。其显微组织为铁素

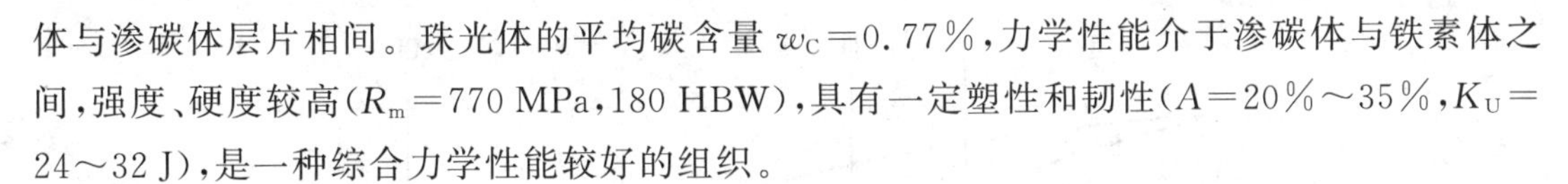

体与渗碳体层片相间。珠光体的平均碳含量 $w_C=0.77\%$，力学性能介于渗碳体与铁素体之间，强度、硬度较高（$R_m=770$ MPa，180 HBW），具有一定塑性和韧性（$A=20\%\sim35\%$，$K_U=24\sim32$ J），是一种综合力学性能较好的组织。

5）莱氏体（L_d）

莱氏体是铁碳合金中的共晶混合物。其平均碳含量 $w_C=4.3\%$，当 $w_C=4.3\%$ 的铁碳合金从液态缓慢冷却至 1 148 ℃时，将同时从液体中结晶出奥氏体和渗碳体的机械混合物，称为莱氏体，也称为高温莱氏体，用符号 L_d 表示。高温莱氏体缓慢冷却至 727 ℃时，其中的奥氏体将转变为珠光体，形成珠光体与渗碳体的机械混合物，称为低温莱氏体，用符号 L'_d 表示。莱氏体的性能与渗碳体相似，硬度很高，塑性、韧性极差。

2. 铁碳合金的类型

铁碳合金相图中的各种合金按碳含量和室温组织的不同，一般分为以下三类。

1）工业纯铁

工业纯铁 $w_C<0.0218\%$，其显微组织为单相铁素体。

2）钢

钢 $w_C=0.0218\%\sim2.11\%$，其特点是高温固态组织为具有良好塑性的奥氏体，因而适宜于锻造。根据碳含量和室温组织的不同，钢可分为三类。

(1) 亚共析钢：$0.0218\%\leqslant w_C<0.77\%$，室温组织为铁素体＋珠光体。

(2) 共析钢：$w_C=0.77\%$，室温组织为珠光体。

(3) 过共析钢：$0.77\%<w_C<2.11\%$，室温组织为珠光体＋渗碳体。

3）白口铁

白口铁 $w_C=2.11\%\sim6.69\%$，其特点是液态结晶时都有共晶转变，因而有较好的铸造性能。根据碳含量和室温组织的不同，白口铁又分为三类。

(1) 亚共晶白口铁：$2.11\%\leqslant w_C<4.3\%$，其显微组织为珠光体＋渗碳体＋莱氏体。

(2) 共晶白口铁：$w_C=4.3\%$，其显微组织为莱氏体。

(3) 过共晶白口铁：$4.3\%<w_C<6.69\%$，其显微组织为莱氏体＋一次渗碳体。

二、铁碳合金相图分析

1. 简化后的 $Fe\text{-}Fe_3C$ 相图

$Fe\text{-}Fe_3C$ 相图是指在极其缓慢冷却的条件下，铁碳合金（$w_C<6.69\%$）的组织状态随温度变化的图解。实际研究和分析时，为了简明实用，常将图中左上角部分简化，即得到简化后的 $Fe\text{-}Fe_3C$ 相图，如图 3.19 所示。

2. $Fe\text{-}Fe_3C$ 相图分析

1）坐标

$Fe\text{-}Fe_3C$ 相图中纵坐标为温度，横坐标为成分（碳的质量分数）。横坐标的左端表示碳的质量分数为零，即 100%的纯铁；右端表示碳的质量分数为 6.69%，即 100%的 Fe_3C。横坐标上的任何一点，均表示一种成分的铁碳合金。

2）特性点

相图中具有特殊意义的点称为特性点。简化 $Fe\text{-}Fe_3C$ 相图中的各特性点如表 3.2 所示。

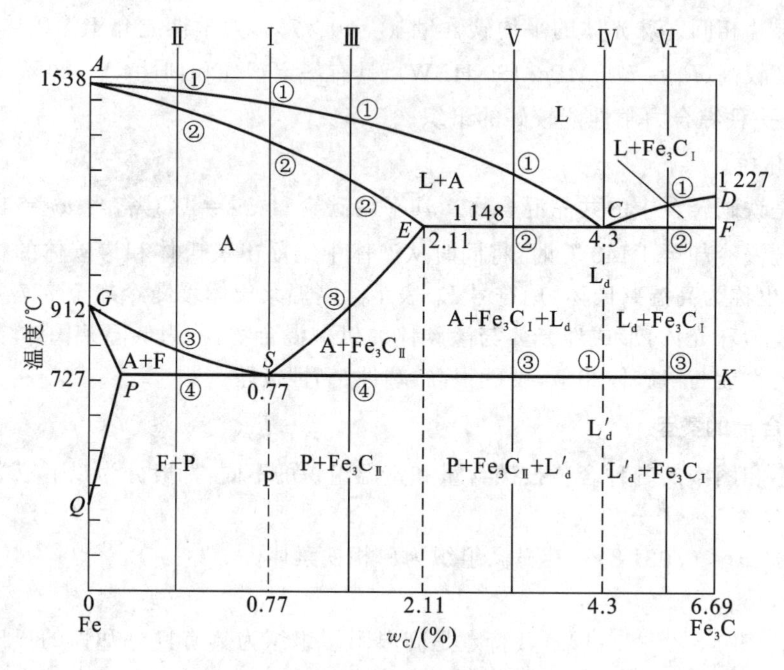

图 3.19 简化的 $Fe-Fe_3C$ 相图

表 3.2 简化的 $Fe-Fe_3C$ 相图中的特性点

特性点符号	温度/℃	w_C/(%)	含　义
A	1 538	0	纯铁的熔点(结晶)
C	1 148	4.3	共晶点,$L_C \rightleftharpoons L_d(A_E+Fe_3C)$
D	1 227	6.69	渗碳体的熔点
E	1 148	2.11	碳在 γ-Fe 中的最大溶解度
G	912	0	纯铁的同素异晶转变点,$\alpha\text{-Fe} \rightleftharpoons \gamma\text{-Fe}$
P	727	0.021 8	碳在 α-Fe 中的最大溶解度
S	727	0.77	共析点,$A_S \rightleftharpoons P(F_P+Fe_3C)$
Q	600	0.008	碳在 α-Fe 中的溶解度

3) 特性线

相图中各不同成分的合金具有相同意义的临界点的连接线称为特性线。简化的 $Fe-Fe_3C$ 相图中各特性线的符号、位置和意义介绍如下。

(1) *ACD* 线。液相线,在此线以上合金处于液体状态,用符号 L 表示。铁碳合金冷却到此线时开始结晶:在 *AC* 线下从液相中结晶出奥氏体;在 *CD* 线下从液体中结晶出渗碳体,称为一次渗碳体,用 $Fe_3C_Ⅰ$ 表示。

(2) *AECF* 线。固相线,液体合金冷却至此线全部结晶为固体,此线以下为固相区。

(3) *ECF* 线。共晶线,在此线以上的液态合金冷却时将发生共晶转变,其反应式为

$$L_{w_C=4.3\%} \xrightleftharpoons{1\,148\ ℃} (A_{w_C=2.11\%}+Fe_3C_{共晶})=L_d$$

共晶转变是在恒温下进行的,其产物是奥氏体和渗碳体的机械混合物,称为莱氏体,

用符号 L_d 表示。凡是 $w_C>2.11\%$ 的铁碳合金冷却至1 148 ℃时，均将发生共晶转变而形成莱氏体。

(4) *PSK* 线。共析线，又称 A_1 线。在这条线上，固态奥氏体将发生共析转变，其反应式为

$$A_{w_C=0.77\%}\xrightarrow{727\ ℃}(F_{w_C=0.0218\%}+Fe_3C_{共析})=P_{w_C=0.77\%}$$

共析转变也是在恒温下进行的，反应产物是铁素体与渗碳体的机械混合物，称为珠光体，用符号P表示。凡是 $w_C>0.0218\%$ 的铁碳合金冷却至727 ℃，奥氏体必将发生共析转变而形成珠光体组织。

(5) *GS* 线。*GS* 线又称 A_3 线，凡是 $w_C<0.77\%$ 的铁碳合金冷却时，由奥氏体中开始析出铁素体的转变线。随着温度的下降，析出的铁素体量增多，奥氏体的含量减小。

(6) *ES* 线。*ES* 线又称 A_{cm} 线，是碳在奥氏体中的溶解度变化曲线。奥氏体在1 148 ℃时的碳含量为 $w_C=2.11\%$，随着温度的下降，奥氏体的碳含量逐渐减小，当温度为727 ℃时，碳含量为 $w_C=0.77\%$。因此，凡是 $w_C>0.77\%$ 的铁碳合金，当温度由1 148 ℃降到727 ℃，均会由奥氏体中沿晶界析出渗碳体，这种渗碳体称为二次渗碳体，用符号 $Fe_3C_{Ⅱ}$ 表示。

(7) *PQ* 线。碳在铁素体中的溶解度变化曲线，碳在铁素体中的溶解度在727 ℃时达到最大 $w_C=0.0218\%$，至600 ℃时降为 $w_C=0.008\%$。因此，铁素体从727 ℃冷却下来时，将会从铁素体中沿晶界析出渗碳体，称为三次渗碳体，用符号 $Fe_3C_{Ⅲ}$ 表示。由于 $Fe_3C_{Ⅲ}$ 数量极少，故一般在讨论中予以忽略。

3. 典型铁碳合金的结晶过程

1) 共析钢的结晶过程

图3.19中合金Ⅰ表示共析钢($w_C=0.77\%$)。合金Ⅰ在①点以上为液体，当缓慢冷却至稍低于①点温度时，开始从液体中结晶出奥氏体，奥氏体的数量随温度的下降而增多。温度降到②点时，液体全部结晶为奥氏体。②～*S* 点之间，合金是单一奥氏体相。继续缓慢冷却至 *S* 点时，奥氏体发生共析转变，转变成珠光体。727 ℃以下，珠光体基本上不发生变化，故室温下共析钢的组织为珠光体。共析钢的结晶过程示意图如图3.20所示。

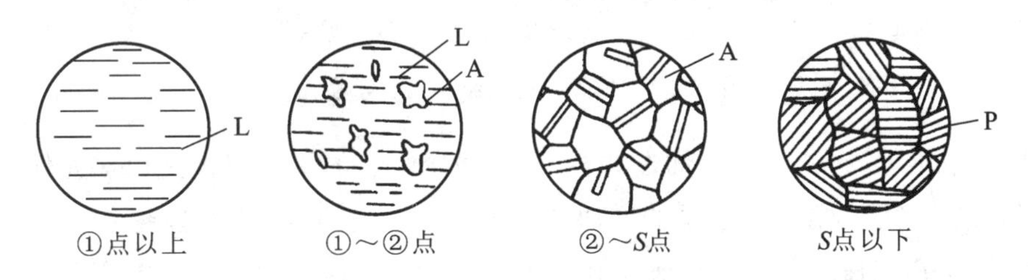

图3.20 共析钢的结晶过程示意图

2) 亚共析钢的结晶过程

图3.19中合金Ⅱ表示亚共析钢。合金Ⅱ在①点以上为液体，缓慢冷却至稍低于①点，开始从液体中结晶出奥氏体，冷却到②点结晶终了。在②～③点之间，合金为单一的奥氏体组织，当冷却到与 *GS* 线相交的③点时，开始从奥氏体中析出铁素体，而剩余奥氏体的碳含量逐渐减少。由于铁素体的碳含量很小，所以铁素体析出时，就会将多余的碳原子转移到奥氏体中，引起未转变的奥氏体的碳含量增加，沿着 *GS* 线变化。当温度降至④点(727 ℃)时，剩余奥氏体的碳含量增加到了 $w_C=0.77\%$，具备了共析转变的条件，转变为珠光体。原铁素体不变保留在基体中。④点以下不再发生组织变化。故亚共析钢的室温组织为铁素体+

珠光体。亚共析钢的结晶过程示意图如图 3.21 所示。

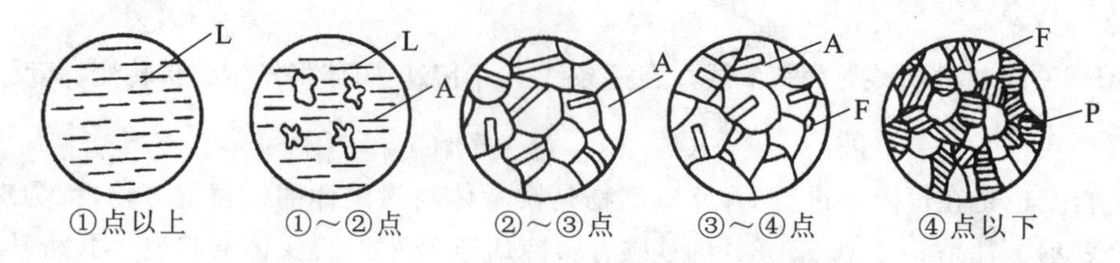

图 3.21 亚共析钢的结晶过程示意图

必须指出,所有 w_C<0.77%的亚共析钢,缓慢冷却后的室温组织都是由铁素体和珠光体组成。但是由于它们的碳含量不同,所以组织中铁素体和珠光体的碳含量也不同。随着合金中碳含量增多,组织中铁素体碳含量减少,而珠光体碳含量增多。当碳含量增加到共析成分时,组织中全部是珠光体。

3) 过共析钢的结晶过程

如图 3.19 所示,合金Ⅲ表示过共析钢。合金Ⅲ在①点以上为液体,当缓慢冷却至稍低于①点后,开始从液体中结晶出奥氏体,直至②点结晶终了。在②～③点之间是单一的奥氏体组织。缓慢冷却至③点时,奥氏体中开始沿晶界析出渗碳体(即二次渗碳体)。随着温度的不断下降,由奥氏体中析出的二次渗碳体越来越多,而奥氏体中的碳含量不断减少,并沿着 ES 线变化。③～④点之间的组织为奥氏体+二次渗碳体。降至④点(727 ℃)时,奥氏体的成分达到了共析成分,于是这部分奥氏体发生共析反应,转变为珠光体。在④点以下,合金Ⅲ的组织不再发生变化。故室温组织为珠光体+二次渗碳体。过共析钢的结晶过程示意图如图3.22所示。

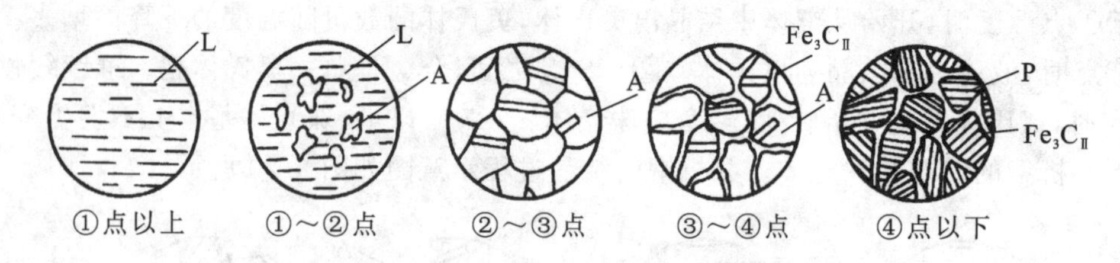

图 3.22 过共析钢的结晶过程示意图

应当指出,凡是 w_C>0.77%的过共析钢,缓慢冷却后的室温组织是由珠光体和二次渗碳体组成。只是随着合金中碳含量的增加,二次渗碳体越来越多,珠光体越来越少。当 w_C=2.11%时,二次渗碳体的数量达到最大值。

三、碳含量对铁碳合金平衡组织和性能的影响

随着碳含量的增加,合金的室温组织中不仅渗碳体的数量增加,其形式、分布也有变化,因此,合金力学性能也相应发生变化。

亚共析钢的组织是由铁素体和珠光体组成,随着碳含量的增加,其组织中珠光体的数量随之增加,因而强度、硬度逐渐升高,塑性、韧性不断下降。过共析钢的组织是由珠光体和网状二次渗碳体组成,随碳含量的增加,其组织中珠光体的数量不断减少,而网状二次渗碳体的数量相对增加,因而强度、硬度上升,而塑性、韧性不断下降。但是,当钢中 w_C>

0.9%时，二次渗碳体将沿晶界形成完整的网状形态，此时虽然硬度继续增高，但因网状二次渗碳体割裂基体，故使钢的强度呈迅速下降趋势，而塑性和韧性则随着碳含量的增加而不断降低。实际生产中，为了保证碳钢具有良好的综合力学性能，w_C 一般不应超过1.3%～1.4%。

w_C＞2.11%的铁碳合金，基本上都已成了硬、脆的渗碳体，强度很低，塑性和韧性随渗碳体的增加呈迅速下降趋势。

碳含量对碳钢力学性能的影响如图 3.23 所示。

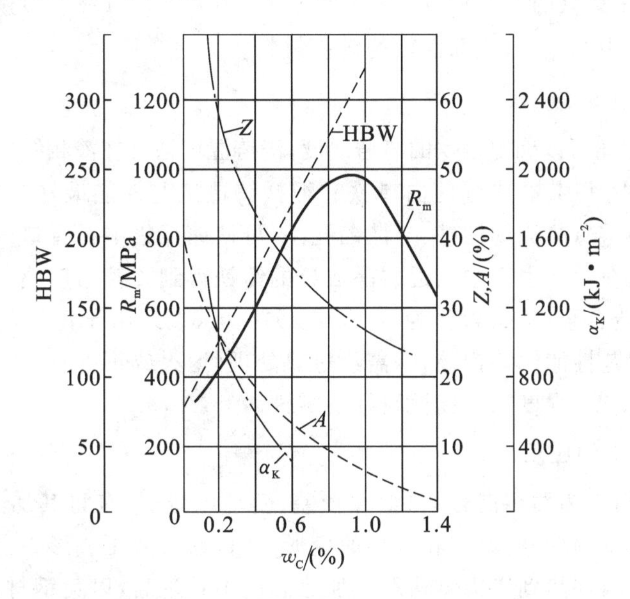

图 3.23 碳含量对碳钢力学性能的影响

四、铁碳合金相图在工业中的应用

Fe-Fe_3C 相图从客观上反映了钢铁材料的组织随成分和温度变化的规律，因此在工程上为选材、用材及制定铸、锻、焊、热处理等热加工工艺提供了重要的理论依据，如图 3.24 所示。

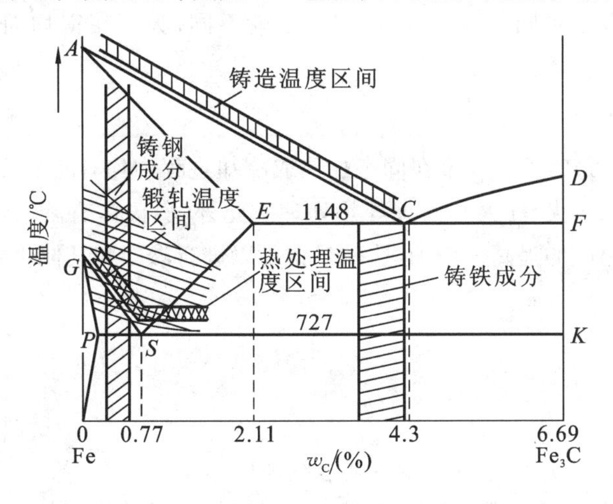

图 3.24 Fe-Fe_3C 相图与热加工工艺规范的关系

1. 在选材方面的应用

由 $Fe\text{-}Fe_3C$ 相图可见，铁碳合金中随着碳含量的不同，其平衡组织各不相同，从而导致其力学性能也不同，因此可以根据零件的不同性能要求来合理地选择材料。例如，桥梁、船舶、车辆及各种建筑材料，需要塑性好、韧性强的材料，可选用低碳的亚共析钢（$w_C=0.1\%\sim0.25\%$）；对工作中承受冲击载荷和要求较高强度的各种机械零件，要求强度高和韧性好，可选用中碳的亚共析钢（$w_C=0.25\%\sim0.6\%$）；制造各种切削工具、模具及量具时，需要高的硬度、耐磨性，可选用高碳的共析钢或过共析钢（$w_C=0.77\%\sim1.44\%$）；对于形状复杂的箱体、机器底座等可选用熔点低、流动性好的铸铁材料。

2. 在铸造生产上的应用

参照 $Fe\text{-}Fe_3C$ 相图可以确定钢铁的浇铸温度，浇铸温度通常在液相线以上 50～60 ℃为宜。在所有成分的合金中，以共晶成分的白口铁和纯铁铸造工艺性能最好。这是因为它们的结晶温度区间最小（为零），故流动性好、分散缩孔小，可使缩孔集中在冒口内，从而得到质量好的致密铸件。因此，在铸造生产中接近共晶成分的铸铁得到了较为广泛的应用。此外，铸钢也是常用的一种铸造合金，其碳含量为 $w_C=0.2\%\sim0.6\%$。由于铸钢的熔点高，结晶温度区间较大，故铸造工艺性能比铸铁差，常需经过热处理（退火或正火）后才能使用。铸钢主要用于制造一些形状复杂、强度高和韧性较好的零件。

3. 在锻压生产上的应用

钢在室温时的组织为两相混合物，塑性较差，变形困难，只有将其加热到单相奥氏体状态，才具有较低的强度、较好的塑性和较小的变形抗力，易于锻压成形。因此，在进行锻压或热轧加工时，要把坯料加热到奥氏体状态。加热温度不宜过高，以免钢材氧化烧损严重。但变形的终止温度也不宜过低，过低的温度除了增加能量的消耗和设备的负担外，还会因塑性的降低而导致开裂。所以，各种碳钢较合适的锻压或热轧加热温度范围是：变形开始温度为 1 150～1 200 ℃；变形终止温度为 750～850 ℃。

4. 在焊接生产上的应用

焊接时，由于局部区域（焊缝）被快速加热，故从焊缝到母材各处的温度是不同的。根据 $Fe\text{-}Fe_3C$ 相图可知，温度不同，冷却后的组织性能就不同，为了获得均匀一致的组织性能，就需要通过焊后热处理来调整和改善。

5. 在热处理生产上的应用

从 $Fe\text{-}Fe_3C$ 相图可知：铁碳合金在固态加热或冷却过程中均有相的变化，所以钢和铸铁可以进行有相变的退火、正火、淬火和回火等热处理。此外，奥氏体有溶解碳及其他合金元素的能力，而且溶解度随温度的提高而增加，这就是钢可以进行渗碳和其他化学热处理的缘故。

习题

一、简答题

1. 常见的金属晶格类型有哪几种？试绘图说明。

2. 实际金属晶体中存在哪些晶体缺陷？对金属的力学性能有何影响？

3. 什么是过冷现象和过冷度？过冷度与冷却速度有什么关系？

4. 金属的结晶是怎样进行的？

5. 细晶粒组织为什么具有较好的综合力学性能？细化晶粒的基本途径有哪些？

6. 什么是固溶体？什么是金属化合物？金属化合物的性能特点是什么？

7. 与纯金属相比，合金的结晶有何特点？

8. 为何承受较大冲击载荷的重要零件须经锻造成形，而不是铸造成形？

9. 为什么金属在冷轧、冷拉、冲压过程中，需在各工序中穿插再结晶退火？

10. 简述碳的质量分数为0.4%和1.2%的铁碳合金从液态冷至室温时的结晶过程。

11. 将碳的质量分数为0.45%的钢和白口铸铁都加热到1 000～1 200 ℃，能否进行锻造？为什么？

12. 默画 $Fe\text{-}Fe_3C$ 相图，并标出各点和水平线的温度与成分；用相组分和组织组分填写相图。

13. 用组织示意图和箭头式描述碳含量为0.30%、0.65%和0.9%的钢的冷却过程。

14. 为何10钢适于冷加工成形，60钢、T8钢适于锻造成形，而铸铁则不适于锻造成形？

15. 既然45钢与60钢的室温组织都是F+P，为何60钢的强度、硬度较45钢高？

二、应用题

1. 确定下列情况时合金中相的数目：

(1) 金和银在高温下成熔融状态；

(2) 锡正在结晶(232 ℃)的时候；

(3) 铜和镍构成的固体。

2. 已知纯铝、纯铜、纯铁的熔点分别为660 ℃、950 ℃、1 538 ℃，试估算它们的最低再结晶温度。

3. 分析下列现象：

(1) 用同一锉刀锉削20钢比锉削T8钢容易(二者均为退火态)；

(2) T12钢的强度低于T8钢，但硬度却高于T8钢。

4. 想一想，如何区分生活中遇到的钢件与铸铁件？用什么方法可以区分？

第4章 工程材料与热处理

4.1 非合金钢

新的钢分类中已经用“非合金钢”一词取代了“碳素钢”，但由于许多技术标准是在新的《钢分类》标准实施之前制定的，所以，为便于衔接和过渡，非合金钢的介绍仍按原常规分类进行。

非合金钢价格低廉、工艺性能好、力学性能能满足一般工程和机械制造的使用要求，是工业生产中用量最大的工程材料。

一、非合金钢中的常存杂质元素及其影响

实际使用的非合金钢并不是单纯的铁碳合金，由于冶炼时所用原料及冶炼工艺方法等影响，钢中总不免有少量其他元素存在，如硅、锰、硫、磷、铜、铬、镍等，这些并非有意加入或保留的元素一般作为杂质看待。它们的存在对钢的性能有较大的影响。

1. 锰

钢中的锰来自炼钢生铁及脱氧剂锰铁。一般认为，锰在钢中是一种有益的元素。在碳钢中 $w_{Mn}<0.80\%$，在含锰合金钢中，w_{Mn} 一般控制在 1.0%～1.2%。锰大部分溶于铁素体中，形成置换固溶体，并使铁素体强化；另一部分锰溶于渗碳体中，形成合金渗碳体，提高钢的硬度；锰与硫化合成 MnS，能减轻硫的有害作用。当锰的含量不多，在碳钢中仅作为少量杂质存在时，它对钢的性能影响并不明显。

2. 硅

硅也是来自炼钢生铁和脱氧剂硅铁。在碳钢中 $w_{Si}<0.35\%$，硅与锰一样能溶于铁素体中，使铁素体强化，从而使钢的强度、硬度、弹性提高，而塑性、韧度降低。因此，硅也是碳钢中的有益元素。

3. 硫

硫是生铁中带来的而在炼钢时又未能除尽的有害元素。硫不溶于铁，而以 FeS 形式存在，FeS 会与 Fe 形成低熔点(985 ℃)的共晶体(FeS-Fe)，并分布于奥氏体的晶界上，当钢材在 1 000～1 200 ℃压力下加工时，晶界处的 FeS-Fe 共晶体已经熔化，并使晶粒脱开，钢材将沿晶界处开裂，这种现象称为“热脆”。为了避免热脆，钢中 w_S 必须严格控制，普通钢 $w_S\leq0.055\%$，优质钢 $w_S\leq0.040\%$，高级优质钢 $w_S\leq0.030\%$。

在钢中增加锰，可消除硫的有害作用，锰与硫能形成熔点为 1 620 ℃的 MnS，而且 MnS 在高温时具有塑性，这样就可避免热脆现象。

4. 磷

磷也是生铁中带来的而在炼钢时又未能除尽的有害元素。磷在钢中全部溶于铁素体中,虽可使铁素体的强度、硬度有所提高,但却使室温下的钢的塑性、韧度急剧降低,在低温时表现尤其突出。这种在低温时由磷导致钢严重变脆的现象称为“冷脆”。磷的存在还会使钢的焊接性能变坏,因此钢中 w_P 应严格控制,普通钢 $w_P \leqslant 0.045\%$,优质钢 $w_P \leqslant 0.040\%$,高级优质钢 $w_P \leqslant 0.035\%$。

但是,在适当的情况下,硫、磷也有一些有益的作用。对于硫,当钢中 w_S 较高($0.08\% \sim 0.3\%$)时,适当提高钢中 w_{Mn}($0.6\% \sim 1.55\%$),使硫与锰结合成 MnS,切削时易于断屑,能改善钢的切削性能,故易切钢中含有较多的硫。对于磷,如与铜配合能增加钢的抗空气腐蚀能力,改善钢的切削加工性能。

另外,钢在冶炼时还会吸收和溶解一部分气体,如氮气、氢气、氧气等,给钢的性能带来有害影响。尤其是氢气,它可使钢产生氢脆,也可使钢中产生微裂纹,即白点。

二、非合金钢的分类、编号和用途

1. 非合金钢的分类

非合金钢分类方法很多,比较常用的有三种,即按钢的含碳量、质量和用途分类。

(1) 按含碳量分类
- 低碳钢:$w_C \leqslant 0.25\%$
- 中碳钢:$0.25\% < w_C \leqslant 0.60\%$
- 高碳钢:$w_C > 0.60\%$

(2) 按质量分类
- 普通碳素钢:$w_S \leqslant 0.050\%$;$w_P \leqslant 0.045\%$
- 优质碳素钢:$w_S \leqslant 0.035\%$;$w_P \leqslant 0.035\%$
- 高级优质碳素钢:$w_S \leqslant 0.030\%$;$w_P \leqslant 0.030\%$

(3) 按用途分类
- 碳素结构钢:主要用于建筑、桥梁等工程和各种机械零件
- 碳素工具钢:主要用于各类刀具、量具和模具等

2. 碳钢的牌号和用途

1) 碳素结构钢

碳素结构钢的牌号由 Q 加数字组成,“Q”为“屈”字的汉语拼音字首,数字表示屈服点数值。如 Q275,表示屈服点为 275 MPa 的碳素结构钢。若牌号后面标注字母 A、B、C、D,则表示钢的质量等级不同,即含硫量、含磷量不同,由 A～D 表示钢的质量等级依次提高。“F”表示沸腾钢,“b”表示半镇静钢,不标“F”和“b”的表示镇静钢。例如,Q235-A・F 表示屈服点为 235 MPa 的 A 级沸腾钢,Q235-C 表示屈服点为 235 MPa 的 C 级镇静钢。

碳素结构钢一般情况下都不经过热处理,而是在供应状态下直接使用。通常 Q195、Q215、Q235 含碳量低,有一定强度,常轧制成薄板、钢筋、焊接钢管等,用于桥梁、建筑等钢结构,也可制造普通的铆钉、螺钉、螺母、垫圈、地脚螺栓、轴套、销轴等,Q255 和 Q275 钢强度、韧度较高,塑性较好,可进行焊接。通常轧制成型钢、条钢和钢板作结构件,以及制造连杆、键、销,简单机械上的齿轮、联轴器等。

2) 优质碳素结构钢

优质碳素结构钢的牌号由两位数字或数字与特征符号组成。两位数字表示含碳量,以

万分之几表示。沸腾钢和半镇静钢在牌号尾部分别加符号“F”和“b”,镇静钢一般不标符号。较高含锰量的优质碳素结构钢,在表示含碳量的数字后面加锰元素符号。例如,$w_C=0.50\%$,$w_{Mn}=0.70\%\sim1.00\%$的钢,其牌号表示为“50Mn”。高级优质碳素结构钢,在牌号后加符号“A”,特级优质碳素结构钢在牌号后加符号“E”。

优质碳素结构钢主要用于制造机械零件,一般都要经过热处理以提高力学性能。根据含碳量不同,优质碳素结构钢有不同的用途。例如:08、08F、10、10F钢,塑性好、韧度高,具有优良的冷成形性能和焊接性能,常冷轧成薄板,用于制作仪表外壳、汽车和拖拉机上的冷冲压件,如汽车车身、拖拉机驾驶室等;15、20、25钢用于制作尺寸较小、负荷较轻、表面要求耐磨、心部强度要求不高的渗碳零件,如活塞钢、样板等;30、35、40、45、50钢经热处理(淬火+高温回火)后具有良好的力学性能,即具有较高的强度、韧度和较好的塑性,用于制作轴类零件;55、60、65钢热处理(淬火+高温回火)后具有较高的弹性极限,常用作弹簧。优质碳素结构钢的牌号、力学性能和用途见表4.1。

表4.1 优质碳素结构钢的牌号、力学性能和用途

牌号	力学性能					用途
	σ_s /MPa	σ_b /MPa	δ_5 /(%)	Ψ /(%)	A_K /J	
08	≥195	≥325	≥33	≥60	—	这类低碳钢由于强度低、塑性好,一般用于制造受力不大的冲压件,如螺栓、螺母、垫圈等。经过渗碳处理或氰化处理可用作表面要求耐磨、耐腐蚀的机械零件,如凸轮、滑块等
10	≥205	≥335	≥31	≥55	—	
15	≥225	≥375	≥27	≥55	—	
20	≥245	≥410	≥25	≥55	—	
25	≥275	≥450	≥23	≥50	≥71	
30	≥295	≥490	≥21	≥50	≥63	这类中碳钢的综合力学性能和切削加工性均较好,可用于制造受力较大的零件,如主轴、曲轴、齿轮等
35	≥315	≥530	≥20	≥45	≥55	
40	≥335	≥570	≥19	≥45	≥47	
45	≥355	≥600	≥16	≥40	≥39	
50	≥375	≥630	≥14	≥40	≥31	
55	≥380	≥645	≥13	≥35	—	这类钢有较高的强度、弹性和耐磨性,主要用于制造凸轮、车轮、螺旋弹簧和钢丝绳等
60	≥400	≥675	≥12	≥35	—	
65	≥410	≥695	≥10	≥30	—	

3) 碳素工具钢

碳素工具钢的牌号是由代表碳的符号“T”与数字组成,数字表示钢的含碳量,以千分之几表示。含锰量较高的碳素工具钢或高级优质碳素工具钢,牌号尾部表示与优质碳素结构钢的相同。如T12钢,表示$w_C=1.2\%$的碳素工具钢。

碳素工具钢生产成本较低,加工性能良好,可用于制造低速、手动刀具及常温下使用的工具、模具、量具等。在使用前要进行热处理(淬火+低温回火)。常用的牌号:T7、T8用于制造要求较高韧度、承受冲击负荷的工具，如小型冲头、凿子、锤子等；T9、T10、T11 用于制造要求中等韧度的工具，如钻头、丝锥、车刀、冲模、拉丝模、锯条等；T12、T13 钢具有高硬度、高耐磨性，但韧度较低，用于制造不受冲击的工具，如量规、塞规、样板、锉刀、刮刀、精车刀等。碳素工具钢的牌号、化学成分和用途见表 4.2。

表 4.2 碳素工具钢的牌号、化学成分和用途

<table>
<tr><th rowspan="2">牌号</th><th colspan="5">化学成分/(%)</th><th colspan="2">硬 度</th><th rowspan="2">用 途</th></tr>
<tr><th>C</th><th>Mn</th><th>Si</th><th>S</th><th>P</th><th>供应状态
HBS</th><th>淬火后
HRC</th></tr>
<tr><td>T7</td><td>0.65～0.74</td><td rowspan="2">≤0.40</td><td rowspan="7">≤0.35</td><td rowspan="7">≤0.030</td><td rowspan="7">≤0.035</td><td rowspan="3">≤187</td><td rowspan="7">≥62</td><td>承受冲击、要求韧度较高的工具，如凿子、风动工具、木工用锯和凿子等</td></tr>
<tr><td>T8</td><td>0.75～0.84</td><td rowspan="2">用于冲击不大、要求硬度较高的工具，如小冲模、木工用铣刀、斧、凿、圆锯片及虎钳钳口等</td></tr>
<tr><td>T8Mn</td><td>0.80～0.90</td><td>0.40～0.60</td></tr>
<tr><td>T9</td><td>0.85～0.94</td><td rowspan="5">≤0.40</td><td>≤192</td><td>用于硬度较高，有一定韧度要求、不受剧烈冲击的工具，如冲模、饲料机切刀等</td></tr>
<tr><td>T10</td><td>0.95～1.04</td><td>≤197</td><td rowspan="2">用于不受剧烈冲击、耐磨性要求较高的工具，如冲模、小钻头、手用丝锥、板牙、锯条和量具等</td></tr>
<tr><td>T11</td><td>1.05～1.14</td><td rowspan="2">≤207</td></tr>
<tr><td>T12</td><td>1.15～1.24</td><td>用于不受冲击载荷、切削速度不高的工具或耐磨机件，如锉刀、刮刀等</td></tr>
<tr><td>T13</td><td>1.25～1.35</td><td>≤217</td><td>用于不受冲击、高硬度要求的工具，如剃刀、刮刀、刻字刀等</td></tr>
</table>

4）碳素铸钢

许多形状复杂的零件，很难通过锻压等方法加工成形，用铸铁时性能又难以满足需要，此时常用碳素铸钢铸造获取铸钢件。碳素铸钢也称铸钢，在机械制造尤其是重型机械制造业中应用非常广泛。

铸钢的牌号有两种表示方法。以强度表示的铸钢牌号，是由“铸钢”两字的汉语拼音字首“ZG”与表示力学性能的两组数字组成，第一组数字代表最低屈服点，第二组数字代表最低抗拉强度值。例如 ZG 200-400，表示 $\sigma_s(\sigma_{r0.2})\geqslant 200$ MPa、$\sigma_b \geqslant 400$ MPa 的铸钢。铸钢的另一种牌号用化学成分表示，在此不作介绍。

铸钢的含碳量一般为 0.15%～0.60%，过高则塑性差，易产生裂纹。铸钢的铸造性能比铸铁的差,主要表现在铸钢流动性差,凝固时收缩比大且易产生偏析等。铸钢的牌号、化学成分、力学性能和用途见表4.3。

表4.3　铸钢的牌号、化学成分、力学性能和用途

<table>
<tr><th rowspan="2">牌号</th><th colspan="4">化学成分/(%)</th><th colspan="5">力学性能</th><th rowspan="2">用　途</th></tr>
<tr><th>C</th><th>Si</th><th>Mn</th><th>S、P</th><th>σ_s /MPa</th><th>σ_b /MPa</th><th>δ_5 /(%)</th><th>Ψ /(%)</th><th>A_K /J</th></tr>
<tr><td>ZG 200-400</td><td>0.20</td><td rowspan="3">0.50</td><td>0.08</td><td rowspan="5">0.04</td><td>200</td><td>400</td><td>25</td><td>40</td><td>30</td><td>有良好的塑性、较高韧度和焊接性能,用于受力不大、要求韧度高的各种机械零件,如机座、变速箱壳等</td></tr>
<tr><td>ZG 230-450</td><td>0.30</td><td rowspan="4">0.09</td><td>230</td><td>450</td><td>22</td><td>32</td><td>25</td><td>有一定强度、韧度和较好的塑性、焊接性能,用于受力不大,要求韧度高的各种机械零件,如外壳、轴承盖、底板等</td></tr>
<tr><td>ZG 270-500</td><td>0.40</td><td>270</td><td>500</td><td>18</td><td>25</td><td>22</td><td>有较高的强度和较好的塑性,铸造性能良好。焊接性能尚好,切削性好,用于轴承座、箱体、曲轴和气缸体等</td></tr>
<tr><td>ZG 310-570</td><td>0.50</td><td rowspan="2">0.60</td><td>310</td><td>570</td><td>15</td><td>21</td><td>15</td><td>强度和切削性良好,塑性较差、韧度较低,用于载荷较高的零件,如大齿轮、气缸体和制动轮等</td></tr>
<tr><td>ZG 340-640</td><td>0.60</td><td>340</td><td>640</td><td>10</td><td>18</td><td>10</td><td>有高的强度、硬度和耐磨性,切削性、流动性好,焊接性较差,用于起重运输机齿轮、联轴器等重要零件</td></tr>
</table>

4.2　合　金　钢

一、合金元素在钢中的作用

为使金属具有某些特性,在基体金属中有意加入或保留的金属或非金属元素称为合金元素,钢中常用的有铬、锰、硅、镍、钼、钨、钒、钴、铝、铜等。硫、磷在特定条件下也可以认为是合金元素。

合金元素在钢中的作用,主要表现为合金元素与铁、碳之间的相互作用,以及对铁碳相图和热处理相变过程的影响。

1. 合金元素对钢基本相的影响

1)强化铁素体

大多数合金元素都能溶于铁素体,引起铁素体的晶格畸变,产生固溶强化,使铁素体的强度、硬度增强,塑性、韧度降低。

2）形成碳化物

在钢中能形成碳化物的元素称为碳化物形成元素，有铁、锰、铬、钼、钨、钒等。这些元素与碳结合力较强，生成碳化物（包括合金碳化物、合金渗碳体和特殊碳化物）。合金元素与碳的结合力越强，形成的碳化物越稳定，硬度就越高。碳化物的稳定性越高，就越难溶于奥氏体，也越不易聚集长大。随着碳化物数量的增加，钢的硬度、强度提高，塑性、韧度下降。

2. 合金元素对 $Fe\text{-}Fe_3C$ 相图的影响

1）对奥氏体相区的影响

（1）镍、锰等合金元素使单相奥氏体区扩大。如图 4.1 所示，若该元素量足够高，可使单相奥氏体扩大至常温，即可在常温下保持稳定的单相奥氏体组织（这种钢称为奥氏体钢）。

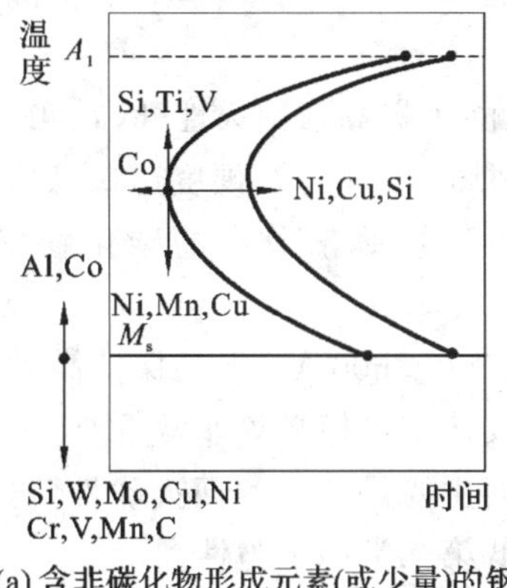

(a) 含非碳化物形成元素(或少量)的钢

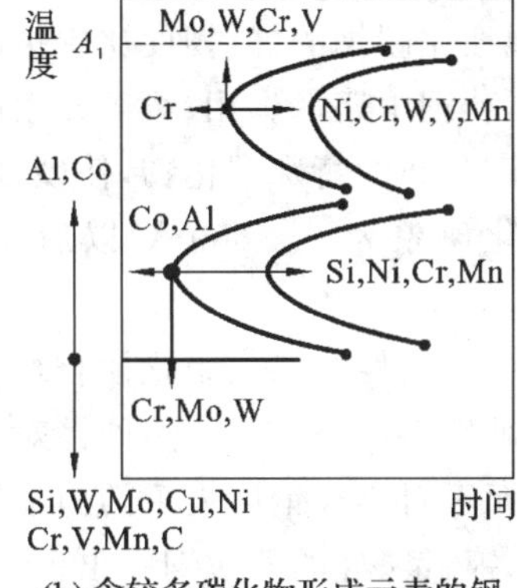

(b) 含较多碳化物形成元素的钢

图 4.1 合金元素的影响示意图

（2）铬、钼、钛、硅、铝等合金元素使单相奥氏体区缩小。当其含量足够高时，可使钢在高温与常温下均保持铁素体组织，这类钢称为铁素体钢。

2）对 S、E 点的影响

合金元素都使 $Fe\text{-}Fe_3C$ 相图（参见图 3.19）的 S 点和 E 点向左移，即使钢的共析含碳量和碳在奥氏体中的最大溶解度降低。若合金元素含量足够高，可以在含碳量为 0.4%的钢中产生过共析组织，在含碳量为 1.0%的钢中产生莱氏体。

3. 合金元素对钢的热处理的影响

1）对钢加热时奥氏体形成的影响

（1）对奥氏体形成速度的影响。合金钢的奥氏体形成过程基本上与碳钢的相同，但由于碳化物形成元素都阻碍碳原子的扩散，因而都减缓奥氏体的形成；同时，合金元素形成的碳化物比渗碳体难溶于奥氏体，溶解后也不易扩散均匀。因此，要获得均匀的奥氏体，合金钢的加热温度应比碳钢高，保温时间应比碳钢长。

（2）对奥氏体晶粒大小的影响。由于高熔点的碳化物的细小颗粒分散在奥氏体组织中，能机械地阻碍奥氏体晶粒的长大，因此，热处理时合金钢（锰钢除外）不易产生过热组织。

2）对过冷奥氏体的转变的影响

除钴以外，大多数合金元素都能增加奥氏体的稳定性，使 C 曲线右移，且碳化物形成元素使珠光体和贝氏体的转变曲线分离为两个 C 形。

由于合金元素使 C 曲线右移，因而使淬火的临界冷却速度降低，提高了钢的淬透性，这样就可采用较小的冷却速度,甚至在空气中冷却就能得到马氏体,从而避免了由于冷却速度过大而引起的变形和开裂。

C曲线向右移会使钢的退火变得困难,因此,合金钢往往采用等温退火使之软化。

此外,除钴、铝外,其他合金元素均使 M_s 点降低,残余奥氏体量增多。

3) 对淬火钢回火的影响

合金元素固溶于马氏体中,减慢了碳的扩散,从而减慢了马氏体及残余奥氏体的分解过程,阻碍碳化物析出和聚集长大,因而在回火过程中合金钢的软化速度比碳钢慢,即合金钢具有较高的回火抗力,在较高的回火温度下仍保持较高的硬度,这一特性称为耐回火性(或回火稳定性)。也就是说,在回火温度相同时,合金钢的硬度及强度比相同含碳量的碳钢要高,或者说两种钢淬火后回火至相同硬度时,合金钢的回火温度高(内应力的消除比较彻底,因此,其塑性比碳钢的好,韧度比碳钢的高)。

此外,若钢中铬、钨、钼、钒等元素超过一定量时,除了提高耐回火性外,在400 ℃以上还会形成弥散分布的特殊碳化物,使硬度重新升高,直到500～600 ℃硬度达最高值,出现所谓的二次硬化现象为止。600 ℃以后硬度下降是由于这些弥散分布的碳化物聚集长大的结果。

高的耐回火性和二次硬化使合金钢在较高温度(500～600 ℃)下仍保持高硬度,这种性能称为热硬性(或红硬性)。热硬性对高速切削刀具及热变形模具等非常重要。

合金元素对淬火钢回火后的力学性能的不利方面主要是第二类回火脆性。这种脆性主要在含铬、镍、锰、硅的调质钢中出现,而钼和钨可降低第二类回火脆性。

二、低合金高强度结构钢

低合金钢是一类可焊接的低碳低合金工程结构钢,主要用于房屋、桥梁、船舶、车辆、铁道、高压容器等工程结构件。其中低合金高强度结构钢是结合我国资源条件(主要加入锰)而发展起来的优良低合金钢之一。低合金高强度结构钢 $w_C \leqslant 0.2\%$(低碳具有较好的塑性和焊接性),$w_{Mn}=0.8\% \sim 1.7\%$,辅以我国富产资源钒、铌等元素,通过强化铁素体、细化晶粒等作用,使其具备了高的强度和韧度、良好的力学性能、良好的耐蚀性等。

低合金高强度结构钢通常是在热轧经退火(或正火)状态下供应的,使用时一般不进行热处理。

低合金高强度结构钢分为镇静钢和特殊镇静钢,在牌号的组成中没有表示脱氧方法的符号,其余表示方法与碳素结构钢的相同。例如Q345A,表示屈服强度为345 MPa的A级低合金高强度结构钢。

三、机械结构用合金钢

机械结构用合金钢主要用于制造各种机械零件,是用途广、产量大、钢号多的一类钢,大多数需经热处理后才能使用。按其用途及热处理特点可分为合金渗碳钢、合金调质钢、弹簧钢等。

机械结构用合金钢牌号由数字与元素符号组成。用两位数字表示含碳量,以万分之几表示,放在牌号头部。合金元素含量的表示方法为:含量小于1.5%时,牌号中仅标注元素,一般不标注含量;含量为1.5%～2.49%、2.5～3.49%……时,在合金元素后相应写成2、3……。例如，碳、铬、镍的含量为0.2%、0.75%、2.95%的合金结构钢，其牌号表示为20CrNi3。高级优质合金钢和特级优质合金钢的表示方法与优质碳素结构钢的相同。

1. 合金渗碳钢

1）成分特点

用于制造渗碳零件的钢称为渗碳钢。合金渗碳钢w_C=0.12%～0.25%，低的含碳量保证了淬火后零件心部有足够好的塑性和高韧度。合金渗碳钢的主要合金元素是铬，还可加入镍、锰、硼、钨、钼、钒、钛等元素。其中，铬、镍、锰、硼的主要作用是提高淬透性，使大尺寸零件的心部淬火、回火后有较高的强度和韧度；少量的钨、钼、钒、钛能形成细小、难溶的碳化物，以阻止渗碳过程中高温、长时间保温条件下晶粒长大。

2）热处理及性能特点

预备热处理为正火；最终热处理一般采用渗碳后直接淬火或渗碳后二次淬火加低温回火的热处理。

渗碳后的钢件，表层经淬火和低温回火后，获得高碳回火马氏体加碳化物，硬度一般为58～64 HRC；而心部组织则视钢的淬透性及零件的尺寸的大小而定，可得低碳回火马氏体(40～48 HRC)或珠光体加铁素体组织(25～40 HRC)。

3）用途

20CrMnTi是应用最广泛的合金渗碳钢，用于制造汽车拖拉机的变速齿轮、轴等零件。

2. 合金调质钢

优质碳素调质钢中的40、45、50使用率高并且价格低，但由于存在着淬透性差、耐回火性差、综合力学性能不够理想等缺点，所以，对重载作用下同时又受冲击的重要零件必须选用合金调质钢。

1）成分特点

合金调质钢w_C=0.25%～0.5%，主要合金元素是锰、硅、铬、镍、钼、硼、铝等，主要作用是提高钢的淬透性，钼能防止高温回火脆性，钨、钒、钛可细化晶粒，铝能加速渗氮过程。

2）热处理及性能特点

合金调质钢的锻造毛坯应进行预备热处理，以降低硬度，便于切削加工。合金元素含量低，淬透性低的调质钢可采用退火。淬透性高的钢，则采用正火加高温回火。例如，40CrNiMo钢正火后硬度在400 HBS以上，经高温回火后硬度才能降低到230 HBS左右，满足了切削要求。合金调质钢的最终热处理为淬火后高温回火(500～600 ℃)，以获得回火索氏体组织，使钢件具有高强度、高韧度相结合的良好综合力学性能。

如果除了具备良好的综合力学性能外，若还要求表面有良好的耐磨性，则可在调质后进行表面淬火或渗氮处理。

3）用途

合金调质钢主要用来制造受力复杂的重要零件，如机床主轴、汽车半轴、柴油机连杆螺栓等。40Cr是最常用的一种调质钢，有很好的强化效果。38CrMoAl是专用渗氮钢，经调质和渗氮处理后，表面具有很高的硬度、耐磨性和疲劳强度，且变形很小，常用来制造一些精密零件，如镗床镗杆、磨床主轴等。

3. 合金弹簧钢

合金弹簧钢主要用于制造弹簧等弹性元件，如汽车、拖拉机、坦克、机车车辆的减振板簧和螺旋弹簧,以及钟表发条等。

1) 成分特点

合金弹簧钢 w_C=0.45%~0.7%,常加入硅、锰、铬等合金元素,主要作用是提高淬透性,并提高弹性极限。硅使弹性极限提高的效果很突出,也使钢加热时易表面脱碳;锰能增加淬透性,但也使钢的过热和回火脆性倾向增大。另外,合金弹簧钢中还加入了钨、钼、钒等,它们可减少硅锰弹簧钢脱碳和过热的倾向,同时可进一步提高弹性极限、耐热性和耐回火性。

2) 热处理及性能特点

合金弹簧钢的热处理一般是淬火加中温回火,获得回火托氏体组织,具有高的弹性极限和屈服强度。

3) 用途

60Si2MnA 是典型的弹簧钢,广泛用于汽车、拖拉机上的板簧、螺旋弹簧等。

4. 滚动轴承钢

滚动轴承钢主要用来制造各种滚动轴承元件,如轴承内外圈、滚动体等。此外,还可以用来制造某些工具,如模具、量具等。

滚动轴承钢有自己独特的牌号。牌号前面以"G"("滚"字的汉语拼音字首)为标志,其后为铬元素符号 Cr,数字表示含铬量,以千分之几表示,其余表示与合金结构钢的相同。例如,w_{Cr}=1.5%的轴承钢,其牌号表示为 GCr15。

1) 成分特点

滚动轴承钢在工作时承受很高的交变接触压力,同时,滚动体与内外圈之间还产生强烈的摩擦,并受到冲击载荷的作用以及空气和润滑介质的腐蚀作用。这就要求滚动轴承钢必须具有高而均匀的硬度和耐磨性,高的抗压强度和接触疲劳强度,足够强的韧度和对空气、润滑剂的耐蚀能力。为获得上述性能,一般 w_C=0.95%~1.15%,w_{Cr}=0.4%~1.65%。高碳是为了获得高硬度、高耐磨性,铬的作用是提高淬透性,增加回火稳定性。

滚动轴承钢的纯度要求很高,磷、硫含量限制极严,故它是一种高级优质钢(但在牌号后不加"A"字)。

2) 热处理及性能特点

滚动轴承钢的热处理包括预备热处理(球化退火)和最终热处理(淬火与低温回火)。GCr15 为常用的轴承钢,具有高强度、高耐磨性和稳定的力学性能。常用合金结构钢的牌号、化学成分、力学性能和用途见表 4.4。

表 4.4 常用合金结构钢的牌号、化学成分、力学性能和用途

钢类	牌号	化学成分/(%)						力学性能				用途
		C	Si	Mn	Cr	Mo	Ti	σ_s/MPa	σ_b/MPa	δ_5/(%)	a_K/(J·cm^{-2})	
普通低合金钢	16Mn	0.12~0.20	0.20~0.55	1.20~1.60	—	—	—	350	520	21	59	用于桥梁、车辆、高压容器、船舶等

续表

钢类	牌号	化学成分/(%)						力学性能				用途
		C	Si	Mn	Cr	Mo	Ti	σ_s /MPa	σ_b /MPa	δ_5/(%)	a_K/(J·cm^{-2})	
渗碳钢	20Cr	0.18～0.24	0.17～0.37	0.50～0.80	0.70～1.00	—	—	540	835	10	59	用于齿轮、齿轮轴、凸轮、活塞销等
	20CrMnTi	0.17～0.23	0.17～0.37	0.80～1.60	1.00～1.30	—	0.04～0.10	835	1 080	10	70	用于受力较大的齿轮、轴、十字头、爪形离合器等
调质钢	40Cr	0.37～0.44	0.17～0.37	0.50～0.80	0.80～1.10	—	—	785	980	9	60	用于齿轮、连杆、主轴、高强度紧固件等
	35CrMo	0.32～0.40	—	0.40～0.70	0.80～1.10	0.15～0.25	—	835	980	12	80	用于锤杆、连杆、轧钢机曲轴、电动机轴、紧固件等
弹簧钢	65Mn	0.62～0.70	0.17～0.37	0.90～1.20	—	—	—	800	1 000	—	—	用于8～15 mm以下小型弹簧
	60Si2Mn	0.56～0.64	1.50～2.00	0.60～0.90	—	—	—	1 200	1 300	—	—	用于25～30 mm的弹簧
滚动轴承钢	GCr15	0.95～1.05	0.15～0.35	0.20～0.40	1.30～1.65	—	—	—	—	—	—	用于滚动轴承元件

四、合金工具钢和高速工具钢

合金工具钢与合金结构钢基本相同，只是含碳量的表示方法不同。当 w_C<1.0%时，牌号前以千分之几(一位数)表示；当 w_C≥1.0%时，牌号前不标数字。合金元素的表示方法与结构钢的相同。高速工具钢牌号中不标出含碳量。

1. 合金工具钢

合金工具钢通常以用途分类，主要分为量具刃具钢、耐冲击工具钢、冷作模具钢、热作模具钢、无磁工具钢和塑料模具钢。

1）量具刃具钢

量具刃具钢主要用于制造形状复杂、截面尺寸较大的低速切削刃具和机械制造过程中控制加工精度的测量工具,如卡尺、块规、样板等。

量具刃具钢的含碳量高,一般为 $w_C=0.9\%\sim1.5\%$,合金元素总量少,主要有铬、硅、锰、钨等,提高淬透性,获得高强度、高耐磨性,保证高尺寸精度。

该钢的热处理与非合金(碳素)工具钢的基本相同。预备热处理采用球化退火,最终热处理采用淬火(油淬、马氏体分级淬火或等温淬火)加低温回火。9SiCr 是常用的低合金量具刃具钢。

2) 合金模具钢

(1) 冷作模具钢,用于制作使金属冷塑性变形的模具,如冷冲模、冷挤压模等。冷作模具工作时承受大的弯曲应力、压力、冲击及摩擦力。因此,要求具有高硬度、高耐磨性和足够的强度和韧度。

热处理采用球化退火(预备热处理)、淬火后低温回火(最终热处理)。

(2) 热作模具钢,用于制作高温金属成形的模具,如热锻模、热挤压模等。热作模具工作时承受很大的压力和冲击,并反复受热和冷却。因此,要求模具钢在高温下具有足够高的强度、硬度、耐磨性和韧度,以及良好的耐热疲劳性,即在反复的受热、冷却循环中,表面不易热疲劳(龟裂)。另外,还应具有良好的导热性和高淬透性。

为了达到上述性能要求,热作模具钢的 $w_C=0.3\%\sim0.6\%$。若过高,则塑性、韧度不足;若过低,则硬度、耐磨性不足。加入的合金元素有铬、锰、镍、钼、钨等。其中铬、锰、镍主要作用是提高淬透性,钨、钼提高耐回火性,铬、钨、钼、硅还能提高耐热疲劳性。

预备热处理为退火,以降低硬度利于切削加工,最终热处理为淬火加高温回火。

(3) 塑料模具钢,目前,在我国使用的塑料模具钢,既有传统的常用钢种(可称为借用钢种,如 45、40Cr、Cr12MoV 等),又有近年来我国研制的一些塑料模具专用钢(如 PMS、SM1、SM2 等,要求在其钢号前加字母 SM),还有一些从国外引进的优质塑料模具钢(如美国的 P20、瑞典的 718 等)。

2. 高速工具钢

高速工具钢(简称高速钢),主要用于制造高速切削刃具,在切削温度高达 600 ℃时硬度仍无明显下降,能以比低合金工具钢更高的速度进行切削。

1) 成分特点

高含碳量($w_C=0.7\%\sim1.2\%$),但在牌号中不标出,高合金含量(合金元素总量 $M_{Me}>10\%$),加入的合金元素有钨、钼、铬、钒,主要是提高热硬性,铬还可提高淬透性。

2) 热处理及性能特点

热处理特点主要是高加热温度(1 200 ℃以上),高回火温度(560 ℃左右),高回火次数(3 次)。采用高淬火加热温度是为了让难溶的特殊碳化物能充分溶入奥氏体,最终使马氏体中钨、钼、钒等含量足够高,保证热硬性足够高。高回火温度是因为马氏体中的碳化物形成元素含量高,阻碍回火,因而耐回火性高。多次回火是因为高速钢淬火后残余奥氏体量很大,多次回火才能消除。正因为如此,高速钢回火时的硬化效果很显著。常用合金工具钢和高速工具钢的牌号、化学成分和用途见表 4.5。

表4.5 常用合金工具钢和高速工具钢的牌号、化学成分和用途

钢类	牌号	化学成分/(%)							用途
		C	Si	Mn	Cr	W	Mo	V	
低合金工具钢	9SiCr	0.85~0.95	1.20~1.60	0.30~0.60	0.95~1.25	—	—	—	用于切削不剧烈的板牙、丝锥、铰刀、拉刀、冷冲模、冷轧辊等
	CrWMn	0.90~1.05	≤0.40	0.80~1.10	0.90~1.20	1.20~1.60	—	—	
高速工具钢	W18Cr4V	0.70~0.80	0.20~0.40	0.10~0.40	3.80~4.40	17.50~19.00	≤0.03	1.00~1.40	用于高速切削的钻头、车刀、铣刀、齿轮刀具、拉刀、刨刀和冷冲模等
	W6Mo5Cr4V2	0.80~0.90	0.20~0.45	0.15~0.40	3.80~4.40	5.50~6.75	4.50~5.50	1.75~2.20	
热作模具钢	5CrMnMo	0.50~0.60	0.25~0.60	1.20~1.60	0.60~0.90	—	0.15~0.30	—	用于中型锻模等
	3Cr2W8V	0.30~0.40	≤0.04	≤0.40	2.20~2.70	7.50~9.00	—	0.20~0.50	用于压铸模、热剪切刀、热锻模等
冷作模具钢	Cr12	2.00~2.30	≤0.40	≤0.40	11.50~13.00	—	—	—	用于冷冲模、冷剪切刀、螺纹滚模、拉丝模等
	Cr12MoV	1.45~1.70	≤0.40	≤0.40	11.00~12.50	—	0.40~0.60	0.15~0.30	用于工作条件繁重的冷冲模、冷剪切刀、搓丝板、圆锯等

五、特殊性能钢

特殊性能钢指具有某些特殊的物理、化学、力学性能，因而能在特殊的环境、工作条件下使用的钢，主要包括不锈钢、耐热钢、耐磨钢。

1. 不锈钢

在腐蚀性介质中具有抗腐蚀性能的钢一般称为不锈钢。铬是不锈钢获得耐蚀性的基本元素。

按成分,不锈钢分为铬不锈钢和铬镍不锈钢;按组织,不锈钢分为马氏体不锈钢、铁素体不锈钢和奥氏体不锈钢。

不锈钢的牌号表示法与合金结构钢的基本相同,只是当 $w_C \leqslant 0.08\%$ 及 $w_C \leqslant 0.03\%$ 时,在牌号前分别冠以“0”及“00”,如0Cr19Ni9。

1) 铬不锈钢

这类钢包括马氏体不锈钢和铁素体不锈钢两种类型。其中Cr13属马氏体不锈钢,可淬火获得马氏体组织。Cr13的 $w_{Cr}=13\%$,$w_C=0.1\%\sim0.4\%$。1Cr13和2Cr13可制作塑性、韧度较高的受冲击载荷,在弱腐蚀条件下工作的零件(1 000 ℃淬火加750 ℃高温回火)。3Cr13和4Cr13可制作强度较高、高硬度、耐磨并且在弱腐蚀条件下工作的弹性元件和工具等(淬火加低温回火)。

当含铬量较高($w_{Cr} \geqslant 15\%$)时,铬不锈钢的组织为单相奥氏体,如1Cr17钢,耐蚀性优于马氏体不锈钢。

2) 铬镍不锈钢

这类钢 $w_{Cr}=18\%\sim20\%$,$w_{Ni}=8\%\sim12\%$,经1 100 ℃水淬固溶化处理(加热1 000 ℃以上保温后快冷),在常温下呈单相奥氏体组织,故称为奥氏体不锈钢。奥氏体不锈钢无磁性,耐蚀性优良,塑性、韧度和焊接性优于其他不锈钢,是应用最为广泛的一类不锈钢。由于奥氏体不锈钢固态下无相变,所以不能热处理强化,冷变形强化是有效的强化方法。近年应用最多是0Cr18Ni10。

2. 耐热钢

耐热钢是指在高温下具有热化学稳定性和热强性的钢,它包括抗氧化钢和热强钢等。热化学稳定性是指钢在高温下对各类介质化学腐蚀的抗力。热强性是指钢在高温下对外力的抗力。

对这类钢的主要要求是优良的高温抗氧化性和高温强度。此外,还应有适当的物理性能,如热膨胀系数小和良好的导热性,以及较好的加工工艺性能等。

为了提高钢的抗氧化性,加入合金元素铬、硅和铝,在钢的表面形成完整、稳定的氧化物保护膜。但硅、铝含量较高时钢材变脆,所以一般以加铬为主。加入钛、铌、钒、钨、钼等合金元素来提高热强性。常用牌号有3Cr18Ni25Si2、Cr13、1Cr18Ni9Ti等。

3. 耐磨钢

对耐磨钢的主要性能要求是很高的耐磨性和韧度。高锰钢能很好地满足这些要求,它是目前最重要的耐磨钢。

耐磨钢的含碳量和含锰量高,一般 $w_C=1.0\%\sim1.3\%$,$w_{Mn}=11\%\sim14\%$。高碳可以提高耐磨性(过高时韧度下降,且易在高温下析出碳化物),高锰可以保证固溶化处理后获得单相奥氏体。单相奥氏体塑性很好、韧度很高,开始使用时硬度很低、耐磨性差,当工作中受到强烈的挤压、撞击、摩擦时,工件表面迅速产生剧烈的加工硬化(加工硬化是指金属材料发生塑性变形时,随变形度的增大所出现的金属强度和硬度显著提高、塑性和韧度明显下降的现象),并且还发生马氏体转变,使硬度显著提高,心部则仍保持为原来的高韧度状态。

耐磨钢主要用于运转过程中承受严重磨损和强烈冲击的零件,如车辆履带板、挖掘机铲斗等。Mn13是较典型的高锰钢,应用最为广泛。

4.3 铸 铁

由铁碳相图(见相关资料)可知,$w_C>2.11\%$的铁碳合金称为铸铁,工业上常用铸铁的成分范围 $w_C=2.5\%\sim4.0\%$,$w_{Si}=1.0\%\sim3.0\%$,$w_{Mn}=0.5\%\sim1.4\%$,$w_P=0.01\%\sim0.50\%$,$w_S=0.02\%\sim0.20\%$,有时还含有一些合金元素,如 Cr、Mo、V、Cu、Al 等,可见,在成分上铸铁与钢的主要区别是铸铁的含碳量和含硅量较高,杂质元素 S、P 含量较多。

虽然铸铁的力学性能较差,但是由于其生产成本低廉,并且具有优良的铸造性、可切削加工性、减震性及耐磨性,因此在现代工业中仍得到了普遍的应用,典型的应用是制造机床的床身,以及内燃机的气缸、气缸套、曲轴等。

铸铁的组织可以理解为在钢的组织基体上分布有不同形状、大小、数量的石墨。

一、铸铁的石墨化

在铁碳合金中,碳除了少部分固溶于铁素体和奥氏体外,还以两种形式存在:①碳化物状态——渗碳体(Fe_3C)及合金铸铁中的其他碳化物;②游离状态——石墨(以 G 表示)。石墨的晶格类型为简单六方晶格,其基面中的原子间距为 0.142 nm,结合力较强;而两基面间距为 0.340 nm,结合力弱,故石墨的基面很容易滑动,其强度、硬度和韧度很低,常以片状形态存在。

影响铸铁组织和性能的关键是碳在铸铁中存在的形式、形态、大小和分布。工程应用铸铁研究的中心问题是如何改变石墨的数量、形状、大小和分布。

铸铁组织中石墨的形成过程称为石墨化过程。一般认为,石墨可以从液态中直接析出,也可以自奥氏体中析出,还可以由渗碳体分解得到。

1. 铁碳合金的双重相图

实验表明,渗碳体是一个亚稳定相,石墨才是稳定相。通常在铁碳合金的结晶过程中自液体或奥氏体中析出的是渗碳体而不是石墨,是因为渗碳体的含碳量($w_C=6.69\%$)比石墨的含碳量($w_C\approx100\%$)更接近合金成分的含碳量($w_C=2.5\%\sim4.0\%$),析出渗碳体时所需的原子扩散量较小,渗碳体的晶核形成较易。但在极其缓慢冷却(即提供足够的扩散时间)的条件下,或在合金中含有可促进石墨形成的元素(如 Si 等)时,在铁碳合金的结晶过程中,便会直接从液体或奥氏体中析出稳定的石墨相,而不再析出渗碳体。因此,对铁碳合金的结晶过程来说,实际上存在两种相图,即 Fe-Fe_3C 相图和 Fe-G 相图,如图 4.2 所示,其中实线表示 Fe-Fe_3C 相图,虚线表示 Fe-G 相图。显然,按 Fe-Fe_3C 相图进行结晶,就得到白口铸铁;按 Fe-G 相图进行结晶,就析出或形成石墨。

2. 铸铁冷却和加热时的石墨化过程

按 Fe-G 相图进行结晶,则铸铁冷却时的石墨化过程应包括:从液体中析出一次石墨 $G_{Ⅰ}$,通过共晶反应产生共晶石墨 $G_{共晶}$,由奥氏体中析出的二次石墨 $G_{Ⅱ}$。

铸铁加热时的石墨化过程:当在比较高的温度下长时间加热亚稳定的渗碳体时,会发生分解,产生石墨,即 $Fe_3C\rightarrow3\ Fe+G$;加热温度越高,分解速度相对就越快。

3. 影响铸铁石墨化的因素

(1) 化学成分的影响。碳、硅、磷是促进石墨化的元素,锰和硫是阻碍石墨化的元素。

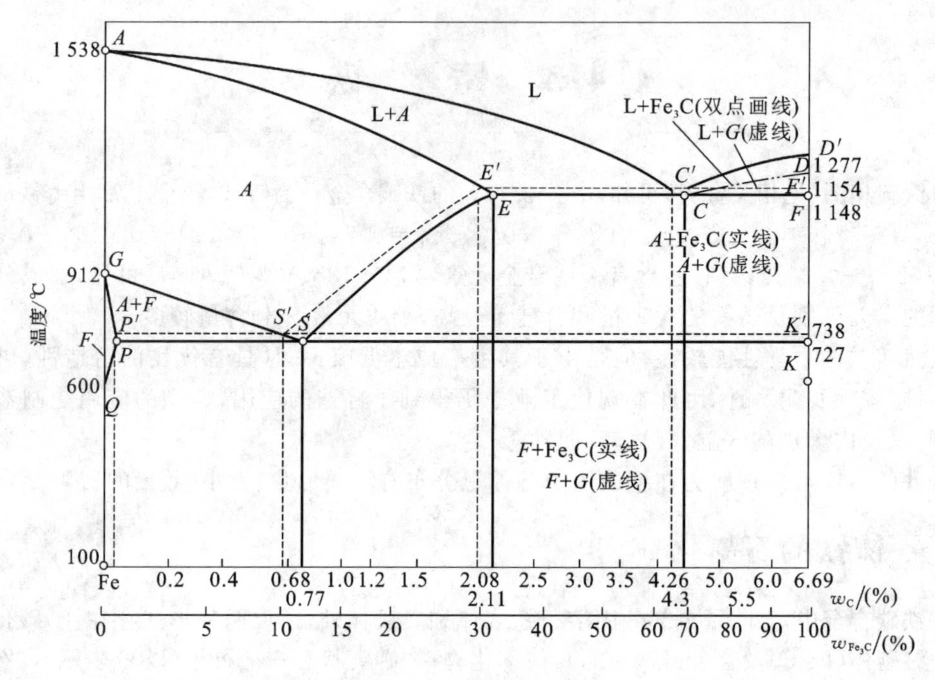

图 4.2 铁碳合金双重相图

碳、硅的含量过低,铸铁易出现白口组织,力学性能和铸造性能都较差;碳、硅的含量过高,铸铁中石墨数量多且粗大,性能变差。

(2) 冷却速度的影响。冷却速度越慢,即过冷度越小,越有利于按照 Fe-G 相图进行结晶,对石墨化越有利;反之,冷却速度越快,过冷度增大,不利于铁和碳原子的长距离扩散,越有利于按 Fe-Fe_3C 相图进行结晶,不利于石墨化的进行。

二、常用铸铁

根据碳在铸铁中存在的形式及石墨的形态,可将铸铁分为灰铸铁、球墨铸铁、可锻铸铁和蠕墨铸铁等。灰铸铁、球墨铸铁和蠕墨铸铁中石墨都是自液体铁水在结晶过程中获得的,而可锻铸铁中石墨则是由白口铸铁通过在加热过程中石墨化获得的。

1. 灰铸铁

1) 灰铸铁的组织

灰铸铁的组织由片状石墨和钢的基体两部分组成。因石墨化程度不同,得到铁素体、铁素体+珠光体、珠光体三种不同基体的灰铸铁,如图 4.3 所示。

2) 灰铸铁的性能

灰铸铁的性能主要取决于基体组织及石墨的形态、数量、大小和分布。因石墨的力学性能极低,在基体中起割裂、缩减作用,片状石墨的尖端处易造成应力集中,使灰铸铁的抗拉强度、韧度比钢的低很多,塑性比钢的差很多。

3) 灰铸铁的孕育处理

为提高灰铸铁的力学性能,在浇注前向铁水中加入少量孕育剂(常用硅铁合金和硅钙合金),使大量高度弥散的难熔质点成为石墨的结晶核心,灰铸铁得到细珠光体基体和细小均

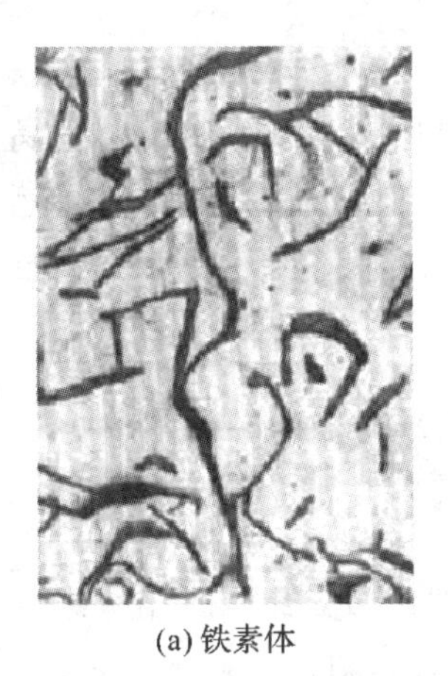

(a) 铁素体

(b) 铁素体+珠光体

(c) 珠光体

图 4.3　灰铸铁的组织

匀分布的片状石墨组织，这样的处理称为孕育处理，得到的铸铁称为孕育铸铁。孕育铸铁强度较高，且铸件各部位截面上的组织和性能比较均匀。

4）灰铸铁的牌号和应用

灰铸铁的牌号由“HT”(“灰铁”两字的汉语拼音字首)与一组数字组成。数字表示最低抗拉强度 σ_b。例如，HT300，代表抗拉强度 $\sigma_b \geqslant 300$ MPa 的灰铸铁。由于灰铸铁的性能特点及生产简便，灰铸铁产量占铸铁总产量的 80%以上，应用广泛。常用的灰铸铁牌号是 HT150、HT200，前者主要用于机械制造业承受中等应力的一般铸件，如底座、刀架、阀体、水泵壳等；后者主要用于一般运输机械和机床中承受较大应力和较重要的零件，如气缸体、气缸盖、机座、床身等。

5）灰铸铁的热处理

(1) 去应力退火。铸件凝固冷却时，因壁厚不同等原因造成冷却不均，会产生内应力，或工件要求精度较高时，都应进行去应力退火。

(2) 消除白口、降低硬度退火。铸件较薄截面处，因冷却速度较快会产生白口，使切削加工困难，应进行退火使渗碳体分解，以降低硬度。

(3) 表面淬火。目的是提高铸件表面硬度和耐磨性，常用方法有火焰淬火、感应淬火等。

2. 球墨铸铁

1）球墨铸铁的组织

按基体组织不同，球墨铸铁分为铁素体球墨铸铁、铁素体+珠光体球墨铸铁、珠光体球墨铸铁和下贝氏体球墨铸铁四种，其显微组织如图 4.4 所示。

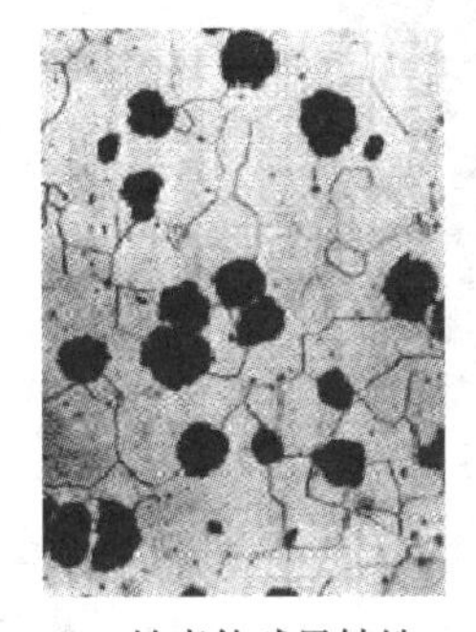

(a) 铁素体球墨铸铁

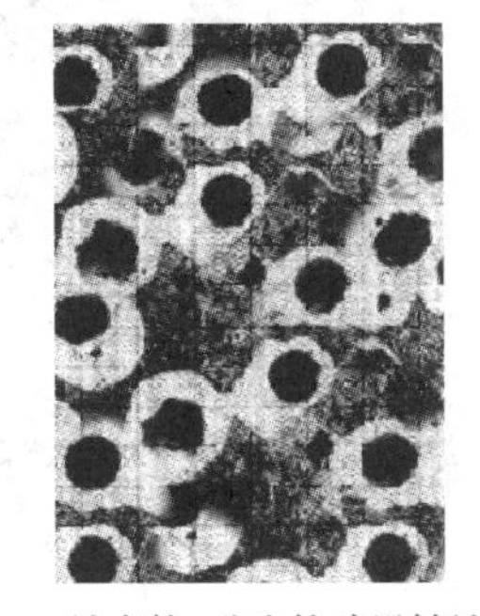

(b) 铁素体+珠光体球墨铸铁

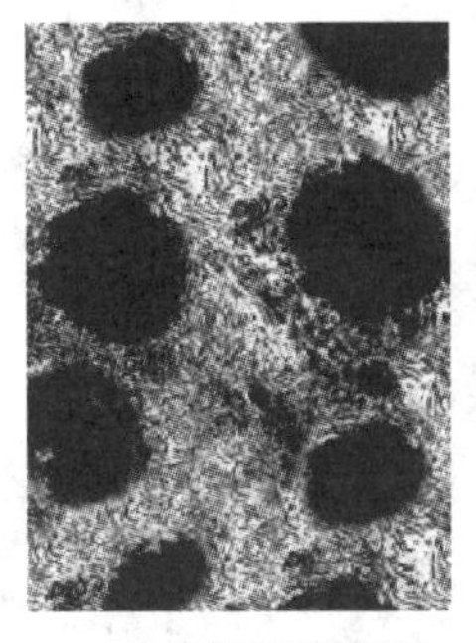

(c) 珠光体球墨铸铁

(d) 下贝氏体球墨铸铁

图 4.4　球墨铸铁的组织

2）球墨铸铁的性能

由于石墨呈球状，其表面积最小，大大减少了对基体的割裂和尖口敏感作用。球墨铸铁的力学性能比灰铸铁的高得多，强度与钢的接近，屈强比($\sigma_{0.2}/\sigma_b$)比钢的高，塑性、韧度虽然大为改善，仍比钢的差。此外，球墨铸铁仍具有灰铸铁的一些优点，如较好的减震性、较好的减摩性、低的缺口敏感性、优良的铸造性和切削加工性等。

但球墨铸铁存在收缩率较大、白口倾向大、流动性稍差等缺陷，故它对原材料和熔炼、铸造工艺的要求比灰铸铁高。

3）球墨铸铁的牌号和应用

球墨铸铁的牌号由"QT"("球铁"两字的汉语拼音字首)及两组数字组成。第一组数字表示最低抗拉强度 σ_b，第二组数字表示最低断后伸长率 δ。例如，QT600-3，代表 $\sigma_b \geqslant 600$ MPa、$\delta \geqslant 3\%$的球墨铸铁。

球墨铸铁的力学性能好，又易于熔铸，经合金化和热处理后，可代替铸钢、锻钢，制作受力复杂、性能要求高的重要零件，在机械制造中得到广泛的应用。

4）球墨铸铁的热处理

球墨铸铁的热处理与钢的相似，但因含碳量、含硅量较高，有石墨存在，热导性较差，因此球墨铸铁热处理时，加热温度要略高，保温时间要长，加热及冷却速度相应较慢。常用的热处理方法有以下几种。

(1) 退火，分为去应力退火、低温退火和高温退火。目的是消除铸造内应力，获得铁素体基体，提高韧度和塑性。

(2) 正火，分为高温正火和低温正火。正火的目的是增加珠光体数量并提高其弥散度，提高强度和耐磨性，但正火后需回火，消除正火内应力。

(3) 调质处理，目的是得到回火索氏体基体，获得较高的综合力学性能。

(4) 等温淬火，目的是获得下贝氏体基体，使其具有高硬度、高强度和较高的韧度。

3. 可锻铸铁

1）可锻铸铁的组织

可锻铸铁组织与石墨化退火方法有关，可得到两种不同基体的可锻铸铁：铁素体可锻铸铁(又称黑心可锻铸铁)和珠光体可锻铸铁，其显微组织如图 4.5 所示。

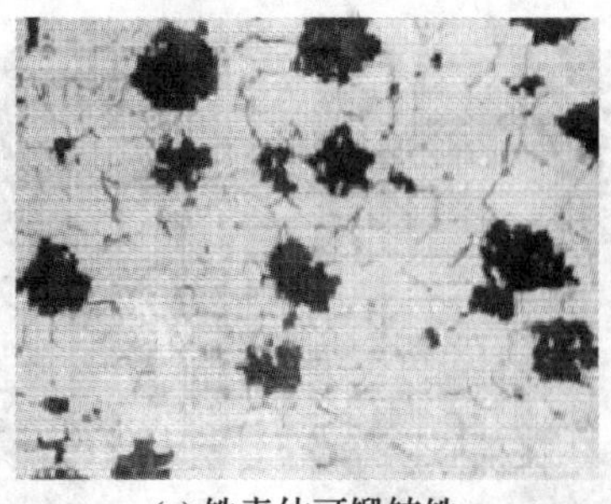

(a) 铁素体可锻铸铁

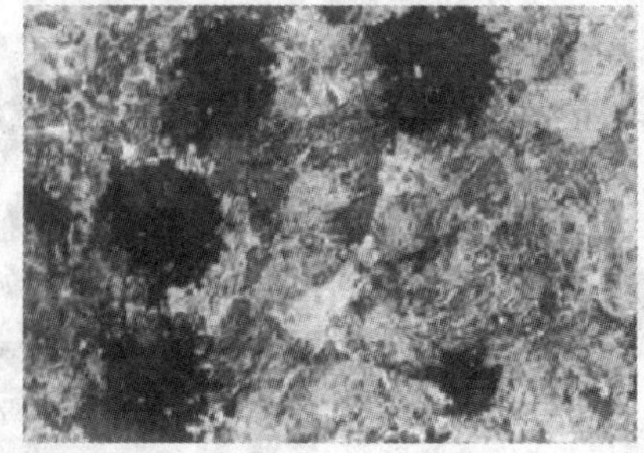

(b) 珠光体可锻铸铁

图 4.5　可锻铸铁的组织

2）可锻铸铁的性能

由于石墨呈团絮状，对基体的割裂和尖口作用减轻，故可锻铸铁的强度、韧度比灰铸铁提高很多。

3）可锻铸铁的牌号和应用

可锻铸铁的牌号由“KT”（“可铁”两字的汉语拼音字首）和代表类别的字母（H、Z）及两组数字组成。其中，H代表“黑心”，Z代表珠光体基体。两组数字分别代表最低抗拉强度σ_b和最低断后伸长率δ。例如，KTH 370-12，代表$\sigma_b > 370$ MPa、$\delta \geqslant 12\%$的黑心可锻铸铁（铁素体可锻铸铁）。可锻铸铁主要用于形状复杂、要求强度和韧度较高的薄壁铸件。

4. 蠕墨铸铁

1）蠕墨铸铁的组织

蠕墨铸铁的组织为蠕虫状石墨形态，介于球状和片状之间，它比片状石墨短、粗，端部呈球状，如图4.6所示。蠕墨铸铁的基体组织有铁素体、铁素体＋珠光体、珠光体三种。

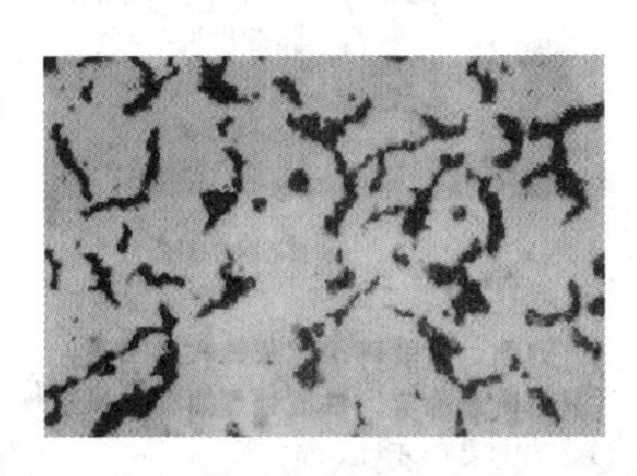

图4.6 蠕墨铸铁的组织

2）蠕墨铸铁的性能

蠕墨铸铁的力学性能介于灰铸铁和球墨铸铁之间。与球墨铸铁相比，蠕墨铸铁有较好的铸造性、良好的热导性、较低的热膨胀系数，是近30年来迅速发展的新型铸铁。

3）蠕墨铸铁的牌号和应用

蠕墨铸铁的牌号由“RuT”（“蠕铁”两字的汉语拼音字首）加一组数字组成，数字表示最低抗拉强度，例如，RuT300。

5. 合金铸铁

合金铸铁是指常规元素硅、锰高于普通铸铁规定含量或含有其他合金元素，并且具有较高力学性能或某些特殊性能的铸铁，主要有耐磨合金铸铁、耐热合金铸铁、耐蚀合金铸铁。

4.4 非铁合金与粉末冶金

工业中通常将钢铁材料以外的金属或合金，统称为非铁金属及非铁合金。因其具有优良的物理性能、化学性能和力学性能而成为现代工业中不可缺少的重要的工程材料。

一、铝及其合金

1. 工业纯铝

工业上使用的纯铝，其纯度（质量分数）为98.00％～99.7％。纯铝呈银白色，密度为2.7 g/cm^3，熔点为660 ℃，具有面心立方晶格，无同素异晶转变，有良好的电导性、热导性。纯铝强度低，塑性好，易塑性变形加工成材；熔点低，可铸造各种形状的零件；与氧的亲和力强,在空气中表面会生成致密的 Al_2O_3 薄膜,耐蚀性良好。

纯铝的牌号为 1070A、1060、1050A。工业纯铝主要用于制造电线、电缆、管、棒、线、型材和配制合金。

2. 铝合金的分类及热处理特点

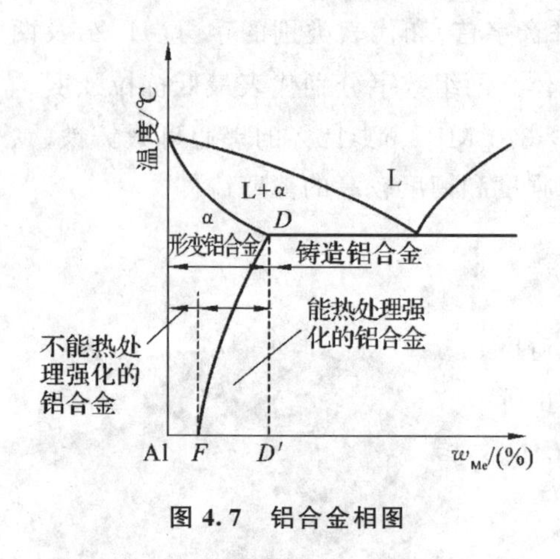

图 4.7 铝合金相图

铝合金按其成分和工艺特点不同,分为变形铝合金和铸造铝合金两类。铝合金一般都具有如图 4.7 所示类型的相图。凡合金成分在 D' 点右边的铝合金都具有低熔点共晶组织,流动性好,称为铸造铝合金。合金成分在 D' 点左边的合金,在加热时都能形成单项固溶体组织,这类合金塑性较高,称为变形铝合金。

变形铝合金又分为两类,成分在 F 点左边的合金称为不能热处理强化的铝合金;成分在 F 点与 D' 点之间的铝合金称为能热处理强化的铝合金。

1) 变形铝合金

不能热处理强化的变形铝合金主要有防锈铝合金,能热处理强化的变形铝合金主要有硬铝、超硬铝和锻铝。

(1) 防锈铝合金。防锈铝合金属 Al-Mn 或 Al-Mg 系合金。加入锰主要用于提高合金的耐蚀能力和产生固溶强化;加入镁起固溶强化作用和降低密度作用。

防锈铝合金强度比纯铝高,并有良好的耐蚀性、塑性和焊接性,但切削加工性较差。因其不能热处理强化而只能进行冷塑性变形强化。其典型牌号是 5A05、3A21,主要用于制造构件、容器、管道及需要拉伸、弯曲的零件和制品。

(2) 硬铝合金。硬铝合金属 Al-Cu-Mg 系合金。加入铜和镁是为了在时效过程产生强化相。

将合金加热至适当温度并保温,使过剩相充分溶解,然后快速冷却以获得过饱和固溶体的热处理工艺称为固溶处理。固溶处理后,铝合金的强度和硬度并不会立即升高,且塑性较好,在室温或高于室温的适当温度下保持一段时间后,强度会有所提高,这种现象称为时效。在室温下进行的时效称为自然时效,在高于室温下进行的时效称为人工时效。

硬铝合金典型牌号是 2A01、2A11,主要用于航空工业中。

(3) 超硬铝合金。超硬铝合金属 Al-Cu-Mg-Zn 系合金。这类合金经淬火加人工时效后,可产生多种复杂的第二相,具有很高的强度和硬度,切削性能良好,但耐蚀性差。典型牌号是 7A04,主要用于航空工业中。

(4) 锻铝合金。锻铝合金属 Al-Cu-Mg-Si 系合金。元素种类多,但含量少,因而合金的热塑性好,适于锻造,故称“锻铝”。锻铝通过固溶处理和人工时效来强化。典型牌号是 2A05、0A07,主要用于制造外形复杂的锻件和模锻件。

2) 铸造铝合金

铸造铝合金按主加元素不同,分为 Al-Si 系、Al-Cu 系、Al-Mg 系和 Al-Zn 系四类。应用最广的是 Al-Si 系铸造合金,通常称为硅铝明。

w_{Si}=10%~13%的 Al-Si 二元合金 ZAlSi12(ZL102),成分在共晶点附近,其铸造组织

为粗大针状硅晶体与 α 固溶体组成的共晶(如图 1.7 所示),铸造性能良好,但强度、韧度较低。通过变质处理,得到塑性好的初晶 α 固溶体加细粒状共晶体组织,其力学性能显著提高,应用很广。

二、铜及其合金

1. 纯铜

纯铜呈紫红色,又称紫铜,密度为 8.96 g/cm³,熔点为 1 083 ℃,具有面心立方晶格,无同素异晶转变。它有良好的电导性、热导性、耐蚀性和塑性。纯铜易于热压和冷压力加工,但强度较低,不宜做结构材料。

工业纯铜的纯度为 99.50%~99.90%,其代号用"T"("铜"字的汉语拼音字首)加顺序号表示,共有 T1、T2、T3、T4 四个代号,序号越大,纯度越低。

纯铜广泛用于制造电线、电缆、电刷、铜管、铜棒及配制合金。

2. 铜合金

铜合金有黄铜、青铜和白铜。白铜是铜镍合金,主要用作精密机械、仪表中的耐蚀零件,由于价格高,一般机械零件很少应用,下面主要介绍黄铜和青铜。

1) 黄铜

黄钢是以锌为主要添加元素的铜合金。

(1) 普通黄铜。铜锌二元合金称为普通黄铜。其牌号由"H"("黄"字的汉语拼音字首)加数字(表示铜的平均含量)组成,如 H68 表示含铜量为 68%,其余为锌。

锌加入铜中不但能使强度提高,也能使塑性提高。当 $w_{Zn}<32\%$时,形成单相 α 固溶体,随锌元素含量的增加,其强度增加、塑性改善,适于冷热变形加工;当 $w_{Zn}>32\%$时,组织中出现硬而脆的 β 相,使强度升高而塑性急剧下降;当 $w_{Zn}>45\%$时,全部为 β 相组织,强度急剧下降,合金已无使用价值。

(2) 特殊黄铜。在普通黄铜中再加入其他合金元素制成特殊黄铜,可提高黄铜强度和其他性能。如加铝、锡、锰能提高耐蚀性和抗磨性,加铅可改善切削加工性,加硅能改善铸造性能等。

特殊黄铜的牌号仍由"H" 与主加合金元素符号、铜含量百分数、合金元素含量百分数组成。如 HPb59-1,表示 $w_{Cu}=59\%$、$w_{Pb}=1\%$,其余为锌的铅黄铜。铸造黄铜牌号表示方法与铸造铝合金的相同。

2) 青铜

青铜原指铜锡合金,又称为锡青铜。但目前已经将含铝、硅、铍、锰等的铜合金都包括在青铜内,统称为无锡青铜。

(1) 锡青铜。锡青铜是以锡为主要添加元素的铜合金。按生产方法不同,锡青铜可分为压力加工锡青铜和铸造锡青铜两类。

压力加工锡青铜含锡量一般小于 10%,适宜于冷热压力加工。这类合金经变形强化后,强度、硬度提高,但塑性有所下降。

铸造锡青铜含锡量一般为 10%~14%,在这个成分范围内的合金,结晶凝固后体积收缩很小,有利于获得尺寸接近铸型的铸件。

(2) 无锡青铜。无锡青铜是指不含锡的青铜,常用的有铝青铜、铍青铜、铅青铜、锰青铜等。

铝青铜是无锡青铜中用途最广泛的一种,其强度高、耐磨性好,且具有受冲击时不产生火花的特性。铝青铜铸造时,由于流动性好,可获得致密的铸件。

三、轴承合金、粉末冶金与硬质合金

1. 轴承合金

滑动轴承中用于制作轴瓦和轴衬的合金称为轴承合金。当轴承支承轴进行工作时,由于轴的旋转,使轴和轴瓦之间产生强烈的摩擦。为了减小轴承对轴颈的磨损,确保机器的正常运转,轴承合金应具有以下性能要求:

① 较高的抗压强度和疲劳强度;

② 摩擦系数小,表面能储存润滑油,耐磨性好;

③ 良好的抗蚀性、热导性和较小的膨胀系数;

④ 良好的磨合性;

⑤ 加工性能好,原料来源广,价格便宜。

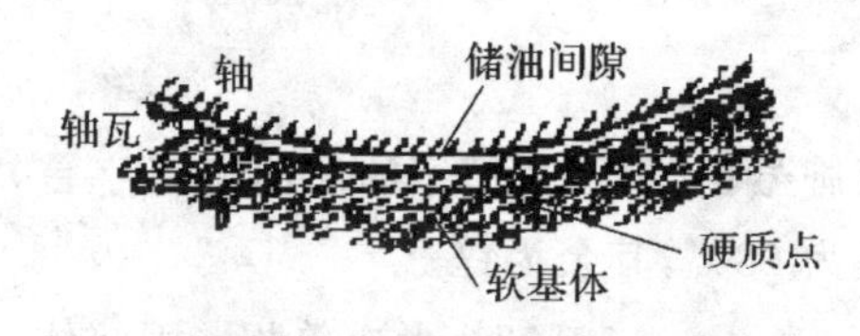

图 4.8　轴承合金的结构

为了满足以上性能要求,轴承合金的组织应是在软基体上分布硬质点(如锡基、铅基轴承合金)或硬基体上分布软质点(如铜基、铝基轴承合金),如图4.8所示。轴承工作时,硬组织起支承、抗磨作用,软组织被磨损后形成小凹坑,可储存润滑油,减小摩擦和承受振动。

最常用的轴承合金是锡基或铅基“巴氏合金”。

2. 粉末冶金

粉末冶金是将几种金属或非金属粉末混合后压制成形,并在低于金属熔点的温度下进行烧结,而获得材料或零件的加工方法。其生产过程包括粉末的生产、混料、压制成型、烧结及烧结后的处理等工序。粉末冶金能生产具有特殊性能的材料和制品,是一种少(无)切削的精密加工工艺。随着科技的发展,对新材料的要求不断增长,粉末冶金材料在民用和国防工业中得到广泛应用。

3. 硬质合金

硬质合金是指以一种或几种高熔点、高硬度的碳化物(如碳化钨、碳化钛等)的粉末为主要成分,加入起黏结作用的金属钴粉末,用粉末冶金法制得的材料。硬质合金具有硬度高(69~81 HRC)、热硬性好(900~1 000 ℃,保持60 HRC)、耐磨和高抗压强度等特点。

硬质合金刀具比高速钢切削速度高4~7倍,刀具寿命高5~80倍。制造模具、量具,寿命比合金工具钢高20~150倍。可切削50 HRC左右的硬质材料。

但硬质合金脆性大,不能进行切削加工,难以制成形状复杂的整体刀具,因而常制成不同形状的刀片,采用焊接、粘接、机械夹持等方法安装在刀体或模具体上使用。

四、非金属材料

机械工业中使用的非金属材料可分为三大类:高分子材料(如塑料、胶粘剂、合成橡胶、合成纤维等)、陶瓷(如日用陶瓷、金属陶瓷等)和复合材料。

1. 高分子材料

高分子材料是指以高分子化合物为主要成分的材料。高分子化合物是指相对分子质量很大的化合物。高分子化合物按其来源分为天然的和合成的两大类。工程上的高分子材料主要指人工合成高分子化合物。高分子材料主要有塑料、橡胶及胶粘剂等。

1) 工程塑料

塑料是应用最广的有机高分子材料,它是以合成树脂为主要材料,再加入填料或增强材料、增塑剂、润滑剂、稳定剂、着色剂、阻燃剂等添加剂,在一定温度和压力的条件下聚合反应合成的高聚物。树脂在一定的温度、压力下可软化并塑造成形,它决定了塑料的基本属性,并起到黏结剂的作用。添加剂是为了弥补或改进塑料的某些性能。塑料具有密度小、耐腐蚀、电绝缘性良好和介电损耗较小、耐磨和减磨性好、成形性良好和耐热性差等特性。塑料的不足之处是强度、硬度较低。根据塑料在加热和冷却时所表现的性质不同,可分为热塑性塑料和热固性塑料两类。

(1) 热塑性塑料。热塑性塑料在受热时软化和熔融,冷却后成形固化,再受热时又软化和熔融,具有可塑性和重复性。常用的塑料有聚烯烃、聚氯乙烯、聚苯乙烯、ABS、聚酰胺、聚甲醛、聚碳酸酯、聚四氟乙烯和聚甲基丙烯酸甲酯等。

以 ABS 塑料为例,ABS 塑料是丙烯腈(A)、丁二烯(B)、苯乙烯(S)的三元共聚物,它具有三种组元的特性。丙烯腈可提高塑料的耐热性、耐蚀性和表面硬度;丁二烯可提高弹性和韧度;苯乙烯赋予 ABS 较高的刚性、良好的加工工艺性和着色性。可见,ABS 具有较高的综合性能。此外,ABS 的性能还可以根据要求由改变其组成单体的含量来进行调整。目前,有三百多种不同性能的 ABS,热变形温度从 60～120 ℃不等。有些 ABS 耐低温,在－40 ℃时仍有很高的冲击韧度,还具有好的电绝缘性、尺寸稳定性、吸水性低、表面光滑、硬度高等特性。

ABS 的用途极广,在机械工业中可制造轴承、齿轮、叶片、叶轮、设备外壳、管道、容器、把手等,以及电气工业中仪器、仪表的各种零件等。近年来,在交通运输车辆、飞机零件上的应用发展很快,如车身、方向盘、内衬材料等。

(2) 热固性塑料。热固性塑料在一定温度(和压力或加入固化剂)下,经一段时间后变为坚硬制品,硬化后的塑料不溶于任何溶剂,再加热也不软化。常用的有酚醛塑料(PF)、环氧塑料(EP)等。

由酚类和醛类经缩聚反应而制成的树脂称为酚醛树脂,根据不同性能要求加入各种填料便制成各种酚醛塑料。常用的酚醛树脂是由苯酚和甲醛为原料制成的,简称 PF。

环氧塑料是由环氧树脂加入固化剂(胺类和酸酐类)后形成的热固性塑料。它强度、韧度较高,并具有良好的化学稳定性、绝缘性及耐热性、耐寒性,成形工艺性好,简称 EP,可制作塑料模具、船体、电子工业零部件。

2) 橡胶

橡胶与塑料不同之处是橡胶在室温下处于高弹状态。

(1) 工业橡胶的组成。工业橡胶的主要成分是生胶。生胶具有很高的弹性。但生胶分子链间相互作用力很弱,强度低,易产生永久变形。此外,生胶的稳定性差,会发黏、变硬、溶于某些溶剂等。为此,工业橡胶中还必须加入各种配合剂。

(2) 橡胶的性能特点。受外力作用而发生的变形是可逆弹性变形,外力去除后,只需要1/1 000 s便可恢复到原来的状态。橡胶具有良好的回弹性(如天然橡胶可达70%~80%)。经硫化处理和炭黑增强后,其抗拉强度达25~35 MPa,并具有良好的耐磨性。

3) 常用橡胶材料

根据原材料的来源不同,橡胶可分为天然橡胶和合成橡胶。

(1) 天然橡胶。天然橡胶是橡胶树上流出的胶乳,经过加工制成的固态生胶。天然橡胶具有很好的弹性,但强度、硬度并不高。为了提高其强度并使其硬化,要进行硫化处理。经处理后抗拉强度约为17~29 MPa,用炭黑增强后可达35 MPa。

天然橡胶是优良的电绝缘体,并有较好的耐碱性。但耐油、耐溶剂性和耐臭氧老化性差,不耐高温,使用温度为−70~110 ℃,广泛用于作轮胎、胶带、胶管等。

(2) 合成橡胶。合成橡胶分为丁苯橡胶(SBR)和顺丁橡胶(BR)。

丁苯橡胶是应用最广、产量最大的一种合成橡胶。它是以丁二烯和苯乙烯为单体形成的共聚物。丁苯橡胶的性能主要受苯乙烯含量的影响,随苯乙烯含量的增加,橡胶的耐磨性、硬度增大而弹性下降。

丁苯橡胶比天然橡胶质地均匀,耐磨、耐热、耐老化性能好,但加工成形困难,硫化速度慢。这种橡胶广泛用于制造轮胎、胶布、胶版等。

2. 陶瓷材料

陶瓷是一种无机非金属材料,一般可分为普通陶瓷(普通工业陶瓷、化工陶瓷)和特种陶瓷(氧化铝陶瓷、氮化硅陶瓷、氮化硼陶瓷、氧化镁陶瓷及氧化铍陶瓷等)两大类。

普通陶瓷是以天然硅酸盐矿物(黏土、石英、长石等)为原料,经粉碎、压制成形和高温烧结而成,主要用于日用品、建筑和卫生用品,以及工业上的低压和高压瓷瓶、耐酸和过滤制品等。

特种陶瓷是以人工制造的纯度较高的金属氧化物、碳化物、氮化物和硅酸盐等化合物为原料,经配制、烧结而成,这类陶瓷具有独特的力学、物理和化学等性能,能满足工程技术的特殊要求,主要用于化工、冶金、机械、电子、能源和一些新技术中。陶瓷的优点是:硬度极高,抗压强度高,耐磨性、耐蚀性好,耐高温和抗氧化能力强等。但缺点也较明显,如质脆易碎,延展性差,抗急冷、急热性差等。

为了提高陶瓷强度,改善脆性,目前常采用的措施如下:

① 制造微晶、高密度、高纯度的陶瓷,提高陶瓷中晶体的完整性;

② 在陶瓷制品表面制造一层残余应力,以抵消部分外加拉力,减小应力峰值;

③ 用碳纤维、石墨纤维等复合强化陶瓷材料。

3. 复合材料

复合材料是由两种或两种以上物理、化学性质不同的物质,经人工合成的多相固体材料。复合材料既保持了各组成材料的最佳性能特点,又具有组合后新的特性,这是单一材料所无法比拟的。

1) 复合材料的性能特点

(1) 比强度和比模量高。比强度、比模量分别是指材料的抗拉强度 σ_b 和弹性模量 E 与相对密度之比。复合材料的比强度、比模量比其他材料要高得多。

(2) 抗疲劳性能好。复合材料中基体和增强纤维间的接口能够有效地阻止疲劳裂纹扩展。当裂纹从基体的薄弱环节处产生并扩展到结合面时,会受阻而停止,所以复合材料的疲劳强度比较高。

(3) 减振性好。纤维增强复合材料比模量高,自振频率也高,在一般情况下,不会发生因共振而脆断的现象。此外,纤维与基体的接口具有吸振能力,所以具有很高的阻尼作用。

除了上述几种特性外,复合材料还具有较高的耐热性和断裂安全性、良好的自润滑和耐磨性等。但复合材料伸长率小,抗冲击性差,横向强度较低,成本较高。

2) 复合材料的分类

(1) 纤维增强复合材料。玻璃纤维增强复合材料是以玻璃纤维及制品为增强剂,以树脂为黏结剂而制成的,俗称玻璃钢。

以尼龙、聚烯烃类、聚苯乙烯类等热塑性树脂为黏结剂制成热塑性玻璃钢,具有较高的力学、介电、耐热和抗老化性能,工艺性能也好。与基体材料相比,热塑性玻璃钢的强度和疲劳性能可提高2倍以上,冲击韧度提高1～4倍,可制造轴承、齿轮、仪表盘、壳体和叶片等零件。

以环氧树脂、酚醛树脂、有机硅树脂、聚酯树脂等热固性树脂为黏结剂制成的热固性玻璃钢,具有密度小、强度高、介电性和耐蚀性好及成形工艺简单的优点,可制造车身、船体、直升机旋翼等。

(2) 层状复合材料。层状复合材料是由两层或两层以上的不同材料结合而成的,其目的是为了将分层材料的最佳性能组合起来,以得到更为有用的材料。

这类复合材料的典型代表是SF型三层复合材料,它是以钢为基体,烧结铜网或铜球为中间层,塑料为表面层的一种自润滑材料,它的物理、力学性能主要取决于基体,而摩擦、磨损性能则取决于表面塑料层。常用于表面层的塑料为聚四氟乙烯(如SF-1型)和聚甲醛(如SF-2型)。这种复合材料适用于制作高应力(140 MPa)、高温(270 ℃)及低温(−195 ℃)和无油润滑或少油润滑的各种机械、车辆的轴承等。

(3) 颗粒复合材料。颗粒复合材料是一种或多种颗粒均匀分布在基体材料内而制成的。颗粒起增强作用,常用的颗粒复合材料有两类:一类是颗粒与树脂复合,如塑料中加颗粒状填料,橡胶用炭黑增强等;另一类是陶瓷粒与金属复合,如金属陶瓷颗粒复合材料。

4.5 钢的热处理工艺

钢的热处理是将钢在固态下进行加热、保温和冷却,以改变其内部组织,从而获得所需要性能的一种工艺方法。钢的热处理不仅可改进钢的加工工艺性能,更重要的是能充分发挥钢材的潜力,提高钢的使用性能,节约成本,延长工件的使用寿命。

钢的热处理方法主要有退火、正火、淬火、回火和表面热处理等多种。

一、钢的组织转变

1. 钢在加热时的组织转变

研究钢在加热和冷却时的相变规律是以Fe-Fe_3C相图为基础的。Fe-Fe_3C相图临界点A_1、A_3、A_{cm}是碳钢在极缓慢地加热或冷却情况下测定的。但在实际生产中,加热和冷却并不是极其缓慢的,因此,钢的相变过程不可能在平衡临界点进行。加热转变在平衡临界点以上进行,冷却转变在平衡临界点以下进行。升高和降低的幅度,随加热和冷却速度的增加而增大。通常把实际加热温度标为A_{c_1}、A_{c_3}、$A_{c_{cm}}$,冷却时标为A_{r_1}、A_{r_3}、$A_{r_{cm}}$。如图4.9所示。

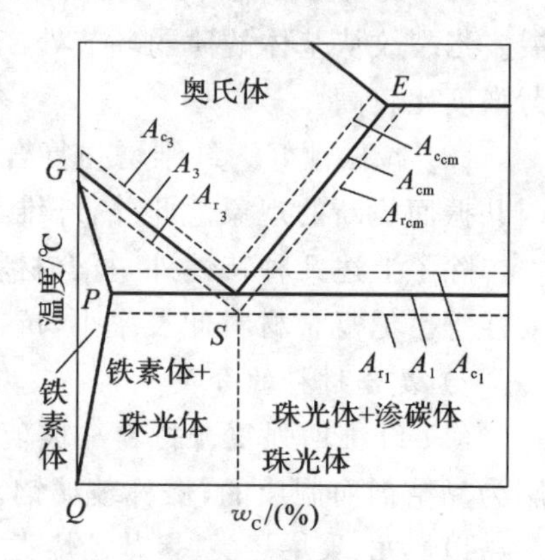

图4.9 钢加热和冷却时各临界点的实际位置

钢加热到A_{c_1}点以上时会发生珠光体向奥氏体的转变,加热到A_{c_3}和$A_{c_{cm}}$点以上时,便全部转变为奥氏体。热处理加热最主要的目的就是为了得到奥氏体,因此,这种加热转变过程称为钢的奥氏体化。

奥氏体晶粒的大小对随后冷却时的转变及转变产物的性能有重要的影响。在珠光体刚转变为奥氏体时,由于大量的晶核造就了细小的奥氏体晶粒。但随着加热温度的升高和保温时间的延长,奥氏体晶粒就会自发地长大。奥氏体晶粒越粗大,冷却转变产物的组织越粗大,冷却后钢的力学性能就越差,特别是冲击韧度明显降低,所以在淬火加热时,总是希望得到细小的奥氏体晶粒。因此,严格控制奥氏体的晶粒度,是热处理生产中一个重要的问题。奥氏体晶粒的大小是评定加热质量的指标之一。

在工程实际中,常从加热温度、保温时间和加热速度几方面来控制奥氏体晶粒的大小。在加热温度相同时,加热速度越快,保温时间越短,奥氏体晶粒就越小。因而,利用快速加热、短时保温来获得细小的奥氏体晶粒。

2. 钢在冷却时的组织转变

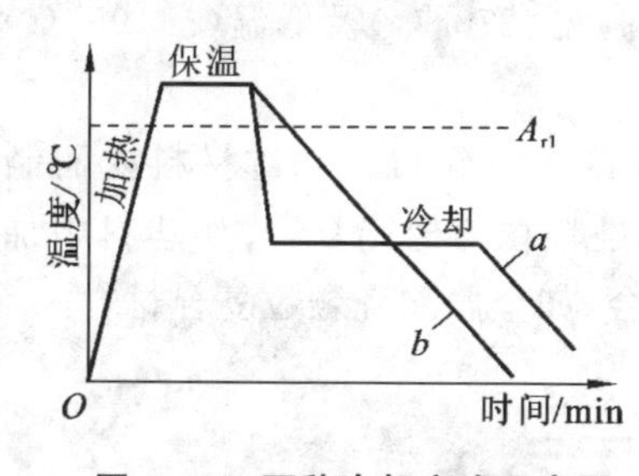

图4.10 两种冷却方式示意图

冷却过程是热处理的关键工序,其冷却转变温度决定了冷却后的组织和性能。实际生产中采用的冷却方式主要有连续冷却(如炉冷、空冷、水冷等)和等温冷却(如等温淬火)。

所谓等温冷却是指将奥氏体化的钢件迅速冷至A_{r_1}以下某一温度并保温,使其在该温度下发生组织转变,然后再冷却到室温,如图4.10中a线所示。连续冷却则是指将奥氏体化的钢件连续冷却至室温,并在连续冷却过程中发生组织转变,如图4.10中b线所示。

1) 过冷奥氏体的等温冷却转变

在不同的过冷温度下,反映过冷奥氏体转变产物与时间关系的曲线称为过冷奥氏体等温转变的动力学曲线。由于曲线的形状像字母C,故又称为C曲线。如图4.11所示为共析碳钢过冷奥氏体等温转变曲线。

共析碳钢过冷奥氏体在A_{r_1}线以下不同的温度会发生三种不同的转变,即珠光体转变、贝氏体转变和马氏体转变。

2) 过冷奥氏体的连续冷却转变

在实际生产中,过冷奥氏体大多是在连续冷却中转变的。例如,钢退火时的炉冷、正火时的空冷、淬火时的水冷等。因此,研究过冷奥氏体在连续冷却时的组织转变规律有重要的

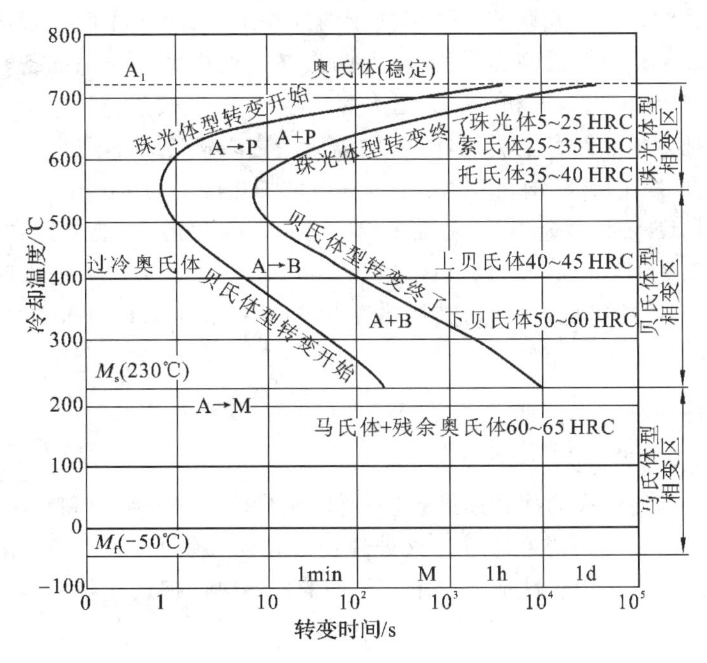

图 4.11 共析碳钢过冷奥氏体等温转变曲线

意义。如图 4.12 所示是通过实验方法测定的共析碳钢的连续冷却曲线。由图 4.12 可见，共析碳钢的连续冷却转变过程中，只发生珠光体和马氏体转变，而不发生贝氏体转变。珠光体转变区由三条线构成：P_s、P_f线分别表示 A→P 转变开始线和终了线；K 线为 A→P 终止线，它表示冷却曲线碰到 K 线时，过冷奥氏体即停止向珠光体转变，剩余部分一直冷却到 M_s 线以下发生马氏体转变。过冷奥氏体在连续冷却过程中不发生分解而全部过冷到马氏体区的最小冷却速度，称为马氏体临界冷却速度，用 v_K 表示。钢在淬火时的冷却速度应大于 v_K。

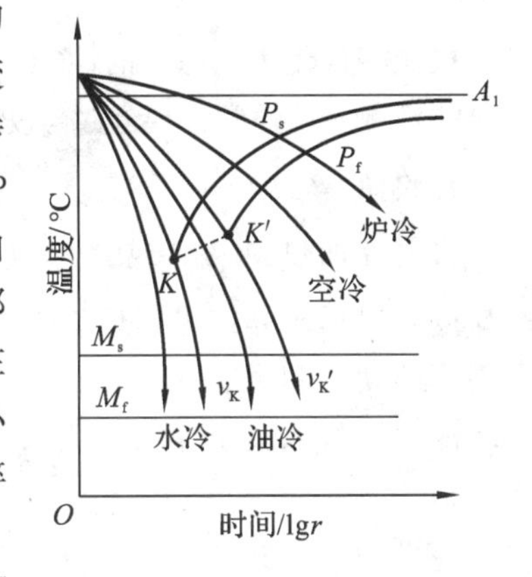

图 4.12 共析碳钢连续冷却转变

过共析碳钢的连续冷却转变 C 曲线与共析碳钢的 C 曲线相比，除了多出一条先共析渗碳体的析出线以外，其他基本相似。但亚共析碳钢的连续冷却转变曲线与共析碳钢的大不相同，它除了多出一条先共析铁素体析出线以外，还出现了贝氏体转变区。因此，亚共析碳钢在连续冷却后可以出现由更多产物组成的混合组织。

二、钢的退火和正火

退火和正火经常作为钢的预先热处理工序，安排在铸造、锻造和焊接之后或粗加工之前，以消除前一工序所造成的某些组织缺陷及内应力，为随后的切削加工及热处理做好准备。

1. 钢的退火

退火是将钢材(或钢件)加热到适当温度，保温一定时间，随后缓慢冷却以获得接近平衡状态组织的热处理工艺。

退火的主要目的是降低或调整硬度以便于切削加工，消除或降低残余应力，以防变形、开裂，细化晶粒，改善组织和提高力学性能，并为最终热处理做好组织准备。生产中常用的退火种类有完全退火、球化退火和去应力退火等。

完全退火是把钢加热到完全奥氏体化，保温后随之缓慢冷却的退火工艺。完全退火常用于含碳量小于0.8%的碳素钢，45钢完全退火时的加热温度为840～860 ℃。对于含碳量大于0.8%的碳素工具钢、合金工具钢、轴承钢等常采用球化退火，能使钢中碳化物球状（或颗粒状）化，碳素工具钢球化退火的加热温度为760～780 ℃。去应力退火时不改变钢的内部组织，只是为了消除或降低内应力，其加热温度较低（一般为500～600 ℃）。

2. 钢的正火

将钢材或钢件加热到A_{c_3}（或$A_{c_{cm}}$）以上30～50 ℃，保温适当的时间后，在静止的空气中冷却的热处理工艺，称为正火。

正火的冷却速度比退火的冷却速度较快，所以能获得较细的组织和较高的力学性能，而且生产周期较退火短。低碳钢可通过正火处理提高强度和硬度，以改善切削加工性能。中碳钢进行正火处理可直接用于性能要求不高零件的最终热处理或代替完全退火。对于含碳量大于0.8%的钢，可用正火来消除二次网状渗碳体。

三、钢的淬火和回火

机械零件使用状态下的性能，一般由淬火和回火获得，所以淬火和回火称为最终热处理。重要的机械零件通常都要经过淬火和回火热处理，以提高零件的性能，充分发挥钢的潜力。

1. 钢的淬火

将钢件加热到A_{c_1}（或A_{c_3}）以上30～50 ℃，保温一定的时间，然后以大于临界冷却速度冷却以获得马氏体或贝氏体组织的热处理工艺，称为淬火。其主要目的是为了获得马氏体，提高钢的硬度和耐磨性，是强化钢材最重要的工艺方法。

淬火质量取决于淬火三要素，即加热温度、保温时间和冷却速度。

1）淬火加热温度

淬火加热温度T主要取决于钢的成分，其经验公式如下：

亚共析钢　　$T=A_{c_3}+(30\sim50)$ ℃

共析、过共析钢　　$T=A_{c_1}+(30\sim50)$ ℃

2）淬火冷却介质及冷却方法

为了获得马氏体组织，工件在淬火介质中的冷却速度必须大于其临界冷却速度。但冷却速度过大，会增大工件淬火内应力，引起工件变形甚至开裂。

淬火介质的冷却能力决定了工件淬火时的冷却速度。为减小淬火内应力，防止工件淬火变形甚至开裂，在保证获得马氏体组织的前提下，应选用冷却能力弱的淬火介质。

碳素钢常用的冷却介质为水溶液，而合金钢常用油作为冷却介质。此外，还有一些效果较好的新型淬火剂，如水玻璃-苛性碱淬火剂、氯化锌-苛性碱淬火剂、过饱和硝酸盐水溶液淬火剂及聚合物淬火剂等。

3）钢的淬硬性与淬透性

钢的淬硬性是钢在理想条件下淬火硬化所能达到的最高硬度。淬硬性主要取决于马氏体中的含碳量，马氏体中含碳量越高，淬火后得到的马氏体中碳的过饱和程度越大，马氏体的晶格畸变越严重，钢的淬硬性就越大。

钢的淬透性是指在规定条件下，决定钢材淬硬深度和硬度分布的特性。工程上规定淬透层的深度是从表面至半马氏体层的深度。由表面至半马氏体层的深度越大，则钢的淬透性就越高。淬透性是合理选用钢材及制定热处理工艺的重要依据之一。

2. 钢的回火

工件淬火后通常获得马氏体加残余奥氏体组织，这种组织不稳定，存在很大的内应力，因此必须回火。回火不仅能消除内应力、稳定工件尺寸，而且能获得良好的性能组合。

钢件淬硬后，再加热到 A_{c_1} 点以下某一温度，保温一定时间后冷却到室温的热处理工艺，称为回火。一般淬火件(除等温淬火)必须经过回火才能使用，根据不同的回火温度，分为低温回火、中温回火和高温回火三种。

1) 低温回火

低温回火后(150～250 ℃)的组织为回火马氏体，硬度一般为 60 HRC 以上，主要用于高碳钢或合金钢的刃具、量具、模具、轴承以及渗碳钢淬火后的回火处理。其目的是降低淬火应力和脆性，保持钢淬火后的高硬度和耐磨性。

2) 中温回火

中温回火(350～500 ℃)后的组织为回火托氏体，硬度为 35～45 HRC，主要用于各种弹簧和模具零件的回火处理，其目的是保证钢的高弹性极限和高的屈服点、较高的韧度和硬度。

3) 高温回火

高温回火(500～650 ℃)后的组织为回火索氏体，硬度为 28～33 HRC，主要用于各种重要的结构件，特别是交变载荷下工作的连杆、齿轮和轴类工件，也可用于量具、模具等精密零件的预先热处理。其主要目的是获得强度和韧度较高、塑性较好的良好综合力学性能。通常将钢件淬火加高温回火的复合热处理工艺称为调质。

4.6 钢的表面热处理

一、钢的表面淬火

表面淬火是一种不改变表层化学成分，而改变表层组织的局部热处理方法。它是利用快速加热使钢件表层迅速达到淬火温度，不等热量传到心部就立即淬火冷却，从而使表层获得马氏体组织，心部仍为原始组织。常用的方法有感应加热表面淬火法和火焰加热表面淬火法。

1. 感应加热表面淬火

感应加热表面淬火，是利用电磁感应、集肤效应、涡流和电阻热等电磁原理，使工件表层快速加热，并快速冷却的热处理工艺。将工件置于通有交变电流的感应线圈内，在交变磁场的作用下，工作内部产生感应电流。由于集肤效应和涡流的作用，工件表层的高密度交流电产生的电阻热，迅速加热工件表层，很快达到淬火温度，随即喷水冷却，工件表层被淬硬，如图 4.13 所示。交变频率越高，则加热层越薄，因此，可选用不同频率来达到不同要求的淬硬层深度。根据所用电流频率不同,感应加热电流频率可分为高频(50～300 kHz)、中频(1 000～10 000 Hz)和工频 50 Hz。感应加热表面淬火法的主要优点是:加热速度快,操作迅速,生产效率高,淬火后晶粒细小,力学性能好,不易产生变形及氧化脱碳。

2. 火焰加热表面淬火

火焰加热表面淬火是利用乙炔或其他可燃气体火焰(约 3 000 ℃以上),将工件表面迅速加热到淬火温度,然后立即喷水冷却的热处理工艺,如图 4.14 所示。

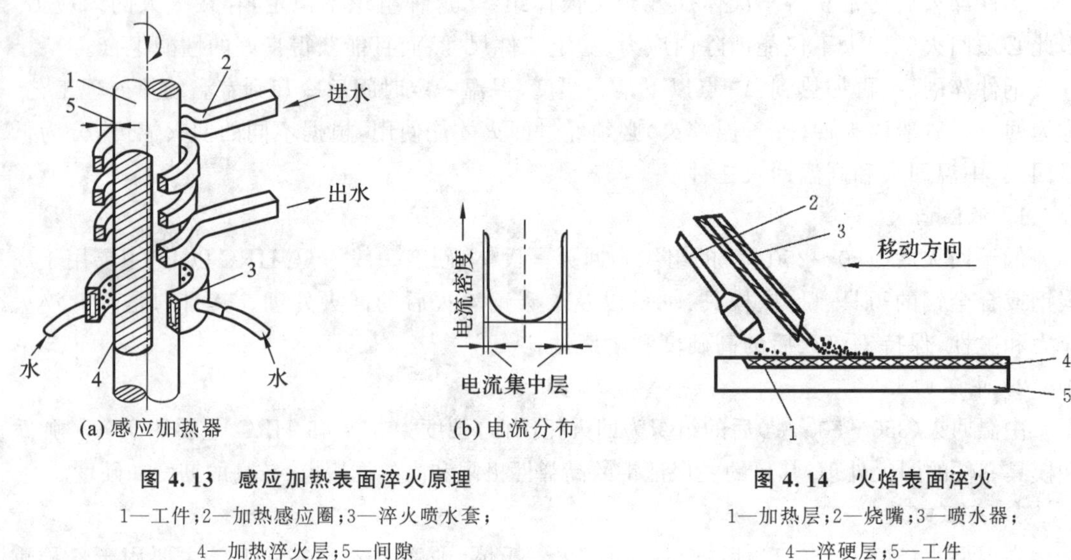

图 4.13 感应加热表面淬火原理

1—工件;2—加热感应圈;3—淬火喷水套;4—加热淬火层;5—间隙

图 4.14 火焰表面淬火

1—加热层;2—烧嘴;3—喷水器;4—淬硬层;5—工件

火焰加热表面淬火的淬硬层深度一般为 2～6 mm。它具有设备简单、淬火速度快、变形小等优点,适用于单件或小批量生产的大型零件和需要局部淬火的工具或零件,如大型轴、齿轮、轨道和车轮等。由于零件表面有不同程度的过热,淬火质量控制较难,因而使用上有一定的局限性。

二、钢的化学热处理

化学热处理是将工件置于一定温度的活性介质中保温,使一种或几种元素渗入其表层,以改变其化学成分、组织和性能的热处理工艺。常用的化学热处理有渗碳、渗氮和碳氮共渗等。

1. 渗碳

为了增加钢件表层的含碳量和一定的碳浓度梯度,将钢件在渗碳介质中加热并保温,使碳原子渗入表面层的化学热处理工艺称为渗碳。渗碳的主要目的是提高钢件表层的含碳量和一定的碳浓度梯度,然后经淬火和低温回火,使工件的表面层获得高硬度、高耐磨性,而心部的含碳量低,具有良好的塑性和较高的韧度。

进行渗碳热处理的钢常为低碳钢或低碳合金钢,主要牌号有 15、20、20Cr、20CrMnTi 等。渗碳热处理时的加热温度约为 900～950 ℃,保温时间越长,则渗碳层厚度越厚。渗碳后钢件表面层的含碳量可达 0.8%～1.0%,故经淬火后表面硬度可达 60 HRC 以上。

根据渗剂的不同,渗碳方法可分为固体渗碳、气体渗碳和液体渗碳三种。气体渗碳的生产率较高，渗碳过程容易控制，渗碳层质量较好，易实现自动化生产，应用最为广泛。图 4.15 所示为气体渗碳法示意图。

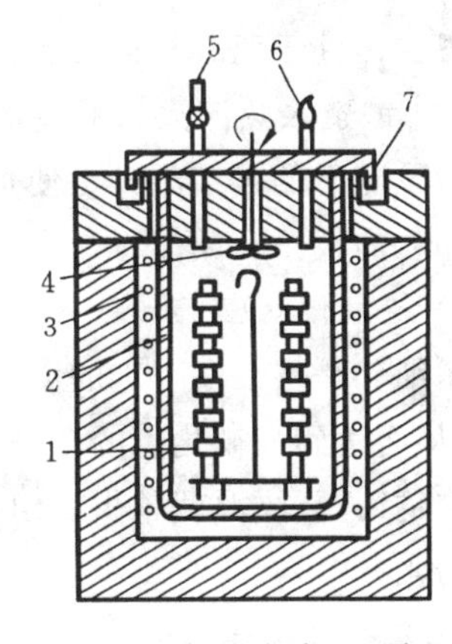

图 4.15 气体渗碳法示意图

1—渗碳工件；2—耐热罐；3—加热组件；4—风扇；5—渗碳剂；6—废气；7—砂封

渗碳热处理适用于表面要求高硬度、高耐磨性，而心部要求高韧度的零件。如表面易磨损且承受较大冲击载荷的齿轮轴、齿轮、活塞销、凸轮等。

2. 渗氮

在一定温度下（一般在钢的临界点温度以下）使活性氮原子渗入钢件表面的化学热处理工艺称为渗氮。其目的在于提高工件的表面硬度、耐磨性、疲劳强度、腐蚀性及热硬性。

渗氮处理有气体渗氮、离子渗氮等工艺方法，其中气体渗氮应用最广。

与渗碳相比，渗氮温度大大低于渗碳温度，工件变形小。渗氮层的硬度、耐磨性、疲劳度、耐蚀性及热硬性均高于渗碳层。但渗氮比渗碳层薄而脆，渗氮处理时间比渗碳长得多，而且生产效率低。渗氮处理常用于受冲击力不大的耐磨件，如精密机床主轴、镗床镗杆、精密丝杆、排气阀、高速精密齿轮等。

3. 碳氮共渗

碳氮共渗是在一定温度下同时将碳、氮渗入工件表层奥氏体中并以渗碳为主的化学热处理工艺。在生产中主要采用气体碳氮共渗。

碳氮共渗后，进行淬火加低温回火。碳氮共渗淬火后，得到含氮马氏体，耐磨性比渗碳更好。共渗层比渗碳层能承受更高的压应力，因而有更高的疲劳强度，耐蚀性也较好。

碳氮共渗工艺与渗碳工艺相比，具有时间短、生产效率高、表面硬度高和变形小等优点，但共渗层较薄，主要用于形状复杂、要求变形小的小型耐磨零件。

三、钢的热处理新工艺简介

为了不断提高钢材及其零件的性能，缩短生产周期和改善劳动条件，经不断研究和开发，出现了许多新的热处理工艺。以下简要介绍强韧化处理、形变热处理、真空热处理和激光热处理等方面的基本知识。

1. 强韧化处理

同时改善钢件强度和韧度的热处理，称为强韧化热处理。其主要措施包括以下几个方面。

1）获得板条马氏体的热处理

（1）提高淬火加热温度。在正常淬火温度下，奥氏体晶粒内成分不均匀，低碳区形成板条马氏体，高碳区形成针片状马氏体。提高淬火加热温度，使奥氏体中的碳均匀化，则淬火后可全部得到板条马氏体。

（2）快速短时低温加热淬火。其目的是减少碳化物在奥氏体中的溶解，尽量使高碳钢中的奥氏体处于亚共析成分状态,以利于得到板条马氏体。

(3) 锻造余热淬火。锻造加热温度一般较高(1 100 ℃以上),这足以使奥氏体均匀化。而锻造及随后的再结晶又可使加热时变大了的奥氏体晶粒重新细化,故锻后直接淬火可得到细晶粒的板条马氏体。

2) 超细化处理

超细化是将钢在一定的温度条件下,通过数次快速加热和冷却等方法以获得极细密的组织,从而达到强韧化目的。进行多次加热和冷却的原因是每次加热和冷却都能细化组织。碳化物越细,裂纹源就越少。组织越细密,裂纹扩展通过晶界的阻碍就越大,故能使金属材料强韧化。

3) 获得复合组织的淬火

复合组织是指调整热处理工艺,使淬火马氏体组织中同时存在一定数量的铁素体或下贝氏体(或残余奥氏体)。这类组织往往硬度稍低,但能大大提高韧度。它主要用于结构钢及其零件。

2. 形变热处理

将变形强化和热处理强化结合起来的热处理工艺称为形变热处理。该方法能够较大程度地提高金属材料的综合力学性能,成为目前强化金属材料的先进技术之一。

(1) 高温形变热处理。在奥氏体区进行锻造或轧压,为了保留变形强化效果,随后立即淬火,这种操作称为高温形变热处理。这种处理方法能提高结构钢的塑性和韧度,显著减小回火脆性,适用于弹簧钢、轴承钢和工具钢等的热处理。

(2) 中温形变热处理。在亚稳定的奥氏体状态下进行塑性变形,随后快速冷却的操作称为中温形变热处理。这种方法有更为显著的强化效果,可应用于结构钢、弹簧钢、轴承钢和工具钢等的热处理。

形变热处理的主要问题是难以用于形状复杂的零件,经形变热处理后的工件将给焊接和切削加工带来一定困难。

3. 真空热处理

真空热处理是工件在低于一个大气压的封闭环境中进行的热处理工艺,包括真空退火、真空淬火和真空化学热处理等。真空热处理在工艺过程中不发生氧化、脱碳,表面光洁,加热升温平缓,工件温差小、变形小,有利于排除有害气体,减少了氢脆等危害,提高了韧度,污染小。但真空热处理设备复杂、成本高,维护调试要求高。这种方法多应用于工具、模具、精密零件,以及一些有特殊要求的工件的热处理。

4. 激光热处理

激光热处理是利用高能量密度的激光束扫描照射工件表面,以极快的加热速度迅速加热至相变温度以上,停止照射后,依靠工件自身传导散热迅速冷却表层而进行"自行淬火"。激光热处理加热速度快,加热区域准确集中,不需淬火冷却介质而能自行淬火,且表面光洁,变形极小,表面组织晶粒细小,硬度和耐磨性好,还能对复杂形状工件及微孔、沟槽、盲孔等部位进行淬火热处理。

习题

一、简答题

1. 含碳量对碳钢的性能有什么影响？为什么？

2. 合金钢与碳钢相比，具有哪些特点？

3. 什么是不锈钢、耐磨钢、耐热钢？各举出一个牌号。

4. 指出 Q235A、45、ZG 230-450、T10、20CrMnTi、60Si2Mn、9SiCr、W18Cr4V 各属于哪一类钢？它们的符号和数字各表示什么？

5. 试述灰铸铁、球墨铸铁、蠕墨铸铁、可锻铸铁的性能特点及牌号表示方法。

6. 铝合金和铜合金各有何性能特点？

7. 高分子材料的性能与钢相比有什么特点？

8. 退火、正火和淬火有什么不同？

9. 淬火后的钢材为什么要进行回火？碳素工具钢常采用何种回火方法？

10. 为什么齿轮、凸轮轴、活塞销等承受冲击和交变载荷的机械零件要进行表面热处理？

二、应用题

1. 某厂生产磨床，齿轮箱中的齿轮采用 45 钢制造，要求齿部表面硬度为 52～58 HRC，心部硬度为 217～255 HBS，其工艺路线为：下料→锻造→热处理→机加工→热处理→机加工→成品。试问：

(1) 其中热处理各应选择何种工艺？目的是什么？

(2) 如改用 20Cr 代替 45 钢，所选用的热处理工艺应作哪些改变？

2. 一批 45 钢试样，因其组织、晶粒大小不均匀，需采用退火处理。拟采用以下几种退火工艺：

(1) 缓慢加热至 700 ℃，保温足够时间，随炉冷却至室温；

(2) 缓慢加热至 840 ℃，保温足够时间，随炉冷却至室温；

(3) 缓慢加热至 1100 ℃，保温足够时间，随炉冷却至室温；

问上述三种工艺各得到何种组织？若要得到大小均匀的细小晶粒，选何种工艺最合适？

3. 有两个含碳量为 1.2%的碳钢薄试样，分别加热到 780 ℃和 860 ℃并保温相同时间，使之达到平衡状态，然后以大于 v_K 的冷却速度至室温。试问：

(1) 哪个温度加热淬火后马氏体晶粒较粗大？

(2) 哪个温度加热淬火后马氏体含碳量较多？

(3) 哪个温度加热淬火后残余奥氏体较多？

(4) 哪个温度加热淬火后未溶碳化物较少？

第5章

铸造、锻压、焊接及胶接

5.1 铸　造

铸造是熔炼金属、制造铸型,并将熔融金属浇入铸型,凝固后获得具有一定形状、尺寸和性能的金属零件毛坯的成形方法。铸造生产适应性强、成本低廉,因此在机械产品中,铸件占有很大的比例,如机床中铸件重量占60%~80%,但铸件易产生铸造缺陷,力学性能不如锻件,因此铸件多用于受力不大的零件。

一、铸造成形的主要特点

1. 成形方便、适应性强

原则上讲,铸造成形方法对工件的尺寸形状没有限制。只要将金属材料熔化,并且制造出铸型,就能生产出各种各样的铸件。因此,形状复杂的构件和大型构件,一般都可采用铸造方法成形。目前采用铸造方法可以生产出重量从几克到几百吨、长度从几厘米到几十米、厚度为0.5~500 mm的各种铸件,如气缸体、活塞、机床床身等。

2. 生产成本较低

铸造所用的原材料大多来源广泛、价格低廉,而且可以直接利用报废的零件、废钢和切屑。铸件的形状和尺寸与零件很接近,因而节省了金属材料和加工工时。如精密铸件可省去切削加工,直接用于装配。

3. 铸造生产的缺点

铸件组织粗大,内部常出现缩孔、缩松、气孔、砂眼等缺陷,其力学性能不如同类材料的锻件高,使得铸件要做得相对笨重些,从而增加机器的重量。铸件表面粗糙,尺寸精度不高。工人劳动强度大,劳动条件较差。砂型铸造生产工序较多,有些工艺过程难以控制,铸件质量不够稳定,废品率较高。

近年来,由于精密铸造和新工艺、新设备的迅速发展,铸件质量有了很大的提高。

二、铸造成形的工艺基础

合金在铸造过程中所表现出来的工艺性能,称为合金的铸造性能。合金的铸造性能主要是指流动性、收缩性、偏析和吸气性等。铸件的质量与合金的铸造性能密切相关,其中流动性和收缩性对铸件的质量影响最大。

1. 合金的流动性和充型能力

1）流动性的概念

液态金属的流动能力称为流动性。它与金属的成分、温度、杂质含量及物理性质有关。在实际生产中，流动性是熔融合金充满铸型的能力，它对铸件质量有很大的影响。

流动性好的合金，充型能力强，易获得形状完整、尺寸准确、轮廓清晰、壁薄和形状复杂的铸件。若流动性不好，充型能力就差，铸件就容易产生浇不到、冷隔、夹渣、气孔和缩松等缺陷。在铸件设计和制定铸造工艺时，必须考虑合金的流动性。

2）影响流动性的因素

影响流动性的因素主要有合金种类、成分、结晶特征和其他物理性能。

（1）不同的铸造合金具有不同的流动性。灰铸铁流动性最好，硅黄铜、铝硅合金次之，而铸钢的流动性最差。

（2）同种合金中，成分不同的合金具有不同的结晶特点，流动性也不同。例如，纯金属和共晶成分合金的结晶是在恒温下进行的，结晶过程是从表面开始向中心逐层推进。由于凝固层的内表面比较平滑，对尚未凝固的液态合金流动阻力小，有利于合金充填型腔，所以流动性好。其他成分合金的结晶是在一定温度范围内进行的，即结晶区域为一个液相和固相并存的两相区。在此区域初生的树枝状枝晶使凝固层内表面参差不齐，阻碍液态合金的流动。合金结晶温度范围越宽，液相线和固相线的距离越大，凝固层内表面越参差不齐，这样流动阻力越大，流动性越差。

此外，合金液的黏度、结晶潜热、热导率等物理性能也对合金流动性有影响。

3）合金的充型能力

合金的充型能力是指液态合金充满铸型型腔，获得形状完整、轮廓清晰的铸件的能力。若充型能力不足，易产生浇不到、冷隔等缺陷，造成废品。

4）影响充型能力的因素

合金的流动性对充型能力的影响最大，此外，铸型和工艺条件也会改变合金的充型能力。

（1）铸型的影响。液态合金充型时，铸型的阻力将会阻碍合金液的流动，而铸型与合金液之间的热交换又将影响合金液保持流动的时间。

① 铸型的蓄热能力，即铸型从金属液中吸收和储存热量的能力。铸型的热导率和质量热容越大，对液态合金的激冷作用越强，合金的充型能力就越差。如金属型铸造比砂型铸造容易产生浇不到等缺陷。

② 铸型温度，提高铸型温度，减少铸型和金属液之间的温差，减缓冷却速度，可提高合金液的充型能力。

③ 铸型中的气体，在金属液的热作用下，型腔中的气体膨胀，型砂中的水分汽化，有机物燃烧，都将增加型腔内的压力，如果铸型的透气性差，将阻碍金属液的充填，导致充型能力下降。

（2）浇注条件的影响。浇注条件主要是指浇注温度和充型压力。

① 浇注温度对合金液的充型能力有着决定性的影响。在一定范围内，随着浇注温度的提高，合金液的黏度下降，且在铸型中保持流动的时间增长，充型能力增加。因此，对薄壁铸

件或流动性较差的合金,为防止产生浇不到和冷隔等缺陷,可适当提高浇注温度。但浇注温度过高,液态合金的收缩增大,吸气量增加,氧化严重,容易导致产生缩孔、缩松、气孔、黏砂、粗晶等缺陷,故在保证充型能力足够的前提下,尽量降低浇注温度。通常,灰铸铁的浇注温度为1 230～1 380 ℃,铸钢的为1 520～1 620 ℃,铝合金的为680～780 ℃。复杂薄壁铸件取上限,厚大件取下限。

② 充型压力,液态合金在流动方向上所受的压力越大,其充型能力越好。砂型铸造时,充型压力是由直浇道所产生的静压力取得的,故增加直浇道的高度可有效地提高充型能力。特种铸造中(压力铸造、低压铸造和离心铸造等),是用人为加压的方法使充型压力增大,充型能力提高。

此外,铸件结构对充型能力也有影响。铸件壁厚过小,壁厚急剧变化,结构复杂,有大的水平面时,都将会影响合金的充型能力。

2. 合金的收缩

1) 合金收缩过程的三个阶段

液态金属在冷却凝固过程中,体积和尺寸减小的现象称为收缩。收缩是铸造合金本身的物理性质,是铸件中许多缺陷(如缩孔、缩松、裂纹、变形、残余内应力等)产生的基本原因。整个收缩过程,可分为三个互相联系的阶段。

(1) 液态收缩。液态收缩是指合金液从浇注温度冷却到凝固开始温度之间的体积收缩,此时的收缩表现为型腔内液面的降低。合金液体的过热度越大,则液态收缩也越大。

(2) 凝固收缩。凝固收缩是指合金从凝固开始温度冷却到凝固终止温度之间的体积收缩,在一般情况下,这个阶段仍表现为型腔内液面的降低。

(3) 固态收缩。固态收缩是指合金从凝固终止温度冷却到室温之间的体积收缩。固态体积收缩表现为三个方向线尺寸的缩小,即三个方向的线收缩。

液态收缩和凝固收缩是铸件产生缩孔和缩松的主要原因,固态收缩是铸件产生内应力、变形和裂纹等缺陷的主要原因。

2) 影响合金收缩的因素

影响合金收缩的因素主要有合金的化学成分、铸件结构与铸型条件、浇注温度等。

(1) 不同种类的合金,其收缩率不同。在常用的铸造合金中铸钢的收缩率最大,灰铸铁的最小。

(2) 由于铸件在铸型中各部分的冷却速度不同,彼此相互制约,对其收缩产生阻力。又因铸型和型芯对铸件收缩产生机械阻力,因而其实际线收缩率比自由线收缩率小。所以在设计模样时,必须根据合金的种类,铸件的形状、尺寸等因素,选择适宜的收缩率。

(3) 浇注温度越高,液态收缩越大。一般情况下浇注温度每提高100 ℃,体积收缩将会增加1.6%左右。

3) 缩孔与缩松的形成及预防

(1) 缩孔与缩松的形成。

缩孔是指铸件在凝固过程中,由于补缩不良产生的孔洞。缩孔的形状极不规则,孔粗糙并带有枝状晶,常出现在铸件最后凝固的部位。缩松是指铸件断面上出现的分散而细小的缩孔,有时借助放大镜才能发现。铸件有缩松的部位,在气密性试验时可能发生渗漏。

缩孔的形成过程如图5.1所示。合金液充满铸型后，由于散热开始冷却，并产生液态收缩。在浇注系统尚未凝固期间，所减少的合金液可从浇口得到补充，液面不下降仍保持充满状态，如图5.1(a)所示。随着热量不断散失，合金温度不断降低，靠近型腔表面的合金液很快就降低到凝固温度，凝固成一层硬壳。如内浇道已凝固，则形成的硬壳就像一个密封容器，内部包住了合金液，如图5.1(b)所示。温度继续降低，铸件除产生液态收缩和凝固收缩外，还有先凝固的外壳产生的固态收缩。由于硬壳内合金液的液态收缩和凝固收缩大于硬壳外的固态收缩，故液面下降并与硬壳顶面脱离，产生了间隙，如图5.1(c)所示。温度继续下降，外壳继续加厚，液面不断下降，待内部完全凝固，则在铸件上部形成了缩孔，如图5.1(d)所示。已经形成缩孔的铸件自凝固终止温度冷却到室温，因固态收缩，其外廓尺寸略有减少，如图5.1(e)所示。

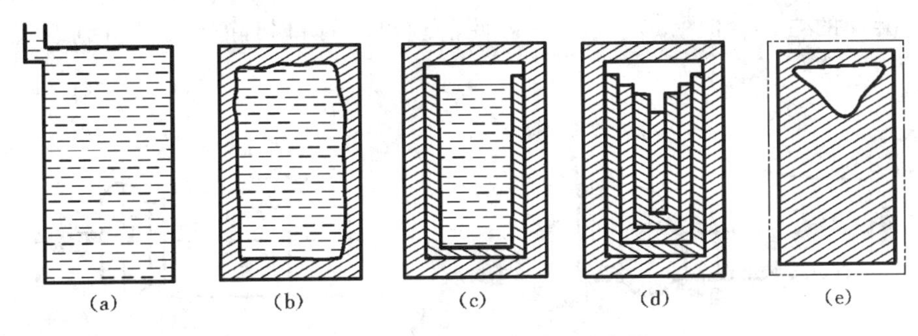

图5.1 铸件缩孔形成过程示意图

缩松的形成过程如图5.2所示。图5.2(a)为合金液浇注后的某一时刻，因合金的结晶温度范围较宽，铸件截面上有三个区域。图5.2(b)表示铸件中心部分液态区已不存在，而成为液态和固态共存的凝固区，其凝固层内表面参差不齐，呈锯齿状，剩余的液体被凹凸不平的凝固层内表面分割成许多残余液相的小区。这些小液相区彼此间的通道变窄，增大了合金液的流动阻力，加之铸型的冷却作用变弱，促使其余合金液温度趋于一致而同时凝固。凝固中金属体积减少又得不到液态金属的补充时，就形成了缩松，如图5.2(c)所示。这种缩松常出现在缩孔的下方或铸件的轴线附近。一般用肉眼能观察出来，所以称为宏观缩松。

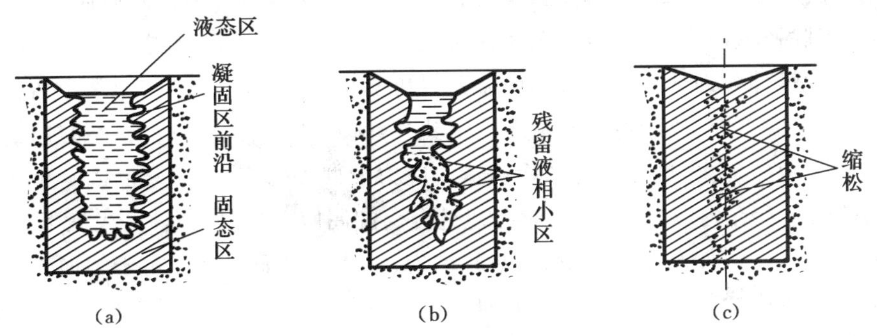

图5.2 铸件缩松形成过程示意图

当合金液在很宽的结晶温度范围内结晶时，初生的树枝状枝晶很发达，以至于合金液被分隔成许多孤立的微小区域，若补缩不良，则在枝晶间或枝晶内形成缩松，这种缩松更为细小，要用显微镜才能看到，故称为显微缩松。显微缩松在铸件中难以完全避免，它对一般铸件的危害性较小,故不把它当作缺陷看待。但是,如铸件为防止在压力下发生泄漏而要求有较高的致密性时,则应设法防止或减少显微缩松。

(2) 缩孔与缩松的防止。

防止缩孔与缩松的主要措施有以下两点。

① 合理选择铸造合金。生产中应尽量采用接近共晶成分或结晶范围窄的合金。

② 合理选择凝固原则。铸件的凝固原则分为定向凝固和同时凝固两种。其中,定向凝固就是使铸件按规定方向从一部分到另一部分逐步凝固的过程。经常是向着冒口方向凝固,即离冒口最远的部位先凝固,冒口本身最后凝固,按此原则进行凝固,就能保证各个部位的凝固收缩都能得到合金液的补充,从而可将缩孔转移到冒口中,获得完整而致密的铸件,一般收缩大或壁厚差较大易产生缩孔的铸件,如铸钢、高强度铸铁和可锻铸铁等宜采用定向凝固的方法,如图 5.3 所示。铸件清理时将冒口切除后就可得到组织致密的铸件。

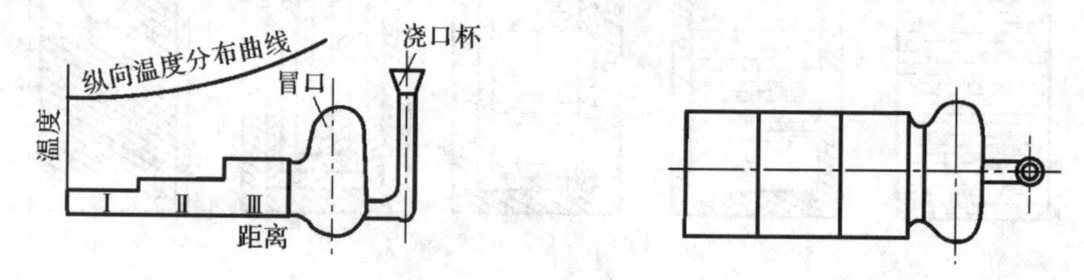

图 5.3　定向凝固示意图

(3) 铸造内应力、变形与裂纹。

铸件在凝固后继续冷却时,若在固态收缩阶段受到阻碍,则将产生内应力,此应力称为铸造内应力。它是铸件产生变形、裂纹等缺陷的主要原因。

① 铸造内应力按其产生原因,可分为热应力、固态相变应力和收缩应力三种。热应力是指铸件各部分冷却速度不同,造成在同一时期内,铸件各部分收缩不一致而产生的应力;固态相变应力是指铸件由于固态相变,各部分体积发生不均衡变化而引起的应力。收缩应力是指铸件在固态收缩时因受到铸型、型芯、浇口、冒口、箱挡等外力的阻碍而产生的应力。

减小和消除铸造内应力的方法有:采用同时凝固的原则,通过设置冷铁、布置浇口位置等工艺措施,使铸件各部分在凝固过程中温差尽可能小;提高铸型温度,使整个铸件缓冷,以减小铸型各部分温度差;改善铸型和型芯的退让性,避免铸件在凝固后的冷却过程中受到机械阻碍;进行去应力退火,这是一种消除铸造内应力最彻底的方法。

② 当铸件中存在内应力时,如内应力超过合金的屈服点,常使铸件产生变形。

为防止变形,在铸件设计时,应力求壁厚均匀、形状简单而对称。对于细而长、大而薄等易变形铸件,可将模样制成与铸件变形方向相反的形状,待铸件冷却后变形正好与相反的形状抵消(此方法称为反变形法)。

③ 当铸件的内应力超过了合金的强度极限时,铸件便会产生裂纹。裂纹是铸件的严重缺陷。

防止裂纹的主要措施是:合理设计铸件结构,合理选用型砂和芯砂的黏结剂与添加剂,以改善其退让性。大的型芯可制成中空的或内部填以焦炭,严格限制钢和铸铁中硫的含量,选用收缩率小的合金等。

3. 合金的吸气性和氧化性

合金在熔炼和浇注时吸收气体的能力称为合金的吸气性。如果合金在液态时吸收的气体多，则在凝固时，侵入的气体会来不及逸出，就会使铸件出现气孔、白点等缺陷。

为了减少合金的吸气性，可缩短熔炼时间，选用烘干过的炉料，提高铸型和型芯的透气性，降低造型材料中的含水量和对铸型进行烘干等。

合金的氧化性是指合金液与空气接触，被空气中的氧气氧化，形成氧化物。氧化物若不及时清除，则在铸件中就会出现夹渣缺陷。

三、铸造成形方法

1. 砂型铸造

砂型铸造是实际生产中应用最广泛的一种铸造方法，主要工序为制造模样、制备造型材料、造型、造芯、合型、熔炼、浇注、落砂清理与检验等。

造型时需要模样和芯盒。模样是用来形成铸件外部轮廓的，芯盒是用来制造砂芯，形成铸件的内部轮廓的。制造模样和芯盒所用的材料，根据铸件大小和生产规模的大小而有所不同。产量少的一般用木材制作模样和芯盒。产量大的铸件，可用金属或塑料制作模样和芯盒。

在设计和制造模样与芯盒时，必须考虑下列问题。

(1) 分型面的选择。分型面是指铸型组元间的接合表面，分型面选择要恰当。

(2) 起模斜度的确定。一般木模斜度为1°～3°，金属模斜度为0.5°～1°。

(3) 铸件收缩量的确定。考虑到铸件冷却凝固过程中体积要收缩，为了保证铸件的尺寸，模样的尺寸应比铸件的尺寸大一个收缩量。

(4) 加工余量的确定。铸件上凡是需要机械加工的部分，都应在模样上增加加工余量，加工余量的大小与加工表面的精度、加工面尺寸、造型方法以及加工面在铸件中的位置有关。

(5) 选择合适的铸造圆角。为了减少铸件出现裂纹的倾向，并为了造型、造芯方便，应将模样和芯盒的转角处都做成圆角。

(6) 设置芯座头。当铸型有型芯时，为了能安放型芯，模样上要考虑设置芯座头。

2. 造型

造型是砂型铸造的最基本工序，通常分为手工造型和机器造型两种。

1) 手工造型

手工造型时，紧砂和起模两工序是用手工来进行的，手工造型操作灵活，适应性强，造型成本低，生产准备时间短。但铸件质量较差，生产率低，劳动强度大，对工人技术水平要求较高。因此，手工造型主要用于单件、小批量生产，特别是重型和形状复杂的铸件。在实际生产中，由于铸件的尺寸、形状、生产批量、铸件的使用要求，以及生产条件不同，应选择的手工造型方法也不同。表5.1所示为各种手工造型方法的特点及适用范围。

表5.1 各种手工造型方法的特点及适用范围

造型方法		简图	主要特征	适用范围
按砂型特征分类	两箱造型	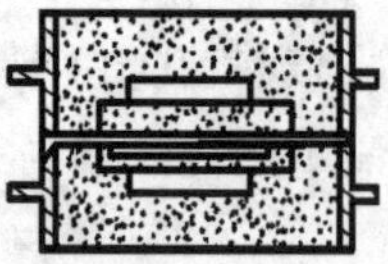	为造型最基本的方法,铸型由成对的上型和下型构成,操作简单	适用于各种生产批量和各种大小的铸件
	三箱造型	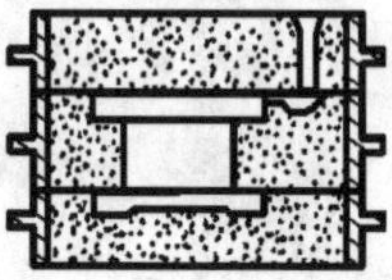	铸型由上、中、下三型构成。中型高度需与铸件两个分型面的间距相适应。三箱造型操作费工,且需配有合适的砂箱	适用于具有两个分型面的单件、小批量生产的铸件
	脱箱造型	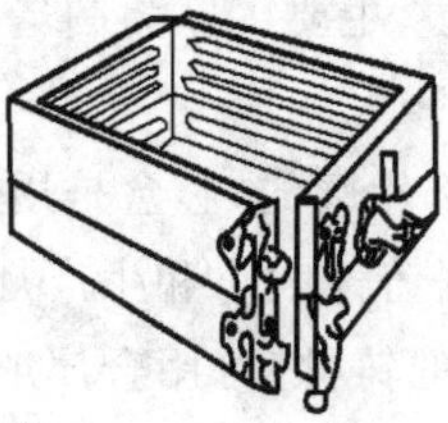	采用活动砂箱来造型,在铸型合型后,将砂箱脱出,重新用于造型。金属浇注时为防止错箱,需用型砂将铸型周围填紧,也可在铸型上套箱	适用于生产小铸件,因砂箱无箱带,故砂箱长度一般小于400 mm
	地坑造型	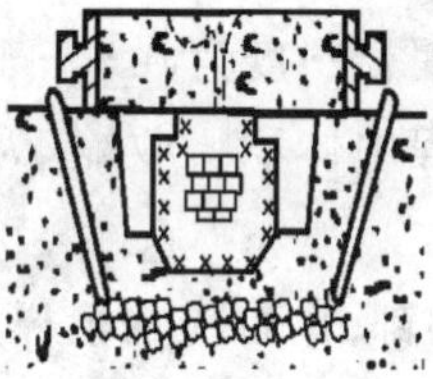	利用车间地面砂床作为铸型的下箱。大铸件需在砂床下面铺以焦炭,埋上出气孔,以便浇注时引气。地坑造型仅用或不用上箱即可造型,因而减少了造砂箱的费用和时间,但造型费工、生产率低,对工人技术水平要求高	适用于砂箱不足,或生产批量不大、质量要求不高的中、大型铸件,如砂箱、压铁、炉栅、芯骨等
	组芯造型	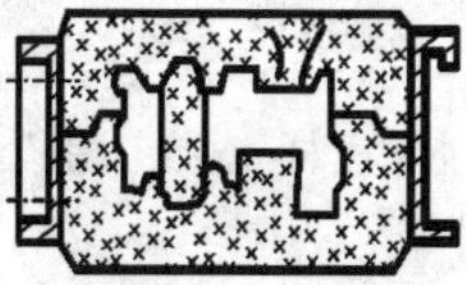	用若干块砂芯组合成铸型,而无需砂箱,它可提高铸件的精度,成本高	适用于大批量生产形状复杂的铸件
按模样特征分类	整模造型	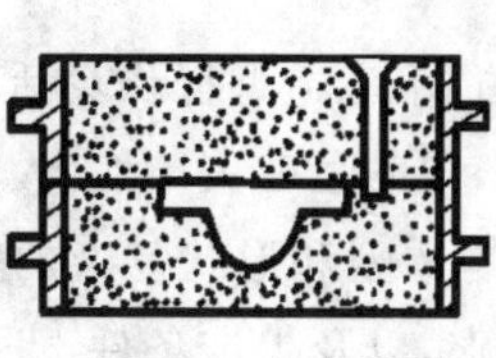	模样是整体的,铸件分型面是平面,铸型型腔全部在半个铸型内,其造型简单,铸件不会产生错箱缺陷	适用于铸件最大截面在一端,且为平面的铸件

续表

造型方法		简图	主要特征	适用范围
按模样特征分类	挖砂造型		模样是整体的，但铸件分型面是曲面。为便于起模，造型时用手工挖去阻碍起模的型砂，其造型费工、生产率低，对工人技术水平要求高	适用于分型面不是平面的单件、小批量生产铸件
	假箱造型		为克服挖砂造型的挖砂缺点，在造型前预先做个底胎（即假箱），然后在底胎上制下箱，因底胎不参与浇注，故称为假箱，比挖砂造型操作简单，且分型面整齐	适用于成批生产中需要挖砂的铸件
	分模造型		将模样沿最大截面处分成两半，型腔位于上、下两个砂箱内，造型简单省工	适用于最大截面在中部的铸件
	活块造型		铸件上有妨碍起模的小凸台，肋条等。制模时将这些部分做成活动的（即活块）。起模时，先起出主体模样，然后再从侧面取出活块，其造型费工，且对工人技术水平要求高	主要适用于单件、小批量生产带有突出部分、难以起模的铸件
	刮板造型		用刮板代替模样造型，它可降低模样成本，节约木材，缩短生产周期，但生产率低，对工人技术水平要求高	适用于有等截面或回转体的大、中型铸件的单件、小批量生产，如带轮

2）机器造型

(1) 机器造型按照不同的紧砂方式分为震实、压实、震压、抛砂、射砂造型等多种方法，其中以震压式造型和射砂造型应用最广。图5.4所示为震压式造型机的工作原理。工作时打开砂斗门向砂箱中放型砂。压缩空气从震实进气口进入震实活塞的下面，工作台上升过程中先关闭震实进气通路，然后打开震实排气口，于是工作台带着砂箱下落，与活塞的顶部产生了一次撞击。如此反复震击，可使型砂在惯性力作用下被初步挤压紧实。为提高砂箱上层型砂的紧实度，在震实后还应使压缩空气从压实进气口进入压实气缸的底部，压实活塞带动工作台上升，在压头作用下，使型砂受到辅助压实。砂型紧实后，压缩空气推动压力油进入起模液压缸，四根起模顶杆将砂箱顶起，使砂型与模样分开，完成起模。

图5.5所示为射砂造型的原理图。它是利用压缩空气将型砂以很高的速度射入芯盒（或砂箱），从而得到预紧实，然后用压实法进一步紧实，它是一种快速高效的砂型造型法。

(2) 机器造型采用单面模样来造型，其特点是上、下型以各自的模板，分别在两台配对

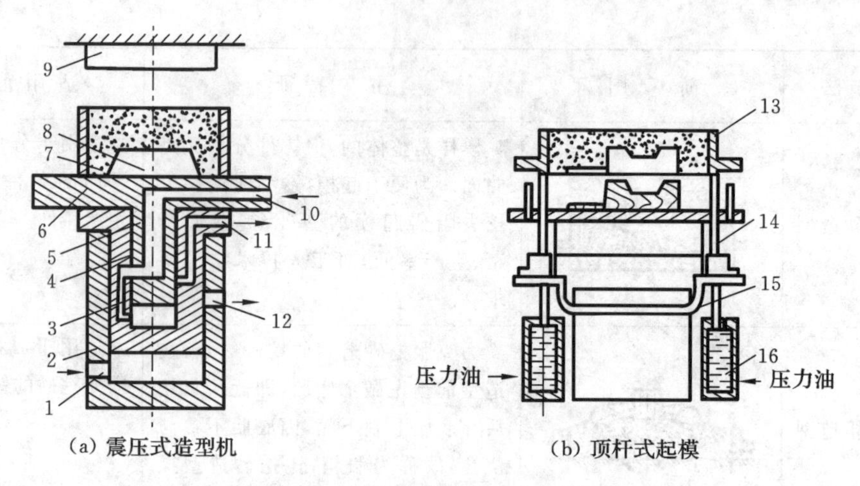

图5.4　震压式造型机的工作原理

1—压实进气口；2—压实气缸；3—震实气路；4—压实活塞；5—震实活塞；6—工作台；7—砂箱；8—模样；9—压头；10—震实进气口；11—震实排气口；12—压实排气口；13—下箱；14—起模顶杆；15—同步连杆；16—起模液压缸

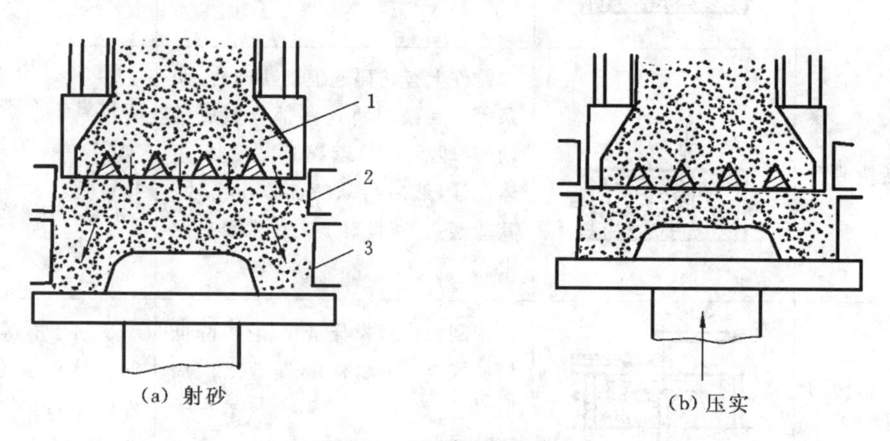

图5.5　射砂造型的原理

1—射砂头；2—辅助框；3—砂箱

的造型机上造型，造好的上、下半型用箱锥定位而合型。对于小铸件生产，有时采用双面模样进行脱箱造型。双面模板把上、下两个模及浇注系统固定在同一模样的两侧，此时，上、下两型均在同一台造型机上制出，铸型合型后将砂箱脱除(即脱箱造型)，并在浇注前在铸型上加套箱，以防错箱。

机器造型不能进行三箱造型，同时也应避免活块，因为取出活块时，使造型机的生产效率显著降低。因此，在设计大批量生产的铸件及其铸造工艺时，须考虑机器造型的这些工艺要求，并采取措施予以满足。

3. 造芯

造芯也可分为手工造芯和机器造芯。在大批量生产时采用机器造芯比较合理，但在一般情况下用得最多的还是手工造芯。手工造芯主要是用芯盒造芯。图5.6所示为芯盒造芯的示意图。

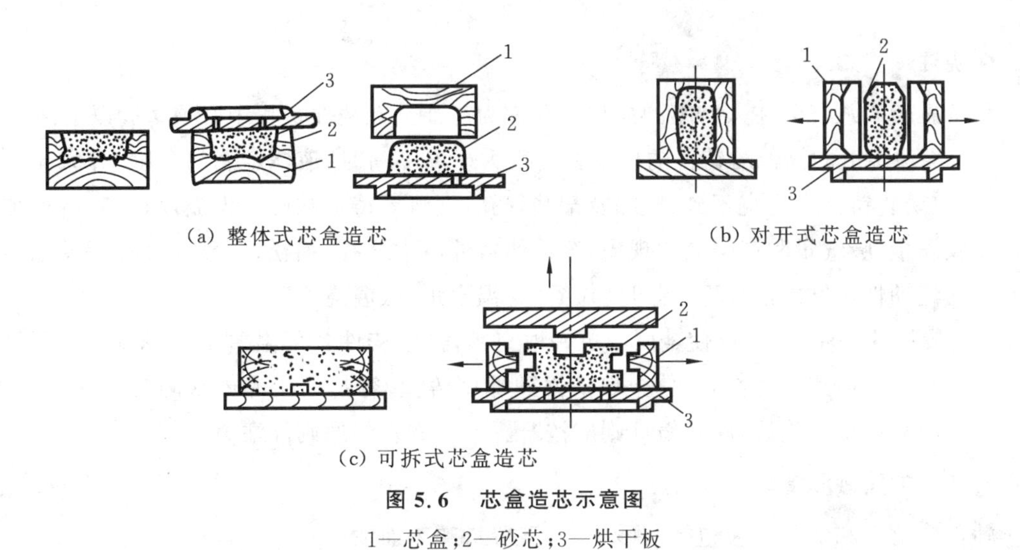

图 5.6 芯盒造芯示意图

1—芯盒;2—砂芯;3—烘干板

为了提高砂芯的强度,造芯时在砂芯中放入铸铁芯骨(大芯)或铁丝制成的芯骨(小芯)。为了提高砂芯的透气能力,在砂芯里应作出通气孔。做通气孔的方法是,用通气针扎或埋蜡线形成复杂通气孔。

4. 浇注系统

浇注时,金属液流入铸型所经过的通道称为浇注系统。浇注系统一般包括浇口盆、直浇道、横浇道和内浇道,如图 5.7 所示。

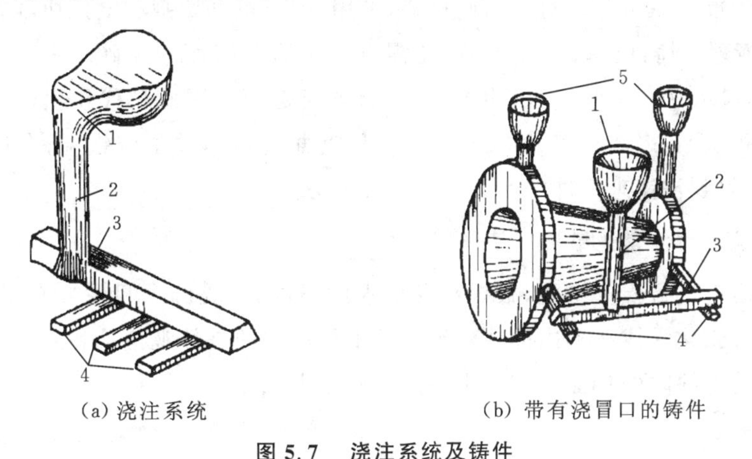

图 5.7 浇注系统及铸件

1—外浇口;2—直浇道;3—横浇道;4—内浇道;5—冒口

5. 砂型和砂芯的干燥及合型

干燥砂型和砂芯的目的是为了增加砂型和砂芯的强度、透气性、减少浇注时可能产生的气体。为提高生产率和降低成本,砂型只有在不干燥的时候,才进行烘干。

将砂芯及上、下箱等装配在一起的操作过程称为合型。合型时,首先应检查砂型和砂芯是否完好、干净,然后将砂芯安装在芯座上。在确认砂芯位置正确后,盖上上箱,并将上、下箱扣紧或在上箱上压上压铁,以免浇注时出现抬箱、跑火、错型等问题。

6. 浇注

将熔融金属从浇包注入铸型的操作过程称为浇注。在浇注过程中必须掌握以下两点。

(1) 浇注温度的高低对铸件的质量影响很大。温度高时,液体金属的黏度下降、流动性提高,可以防止铸件产生浇不到、冷隔及某些气孔、夹渣等铸造缺陷。但温度过高,将增加金属的总收缩量、吸气量和产生氧化现象,容易使铸件产生缩孔、缩松、黏砂和气孔等缺陷。因此在保证流动性足够的前提下,尽可能做到“高温出炉,低温浇注”。

(2) 较快的浇注速度,可使金属液更好地充满铸型,铸件各部温差小,冷却均匀,不易产生氧化和吸气。但速度过快,会使金属液强烈冲刷铸型,容易产生冲砂缺陷。实际生产中,薄壁铸件应采取快速浇注,厚壁铸件则应按“慢—快—慢”的原则浇注。

7. 铸件的落砂和清理

铸件的落砂和清理一般包括落砂、去除浇冒口和表面清理。

(1) 落砂。用手工或机械使铸件与型砂、砂箱分开的操作过程称为落砂。落砂时铸件的温度不得高于 500 ℃,如果过早取出,则会产生表面硬化或发生变形、开裂等缺陷。

在大量生产中应尽量采用机械方法落砂,常用的方法是:震动落砂机落砂和水爆清砂。所谓水爆清砂就是将浇注后尚有余热的铸件,连同砂型、砂芯投入水池中,当水进入砂中时,由于急剧汽化和增压而发生爆炸,使砂型和砂芯震落,以达到清砂的目的。

(2) 去除浇冒口。对脆性材料,可采用锤击的方法去除浇冒口。为防止损伤铸件,可在浇冒口根部先锯槽然后击断。对于韧性材料,可用锯割、氧气切割和电弧切割的方法。

(3) 表面清理。铸件由铸型取出后,还需进一步清理表面的黏砂。手工清除时一般用钢刷和扁铲,这种方法劳动强度大,生产率低,且妨害健康。因此现代化生产中主要是用震动机和喷砂、喷丸设备来清理表面。所谓喷砂和喷丸就是用砂子或铁丸,在压缩空气作用下,通过喷嘴喷射到被清理工件的表面进行清理的方法。

8. 铸件检验及铸件常见缺陷

铸件清理后应进行质量检验,根据产品要求的不同,检验的项目主要有:外观、尺寸、金相组织、力学性能、化学成分和内部缺陷等。其中最基本的是外观检验和内部缺陷检验。

几种常见铸件缺陷的特征及其产生原因分析见表 5.2。

9. 铸件的修补

当铸件的缺陷经修补后能达到技术要求,可作合格品使用时,可对铸件进行修补。铸件的修补方法有以下五种。

(1) 气焊和电焊修补。常用于修补裂纹、气孔、缩孔、冷隔、砂眼等。焊补的部位可达到与铸件本体相近的力学性能,可承受较大载荷。为确保焊补质量,焊补前应将缺陷处的黏砂、氧化皮等夹杂物除净,开出坡口并使其露出新的金属光泽,以防未焊透、夹渣等。若遇密集的缺陷应将整个缺陷区铲除,用砂轮打磨,用火焰或碳弧切割等。

(2) 金属喷镀。金属喷镀就是在缺陷处喷镀一层金属。先进的等离子喷镀效果较好。

(3) 浸渍法。此法用于承受气压不高,渗漏又不严重的铸件。方法是:将稀释后的酚醛

表 5.2　几种常见铸件缺陷的特征及其产生原因分析

类型	名称	特　征	示　意　图	主要原因分析
砂眼	砂眼	铸件内部或表面有充满砂粒的孔眼，孔形不规则		①型砂强度不够或局部没舂紧，掉砂 ②型腔、浇口内散砂未吹净 ③合箱时砂型局部挤坏，掉砂 ④浇注系统不合理，冲坏砂型(芯)
	渣眼	孔眼内充满熔渣，孔形不规则		①浇注温度太低，熔渣不易上浮 ②浇注时没有挡住熔渣 ③浇注系统不正确，撇渣作用差
	缩孔	铸件厚截面处出现形状不规则的孔眼，孔的内壁粗糙		①冒口设置得不正确 ②合金成分不合格，收缩过大 ③浇注温度过高 ④铸件设计不合理，无法进行补缩
	气孔	铸件内部或表面有大小不等的孔眼，孔的内壁光滑，多呈圆形		1. 砂型舂得太紧或型砂透气性太差 2. 型砂太湿，起模、修型时刷水过多 3. 砂芯通气孔堵塞或砂芯未烘干
表面缺陷	黏砂	铸件表面粘着一层难以除掉的砂粒，使表面粗糙		①未刷涂料或涂料太薄 ②浇注温度过高 ③型砂耐火性不够
	夹砂	铸件表面有一层突起的金属片状物，在金属片和铸件之间夹有一层湿砂	金属片状物	①型砂受热膨胀，表层鼓起或外裂 ②型砂湿态强度太低 ③内浇口过于集中，使局部砂型烘烤厉害 ④浇注温度过高，浇注速度太慢
	冷隔	铸件上有未完全融合的缝隙，接头处边缘圆滑		①浇注温度过低 ②浇注时断流或浇注速度太慢 ③浇口位置不当或浇口太小

续表

类型	名称	特征	示意图	主要原因分析
形状尺寸不合格	错箱	铸件在分型面处错开		①合型时上下箱未对准 ②定位销或泥号标准线不准 ③造芯时上下模样未对准
	偏芯	铸件局部形状和尺寸由于砂芯位置偏移而变动		①砂芯变形 ②下芯时放偏 ③砂芯未固定好,浇注时被冲偏
	浇不到	铸件未浇满,形状不完整		①浇注温度太低 ②浇注时液态金属量不够 ③浇口太小或未开出气口
裂纹	热裂	铸件开裂,裂纹处表面氧化	裂纹	①铸件设计不合理,壁厚差别太大 ②砂型(芯)退让性差,阻碍铸件收缩 ③浇注系统开设不当,使铸件各部分冷却及收缩不均匀,造成过大的内应力
	冷裂	蓝色裂纹处表面未氧化,发亮		
其他		铸件的化学成分、组织和性能不合格	—	①炉料成分、质量不符合要求 ②熔炼时配料不准或操作不当 ③热处理不按照规范操作

清漆、水玻璃压入铸件缝隙,或将硫酸铜或氯化铁和氨的水溶液压入黑色金属空隙,硬化后即可将空隙填塞堵死。

(4) 填腻修补。用腻子填入孔洞类缺陷,但只用于装饰,不能改变铸件的质量。

(5) 金属液熔补。大型铸件上有浇不到等尺寸缺陷或损伤较大的缺陷,修补时可将缺陷处铲除后造型,然后浇入高温金属液将缺陷处填满。此法适用于青铜、铸钢件的修补。

四、特种铸造

特种铸造是指与砂型铸造不同的其他铸造方法,常用的特种铸造包括:金属型铸造、熔模铸造、离心铸造、压力铸造和低压铸造等。

1. 金属型铸造

将液体金属浇入到用金属材料制成的铸型中,以获得铸件的方法,称为金属型铸造。

1) 金属型铸造的工艺特点

为适应各种铸件的结构,金属型根据分型面的位置不同可分为水平分型式、垂直分型式和复合分型式，如图5.8所示。由于金属型导热快，没有退让性，所以铸件易产生冷隔、浇不到、裂纹等缺陷，灰铸铁件常会产生白口组织。因此，为了获得优质铸件，必须严格控制工艺。

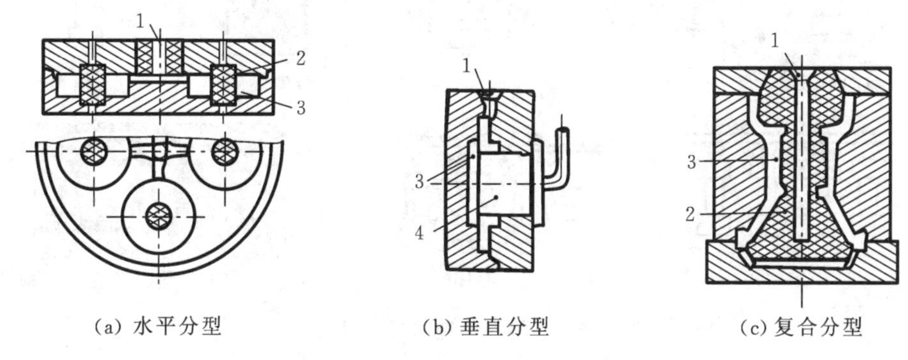

图5.8 金属型的类型

1—浇口；2—砂芯；3—型腔；4—金属芯

(1) 保持铸型合理的工作温度，其目的是减缓铸型对金属的激冷作用，减少铸件缺陷，延长铸型寿命。铸铁件合理的工作温度为250～350 ℃，非铁合金为100～250 ℃。

(2) 控制开型时间，铸件宜早些从铸型中取出，以防产生裂纹、白口组织和造成铸件取出困难。

(3) 喷刷涂料，为减缓铸件的冷却速度及防止高温金属液对型壁的直接冲刷，型腔表面和浇、冒口中要涂以厚度为0.2～1.0 mm的耐火涂料，以隔开金属和型腔。

(4) 为防止铸铁产生白口组织，其壁厚不易过薄(一般大于15 mm)，并控制铁液中的w_C、w_{Si}不高于6%。采用孕育处理的铁液来浇注，对预防产生白口组织非常有效，对已产生的白口组织，应利用出型时的余热及时对其进行退火处理。

2) 金属型铸造的特点及应用范围

与砂型铸造相比，金属型铸造主要有以下优点。

(1) 实现“一型多铸”，不仅节约了工时，提高了生产率，而且还可节省大量的造型材料，同时便于实现机械化。

(2) 铸件尺寸精度高，表面质量好。金属型内腔表面光洁、尺寸稳定。

(3) 铸件机械性能高。由于金属型铸造的铸件冷却速度快，铸件的晶粒细密，从而提高了机械性能。

金属型铸造的缺点是制造金属型的成本高、周期长，不适于小批量生产。

金属型铸造主要适用于大批量生产形状不太复杂、壁厚较均匀的非铁金属铸件，如发动机中的铝活塞、气缸盖、油泵壳体等。

2. 熔模铸造

熔模铸造是用易熔材料(如蜡料)制成模样，然后在表面涂覆多层耐火材料，待硬化干燥后，将蜡模熔去，而获得具有与蜡模形状相应空腔的型壳，再经焙烧后进行浇注而获得铸件的一种方法。

1) 熔模铸造的工艺过程

熔模铸造的工艺过程如图5.9所示。

(1) 母模。母模是铸件的基本模样，材料为钢或铜，用它制造压型。

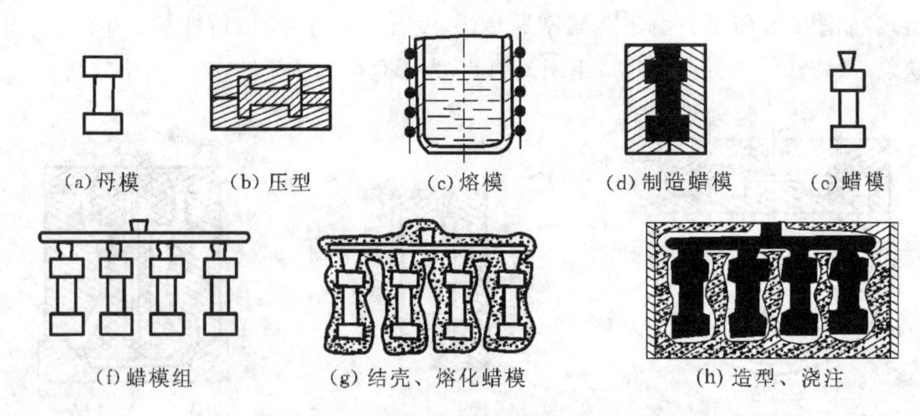

图5.9 熔模铸造的工艺过程

(2) 压型。压型是用来制造蜡模的特殊铸型。为保证蜡模质量,压型必须有很高的精度和低粗糙度。当铸件精度高或大批量生产时,压型常用钢或铝合金加工而成。小批量生产时,可采用易熔合金(Sn、Pb、Bi等组成的合金)、塑料或石膏直接向模样(母模)上浇注而成。

(3) 制造蜡模。制造蜡模的材料有石蜡、蜂蜡、硬脂酸和松香等,常用50%石蜡硬脂酸的混合料。蜡模压制时,将蜡料加热至糊状后,将蜡料压入到压型中,待蜡料冷却凝固后可从压型中取出,然后修分型面上的毛刺,即可得到单个蜡模。为了一次能铸出多个铸件,还需将单个蜡模粘焊在预制的蜡质浇口棒上,制成蜡模组。

(4) 结壳、熔化蜡模。结壳是在蜡模上涂挂耐火涂料层,制成具有一定强度的耐火型壳的过程。首先用黏结剂(水玻璃)和石英粉配成涂料,将蜡模组浸挂涂料后,在其表面撒上一层硅砂,然后放入硬化剂(氯化铵溶液)中,利用化学反应产生的硅酸溶胶将砂粒粘牢并硬化。如此反复涂挂4~8层,直到型壳厚度达到5~10 mm。型壳制好后,便可熔化蜡模。将其浸泡到90~95 ℃的热水中,蜡模熔化而流出,就可得到一个中空的型壳。

(5) 焙烧。为了进一步排除型壳内的残余挥发物,蒸发其中的水分,提高型壳强度,防止浇注时型壳变形或破裂,可将型壳放在铁箱中,周围用干砂填紧,将装着型壳的铁箱在900~950 ℃下焙烧。

(6) 浇注。为了提高金属液的充型能力,防止产生浇不到、冷隔等缺陷,焙烧后立即进行浇注。

(7) 铸件清理及热处理。待铸件冷却凝固后,将型壳打碎取出铸件,切除浇口,清理毛刺。对于铸钢件,还需进行退火或正火处理。

2) 熔模铸造的特点及应用范围

熔模铸造的特点是铸件的精度及表面质量高,减少了切削加工工作量,实现了少、无切削加工,节约了金属材料。能铸造各种合金铸件,尤其是铸造那些熔点高、难切削加工和用别的加工方法难以成形的合金,如耐热合金、磁钢等,以及生产形状复杂的薄壁铸件,可单件也可大批量生产。但是熔模铸造生产工序繁多,生产周期长,工艺过程复杂,影响铸件质量的因素多,必须严格控制才能稳定生产。

熔模铸造主要用于生产汽轮机、涡轮机的叶片或叶轮,切削刀具,以及飞机、汽车、拖拉机、电动工具和机床上的小型零件。

3. 离心铸造

离心铸造是将液体金属浇入旋转的铸型中，使之在离心力的作用下，完成充填铸型和凝固成形的一种铸造方法。根据旋转空间位置不同，离心铸造机可分为立式和卧式两类，如图5.10、图5.11所示。

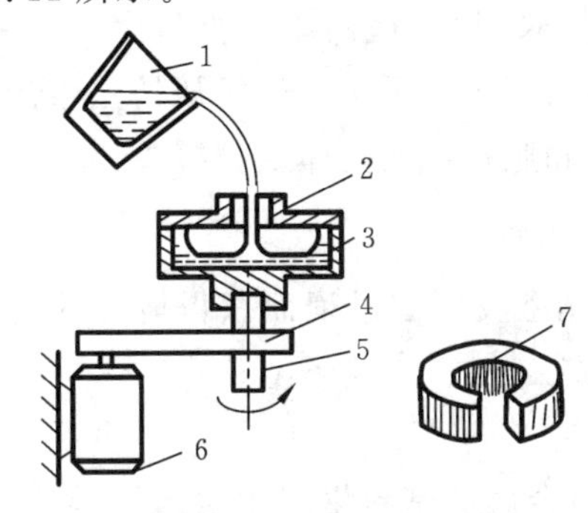

图5.10 立式离心铸造机

1—浇包；2—铸型；3—液态金属；4—带轮和带；5—旋转轴；6—电动机；7—铸件

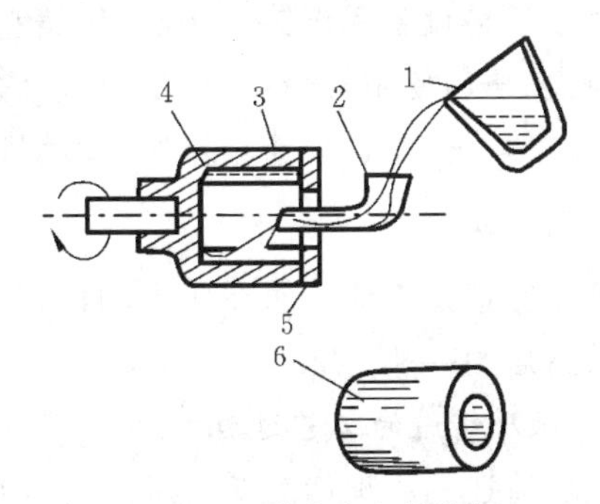

图5.11 卧式离心铸造机

1—浇包；2—浇注槽；3—铸型；4—液态金属；5—端盖；6—铸件

立式离心铸造机的铸型是绕垂直轴旋转的，铸件的自由表面（内表面）是抛物线形，因此它主要用于生产高度小于直径的圆环类铸件。卧式离心铸造机的铸型是绕水平轴旋转的，它主要用于生产长度大于直径的套筒类或圆环类铸件。

由于铸件结晶过程是在离心力作用下进行的，因此金属中的气体、熔渣等夹杂物由于密度较小而集中在铸件内表层，金属的结晶则从外向内呈方向性结晶（即定向凝固），因而铸件表层结晶细密，无缩孔、缩松、气孔、夹渣等缺陷，力学性能良好。用离心铸造法铸造空心圆筒形铸件时可以省去型芯和浇注系统，这比砂型铸造节省工时。离心铸造还便于铸造"双金属"铸件，如钢套镶铜轴承等，其结合面牢固、耐磨，又节约金属材料。

离心铸造的不足之处在于铸件的内孔不够准确，内表面质量较差，但这并不妨碍一般管道的使用要求，对于内孔需要加工的机器零件，则可采用加大内孔加工余量的方法来解决。

4. 压力铸造

压力铸造是使液体或半液体金属在高压的作用下，以极高的速度充填压型，并在压力作用下凝固而获得铸件的一种方法。

1）压铸机

压铸机是压铸生产最基本的设备。一般分为热压室压铸机和冷压室压铸机两大类。热压室压铸机的压室和坩埚炉连成一体，而冷压室压铸机的压室是与保温坩埚炉分开的。图5.12所示为热压室压铸机的工作原理，当压射冲头3上升时，液体金属1通过进口5进入压室4中，随后压射冲头下压，液体金属沿着通道6经喷嘴7充入室中，然后打开压型8取出铸件。这样，就完成一个压铸循环。

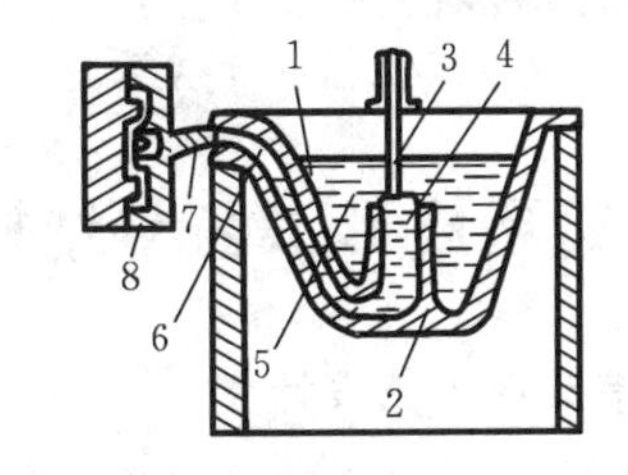

图5.12 热压室压铸机的工作原理

1—液体金属；2—坩埚；3—压射冲头；4—压室；5—进口；6—通道；7—喷嘴；8—压型

2）压力铸造的特点及应用范围

压力铸造的特点是能得到致密的细晶粒铸件，其强度比砂型铸造提高25%～30%，铸件质量高，可不经切削加工直接使用。可以压铸形状复杂的薄壁铸件，生产效率高，在所有铸造方法中生产率最高。

由于压铸设备和压铸费用高，压铸型制造周期长，故只适用于大批量生产。另外，铁合金熔点高，压型使用寿命短，故目前铁合金压铸难以用于实际生产。用压铸法生产的零件有发动机缸体、气缸盖、变速箱箱体、发动机罩、仪表和照相机的壳体及管接头、齿轮等。

5. 低压铸造

低压铸造是液体金属在压力的作用下，完成充型及凝固过程而获得铸件的一种铸造方法。铸造压力一般为20～60 kPa，故称为低压铸造。

1）低压铸造的工艺过程

低压铸造的原理如图5.13所示。向储存液体金属的密封坩埚中通入干燥的压缩气体，使液体金属通过升液管自下而上进入型腔内，并保持一定压力，直到型腔内金属完全凝固，然后及时放掉坩埚内的气体，使升液管和浇口中尚未凝固的液体金属流回坩埚中，最后打开铸型取出铸件。

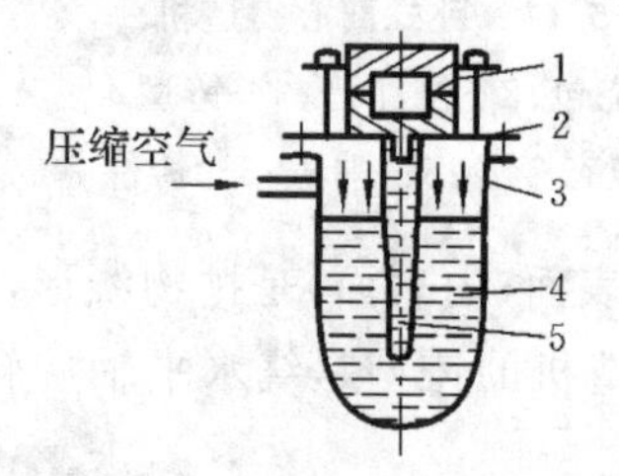

图5.13　低压铸造的原理

1—铸型；2—密封盖；3—坩埚；4—液体金属；5—升液管

2）低压铸造的特点及应用范围

低压铸造有以下特点。

(1) 低压铸造设备简单，便于操作，容易实现机械化和自动化。

(2) 具有较强的适应性，适用于金属型、砂型、熔模型等多种铸型。

(3) 液体金属自下而上平稳地充填铸型，型腔中液流的方向与气体排出的方向一致，因而避免了液体金属对型壁和型芯的冲刷作用，并能防止卷入气体和氧化夹杂物，以免铸件产生气孔和非金属夹杂物等缺陷。

(4) 由于提高了充型能力，有利于形成轮廓清晰、表面光洁的铸件，这对于大型薄壁铸件尤为有利。

(5) 由于省去了补缩冒口，使金属的利用率提高到90%～98%。

低压铸造目前主要用于生产铝、镁合金铸件，如气缸体、缸盖及活塞等形状复杂、要求较高的铸件。

五、铸造成形工艺与结构设计

1. 铸造成形工艺设计

铸件的工艺设计主要包括选择分型面、确定浇注位置、确定主要工艺参数、绘制铸造工艺图和铸件图等。

1）选择分型面

分型面的选择合理与否，对铸件质量及制模、造型、造芯、合型或清理等工序有很大影响。在选择铸型分型面时应考虑如下原则。

(1) 便于起模。起模是指模样或模板与铸型分离以及型芯与芯盒分离的操作，是造型、造芯的关键工序。为了便于起模，分型面应选择在铸件最大截面处。

(2) 选择简单、最少、平直的分型面，使造型工艺简单。若只选择一个分型面，则可以采用简单的两箱造型方法。在大批量生产中，可增芯以减少分型面，采用机械造型。

(3) 尽可能使铸件的全部或大部分置于同一砂型中。这有利于合型，又可防止错型，保证了铸件的质量。

(4) 尽量使型腔及主要型芯位于下型，以便造型、下芯、合型和检验壁厚。但下型型腔也不宜过深，并应尽量避免使用吊芯。

(5) 尽量减少型芯和活块的数量，以简化制模、造型、合型等工序。

2) 确定浇注位置

浇注位置是浇注时铸件相对铸型分型面所处的位置。分型面为水平、垂直或倾斜时分别称为水平浇注、垂直浇注和倾斜浇注。浇注位置是否正确对铸件质量有很大的影响，选择时应考虑以下原则。

(1) 铸件的重要加工面或主要工作面应朝下。因为铸件的上表面容易产生砂眼、气孔、夹渣等缺陷，应将较大的平面朝下。例如车床床身，由于床身导轨面是关键表面，要求组织均匀致密和硬度高，不允许有任何缺陷，所以应将导轨面朝下，如图 5.14 所示。

(2) 铸件的宽大平面应朝下。型腔的上表面除了容易产生砂眼、气孔等缺陷外，还易产生夹砂缺陷。这是由于在浇注过程中，高温的金属液对型腔的上表面有强烈的热辐射，导致上表面型砂急剧膨胀和强度下降而拱起或开裂，金属液进入表层裂缝中，形成夹砂缺陷，所以平板类、圆盘类铸件的大平面应朝下。

(3) 铸件上薄壁的平面应朝下或垂直，以防止产生冷隔或浇不到等缺陷，如图 5.15 所示为箱盖的合理浇注位置。

(4) 对于容易产生缩孔的铸件，应使铸件截面较厚的部分放在分型面附近的上部或侧面，以便在铸件厚壁处直接安装冒口，使之实现自上而下的定向凝固。如卷扬筒的浇注位置，如图 5.16 所示。

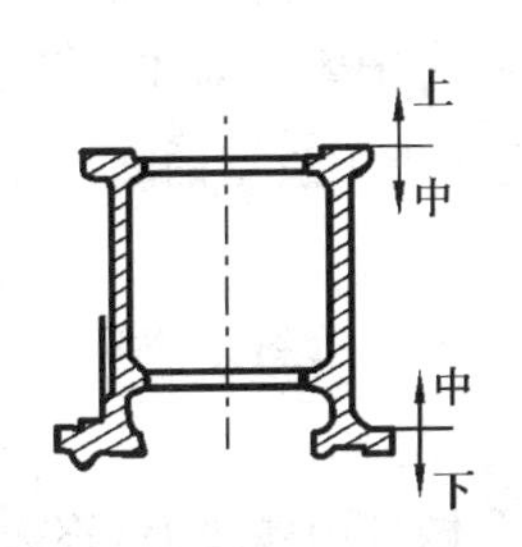

图 5.14 床身的浇注位置

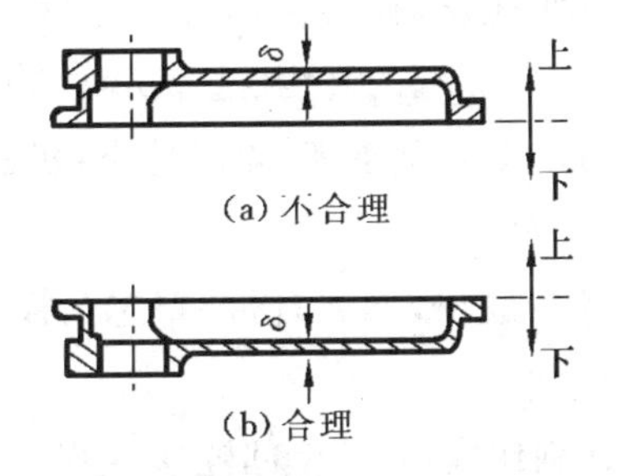

图 5.15 箱盖的浇注位置

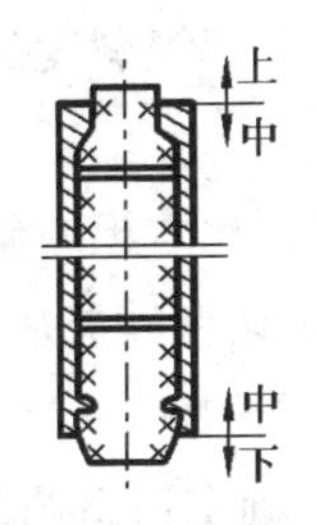

图 5.16 卷扬筒的浇注位置

3) 确定主要工艺参数

(1) 确定机械加工余量。在铸件加工表面留出的、准备切削的金属层厚度，称为机械加工余量。机械加工余量过大，会浪费金属和机械加工工时，增加零件成本；过小，则不能完全去除铸件表面的缺陷，甚至露出铸件表皮，达不到设计要求。

机械加工余量的具体数值取决于铸件生产批量、合金的种类、铸件的大小、加工面与基准面的距离及加工面在浇注时的位置等。机器造型铸件精度高，加工余量小。手工造型误差大，余量应加大。灰铸铁表面平整，加工余量小；铸钢件表面粗糙，表面加工余量应加大。铸件的尺寸越大或加工面与基准面的距离越大，加工余量也应越大。表5.3所示为灰铸铁的机械加工余量。

表5.3 灰铸铁的机械加工余量 单位：mm

铸件最大尺寸	浇注时的位置	加工面与基准面的距离					
		＜50	50～120	120～260	260～500	500～800	800～1250
＜120	顶面	3.5～4.5	4.0～4.5	—	—	—	—
	底面、侧面	2.5～3.5	3.0～3.5				
120～260	顶面	4.0～5.0	4.5～5.0	5.0～5.5	—	—	—
	底面、侧面	3.0～4.0	3.5～4.0	4.0～4.5			
260～500	顶面	4.5～6.0	5.0～6.0	6.0～7.0	6.5～7.0	—	—
	底面、侧面	3.5～4.5	4.0～4.5	4.5～5.0	5.0～6.0		
500～800	顶面	5.0～7.0	6.0～7.0	6.5～7.0	7.0～8.0	7.5～9.0	—
	底面、侧面	4.0～5.0	4.5～5.0	4.5～5.5	5.0～6.0	6.5～7.0	
800～1250	顶面	6.0～7.0	6.5～7.5	7.0～8.0	7.5～8.0	8.0～9.0	8.5～10
	底面、侧面	4.0～5.5	4.0～5.5	5.0～6.0	5.5～6.0	5.5～7.0	6.5～7.5

注：加工余量数值中的下限用于大批量生产，上限用于单件小批量生产。

(2) 确定铸件收缩率。由于合金凝固时产生收缩，铸件的实际尺寸要比模样的尺寸小，为确保铸件的尺寸，必须按合金收缩率放大模样的尺寸。合金的收缩中受多种因素的影响。一般考虑的是铸件的线收缩率。通常灰铸铁的线收缩率为0.7%～1.0%，铸钢的为1.6%～2.0%，非铁金属及其合金的为1.0%～1.5%。

(3) 确定起模斜度。为方便起模，在模样、芯盒的起模方向留有一定斜度，以免损坏砂型或砂芯，起模斜度的大小取决于立壁的高度、造型方法、模型材料等因素。对于木模，起模斜度通常为15′～3°。一般来说，垂直壁越高，斜度越小；机器造型比手工造型的斜度要小一些，金属模比木模的斜度要小一些。

为了让型砂能从模样内腔中脱出，形成自带“型芯”，模样内壁的起模斜度应比外壁大，通常为3°～10°。

(4) 确定铸造圆角。设计制作模样时，壁间连接或拐角处都要做成圆弧过渡，称为铸造圆角。一般中、小型铸件的铸造圆角半径为3～5 mm。

(5) 确定型芯头。型芯头主要用于定位和固定砂芯，使砂芯在铸型中有准确的位置。芯头分为垂直芯头和水平芯头两类，如图5.17所示。垂直芯头一般都有上、下芯头，但短而粗的型芯也可以不留芯头。芯头高度 H 主要取决于芯头直径 d。水平芯头的长度 L 主要

取决于芯头的直径 d 和型芯的长度。为便于下芯和合型，铸型上的芯座端部也应有一定的斜度。为便于铸型的装配，芯头、芯座之间应留有1～4 mm的间隙。

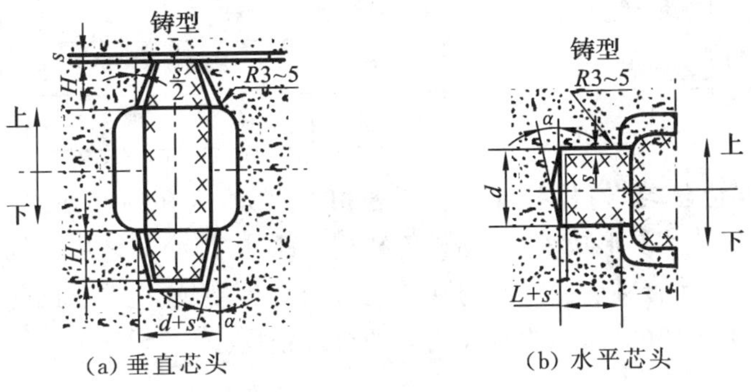

(a) 垂直芯头　(b) 水平芯头

图5.17　芯头的构造

(6) 最小铸出孔及槽。零件上的孔、槽、台阶等，是否要铸出，应从工艺、质量及经济等方面全面考虑。一般来说，较大的孔、槽等应铸出，以便节约金属和加工工时，提高铸件质量，若孔、槽尺寸较小而铸件壁较厚，则不易铸孔，直接依靠加工反而方便。有些特殊要求的孔，如弯曲孔，无法实现机械加工，则一定要铸出。可用钻头加工的孔最好不要铸出，铸出后很难保证铸孔中心位置准确，再用钻头扩孔时无法纠正中心位置。表5.4所示为铸铁件的最小铸出孔直径的数值。

表5.4　铸铁件的最小铸出孔直径　单位：mm

生产批量	最小铸出孔直径	
	铸钢件	灰铸铁
单件小批量生产	50	30～50
成批生产	30～50	15～30
大批量生产	—	12～15

4) 绘制铸造工艺图和铸件图

(1) 绘制铸造工艺图。铸造工艺图是表示铸型分型面、浇注位置、型芯结构、浇注系统、控制凝固措施的图纸，是指导铸造生产的主要技术文件。分型线、加工余量、浇注系统都用红色表示。分型线用红色写出“上、下”字样；芯头边界用蓝色线表示；型芯用蓝色“×”标注，铸件上不能铸出的孔用红色线打“×”。

(2) 绘制铸件图。铸件图是指反映铸件实际形状、尺寸和技术要求的图样，是铸造生产、铸件检验与验收的主要依据。铸件图可根据铸造工艺图绘出。

2. 零件结构的铸造工艺性

零件结构的铸造工艺性是指所设计的零件在满足使用性能要求的前提下铸造成形的可行性和经济性，即铸造成形的难易程度。

1) 铸造性能对结构的要求

(1) 铸件壁厚要合理，壁厚过小，易产生浇不到、冷隔等缺陷。表5.5所示为常用合金的最小允许外壁、内壁和加强肋的厚度。

表 5.5　常用合金的最小允许壁厚　　单位:mm

铸件尺寸	灰铸铁	球墨铸铁	可锻铸铁	铸钢	铝合金	铜合金	镁合金
＜200×200	5～6	6	5	6～8	3	3～5	—
200×200～500×500	6～10	12	8	10～12	4	6～8	3
＞500×500	15	—	—	15	5～7	—	—

(2) 铸件壁厚应均匀,铸件各部分壁厚若相差太大,则在壁厚处易形成金属积聚的热节,凝固收缩时在热节处易形成缩孔、缩松等缺陷。此外,因冷却速度不同,各部分不能同时凝固,易形成热应力,并有可能使厚壁与薄壁连接处产生裂纹。图 5.18(a)所示为壁厚不均匀的不合理结构,图5.18(b)所示为壁厚均匀的合理结构。

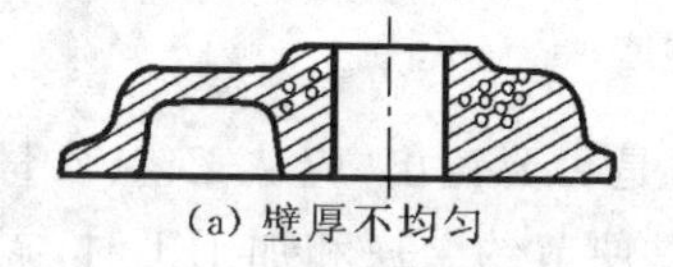

(a) 壁厚不均匀

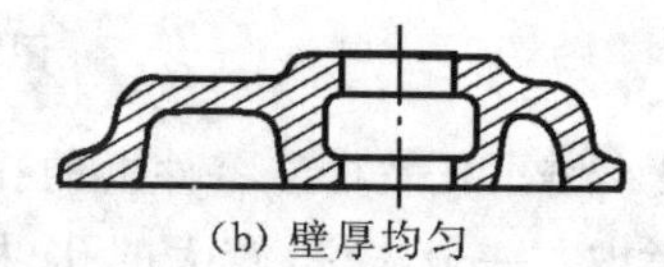

(b) 壁厚均匀

图 5.18　铸件的壁厚

(3) 铸件的连接应采用逐步过渡连接。

① 结构圆角。铸件的壁间连接应尽可能设计成结构圆角,以避免形成金属的聚集、产生缩孔、应力集中等缺陷。图 5.19(a)所示为不合理结构,图 5.19(b)所示为合理结构。

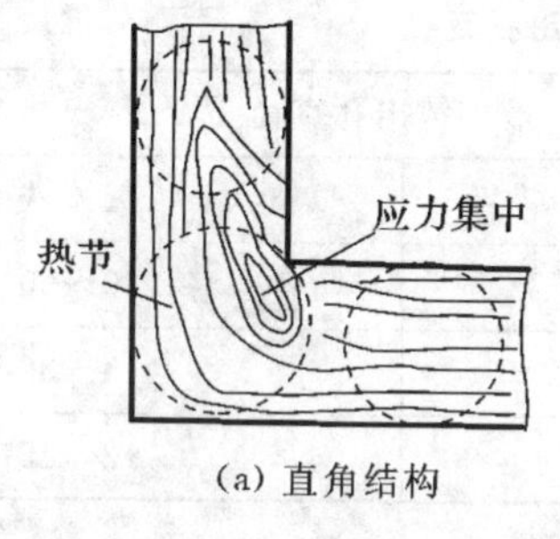

(a) 直角结构

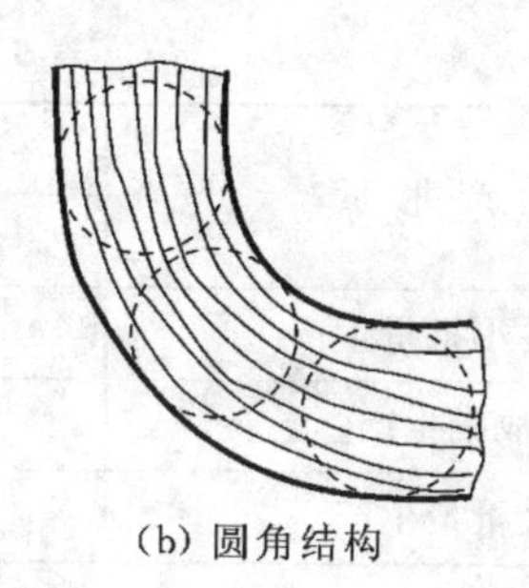

(b) 圆角结构

图 5.19　结构圆角

② 接头结构。接头结构应避免金属聚集,产生缩孔。例如肋的连接应尽量避免交叉,中、小型铸件的肋可选用交叉接头,大型铸件的肋宜选用环状接头,如图 5.20 所示。铸件的壁间连接应避免形成锐角,如图 5.21 所示。铸件的薄厚壁连接应采取逐步过渡,如图 5.22 所示。

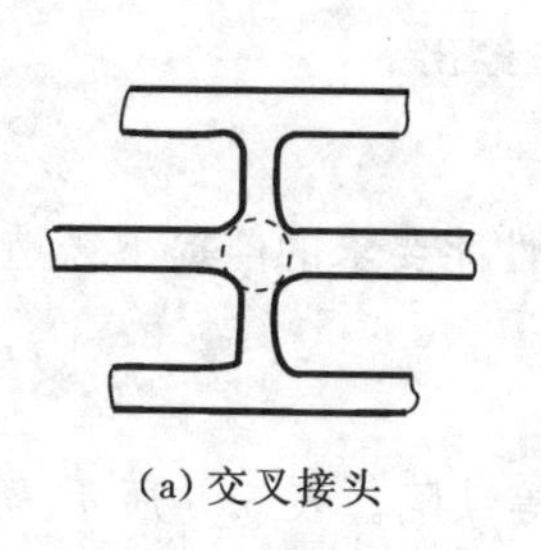

(a) 交叉接头

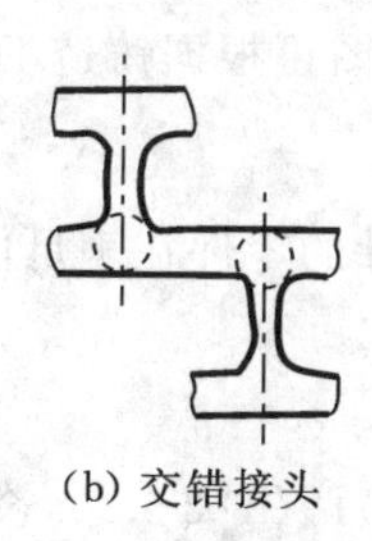

(b) 交错接头

(c) 环状接头

图 5.20　肋的接头

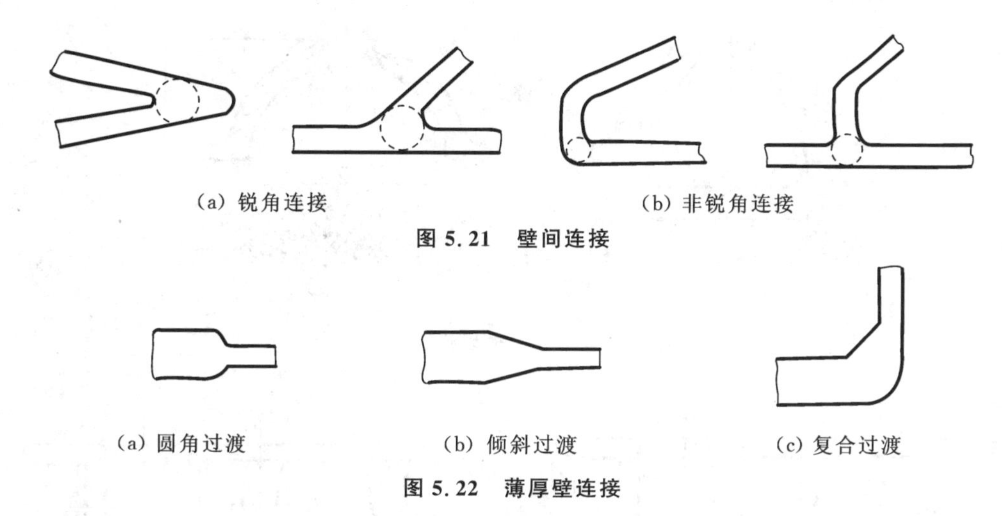

(a) 锐角连接　(b) 非锐角连接

图 5.21　壁间连接

(a) 圆角过渡　(b) 倾斜过渡　(c) 复合过渡

图 5.22　薄厚壁连接

③ 大平面倾斜结构。铸件的大平面设计成倾斜结构形式，有利于金属填充和气体、夹杂物的排除，如图 5.23 所示。

④ 减少变形和自由收缩结构。壁厚均匀的细长铸件、面积较大的平板铸件等都容易产生变形。为减少变形，可采用对称式结构或增设加强肋，如图 5.24 所示。

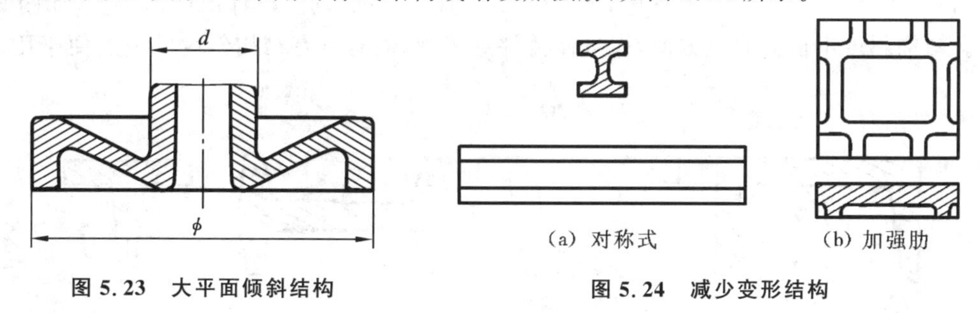

图 5.23　大平面倾斜结构

(a) 对称式　(b) 加强肋

图 5.24　减少变形结构

2) 铸造工艺对结构的要求

(1) 分型面应简单。铸件的结构应具有平直的分型面，最好只有一个，从根本上简化铸造工艺。

(2) 芯数应最少。减少芯数也是简化铸造工艺的根本措施。在设计铸件结构时，可用开式结构代替闭式结构，如图 5.25 所示；凸缘外伸代替凸缘内伸，图 5.26(a)所示只能用芯，而图 5.26(b)所示可用砂垛代芯，简化了铸造工艺。

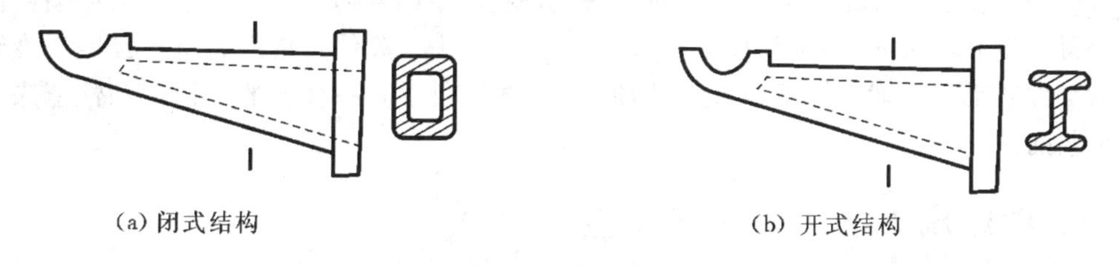

(a) 闭式结构　(b) 开式结构

图 5.25　悬臂支架

(3) 避免使用活块。在与分型面相垂直的表面上具有凸台时，通常采用活块造型，如图 5.27(a)所示。若凸台距离分型面较近，则可将凸台延伸到分型面(见图 5.27(b))，造型工艺中则可省掉活块。

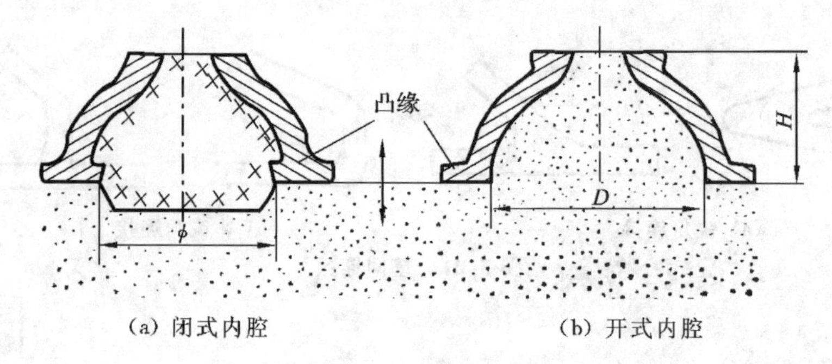

(a) 闭式内腔　　(b) 开式内腔

图 5.26　砂垛代芯

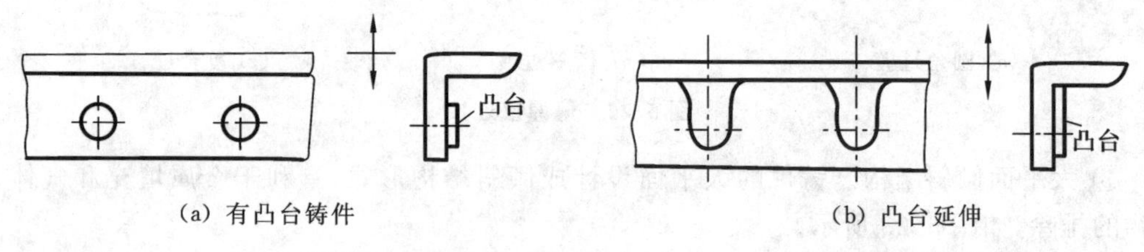

(a) 有凸台铸件　　(b) 凸台延伸

图 5.27　避免活块造型

(4) 结构斜度。铸件上凡垂直于分型面的不加工表面,均应设计出结构斜度,如图 5.28 所示。结构斜度不仅使起模方便,而且使铸件更美观,同时具有结构斜度的内腔便于用砂垛代芯。

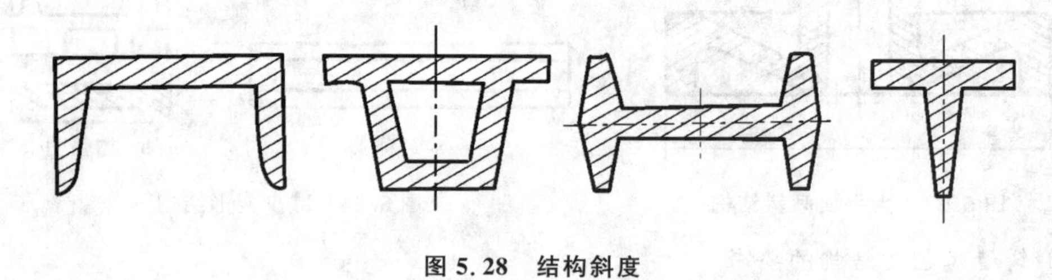

图 5.28　结构斜度

5.2　锻　压

锻压是指在加压设备及工(模)具的作用下,使坯料或铸锭产生局部或全部的塑性变形,以便获得一定几何尺寸、形状和质量的锻件的加工方法。锻件是指金属材料经锻压变形而得到的工件或毛坯。锻压属于金属塑性加工,实质是利用固态金属的塑性流动性能来实现成形工艺的。

一、锻压成形的主要工艺特点

1. 锻件的组织性能好

锻压不仅是一种成形加工方法,还是一种改善材料性能的加工方法。锻压时金属的形变和相变都会对锻件的组织结构造成影响。如果在锻压过程中对锻件的形变、相变加以控制,通常可获得组织性能好的锻件。因此,大多数受力复杂、承受荷载大的重要零件,常采用锻件毛坯。

2. 成形困难，对材料的适应性差

锻压时金属的塑性流动类似于熔融金属的流动，但固态金属的塑性流动必须施加外力，采取加热等工艺措施才能实现。形状复杂的工件难以锻压成形，塑性差的金属材料如灰铸铁也不能进行锻压加工。必须选择塑性优良的钢、铝合金、黄铜等材料，才能进行锻压加工。

3. 锻压成形的应用

锻压成形在机械制造、汽车、拖拉机、仪表、电子、造船、冶金工程及国防等工业中有着广泛的应用。以汽车为例，汽车上 70%的零件是由锻压加工成形的。

4. 金属塑性变形

金属在外力作用下首先要产生弹性变形，当外力增大到内应力超过材料的屈服点时，就产生塑性变形。锻压成形加工需要利用材料的塑性变形。

金属塑性变形是金属晶体每个晶粒内部的变形和晶粒间的相对移动、晶粒转动的综合结果。单晶体的塑性变形主要通过滑移的形式来实现。即在切应力的作用下，晶体的一部分相对于另一部分沿着一定的晶面产生滑移，如图 5.29 所示。

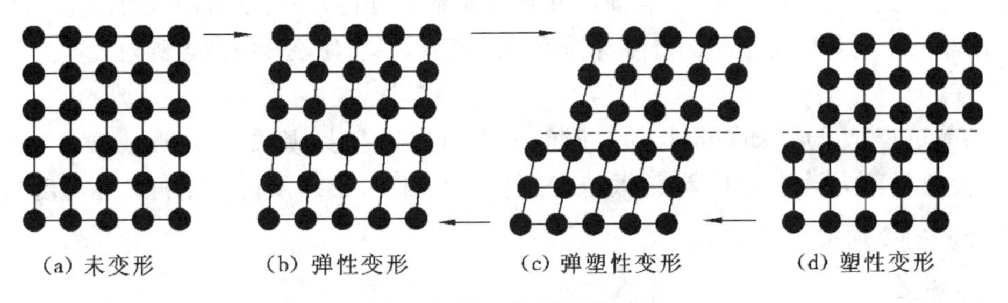

图 5.29 单晶体滑移示意图

单晶体的滑移是通过晶体内的位错运动来实现的，而不是沿滑移面所有的原子同时作刚性移动的结果，所以滑移所需要的切应力比理论值低很多。位错运动滑移机制的示意图如图 5.30 所示。

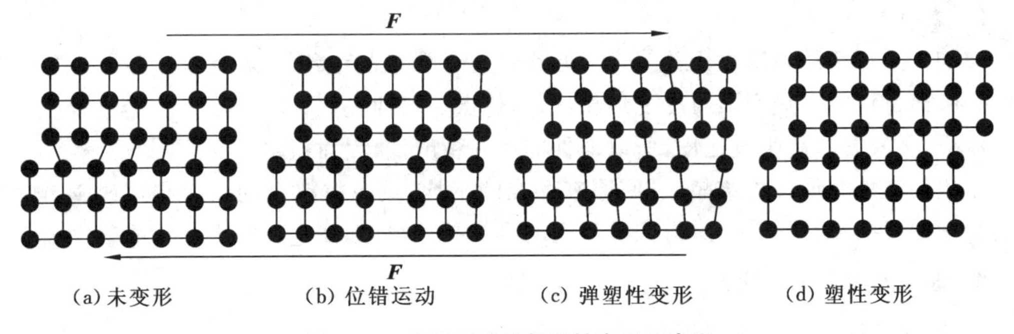

图 5.30 位错运动引起塑性变形示意图

5. 冷变形强化

金属在塑性变形过程中，随着变形程度的增加，强度和硬度提高而塑性和韧性下降的现象称为冷变形强化或加工硬化。变形后形成的组织称为加工硬化组织。

加工硬化组织是一种不稳定的组织状态，具有自发向稳定状态转变的趋势。但在常温下多数金属的原子扩散能力很低,使得加工硬化组织能够长期维持,并不发生明显的变化。因此,冷变形强化在生产中具有非常重要的意义,它是提高金属材料强度、硬度和耐磨性的重要手段之一。如冷拉高强度钢丝、冷卷弹簧、坦克履带等。但冷变形强化后由于塑性和韧性进一步降低,给进一步变形带来困难,甚至导致开裂和断裂。另外,冷变形的材料各向异性,还会引起材料的不均匀变形。

6. 回复与再结晶

对加工硬化组织进行加热,变形金属将相继发生回复、再结晶和晶粒长大三个阶段的变化。

1) 回复

当加热温度较低(绝对温度小于 0.4 倍金属熔点的绝对温度),原子的活动能力较小,变形金属的显微组织无显著变化,金属的强度、硬度略有下降,塑性、韧性有所回升,内应力有较明显下降。这种变化过程称为回复。

2) 再结晶

当加热温度达到比回复阶段更高的温度时,变形金属的显微组织将发生显著的变化,金属的性能恢复到变形以前的水平,在金属内开始以碎晶或杂质为核心结晶出新的晶粒,这个过程称为再结晶。金属开始再结晶的温度称为再结晶温度,一般为该金属熔点绝对温度的 0.4 倍。

3) 晶粒长大

再结晶过程完成后,如再延长加热时间或提高加热温度,则晶粒会明显长大,成为粗晶粒组织,导致材料力学性能下降,使锻造性能恶化。因此,必须严格控制再结晶温度。

7. 金属的冷加工和热加工

1) 冷加工

金属在再结晶温度以下进行的塑性变形称为冷加工。如钢在常温下进行的冷冲压、冷挤压等。在变形过程中,有冷变形强化现象而无再结晶组织。冷变形工件没有氧化皮,可获得较高的公差等级,较小的表面粗糙度,强度和硬度较高。由于冷变形金属存在残余应力和塑性差等缺点,因此常常需要中间退火,才能继续变形。

2) 热加工

热加工是在结晶温度以上进行的,变形后只有再结晶组织而无冷变形强化现象,如热锻、热轧、热挤压等。热变形与冷变形相比,其优点是塑性良好,变形抗力低,容易加工变形,但高温下,金属容易产生氧化皮,所以锻件的尺寸精度低,表面粗糙。

金属经塑性变形及再结晶,可使原来存在的不均匀、晶粒粗大的组织得以改善,或将铸锭组织中的气孔、缩松等压合,得到更致密的再结晶组织,提高金属的力学性能。

8. 锻造流线及锻造比

1) 锻造流线

热加工时,金属的脆性杂质被打碎,沿着金属主要伸长方向呈碎粒状分布,塑性杂质则随金属变形沿着主要伸长方向呈带状分布。热加工后的金属组织就具有一定的方向性,通常称为锻造流线。流线使金属性能呈现异向性。

在设计和制造机械零件时,必须考虑锻造流线的合理分布。使零件工作时的正应力与流线方向一致,切应力与流线方向垂直,这样才能发挥材料的潜力。使锻造流线与零件的轮廓相符合而不切断，是锻压成形工艺设计的一条原则。

2）锻造比

在锻压生产中，金属的变形程度常以锻造比 Y 来表示，即以变形前后的截面比、长度比或高度比表示。当锻造比 $Y=2$ 时，原始铸态组织中的疏松、气孔被压合，组织被细化，锻件各个方向的力学性能均有显著提高。当 $Y=2\sim5$ 时，锻件的组织中流线明显、各向异性，沿流线方向的力学性能略有提高，但垂直于流线方向的力学性能开始下降。当 $Y>5$ 时，锻件沿流线方向的力学性能不再提高，垂直于流线方向的力学性能显著下降。

9. 影响金属锻造性能的因素

金属在压力加工时获得优质零件的难易程度称为合金的锻造性能。金属良好的锻造性能体现在低的塑性变形抗力和良好的塑性。低的塑性变形抗力使设备耗能少，良好的塑性使产品获得准确的外形而不遭受破坏。影响金属锻造性能的因素有以下几点。

1）化学成分及组织

（1）一般来说，纯金属的锻造性能好于合金。对钢来讲，含碳量愈低，锻造性能愈好；含合金元素愈多，锻造性能愈差；含硫量和含磷量愈多，锻造性能愈差。

（2）纯金属与固溶体锻造性能好，金属化合物锻造性能差，粗晶粒组织的金属比晶粒细小而又均匀组织的金属难以锻造。

（3）细晶组织的锻造性能优于粗晶组织。

2）工艺条件

主要指变形温度、变形速度和应力状态的影响。

（1）变形温度对塑性及变形抗力影响很大。一般来说，提高金属的变形温度，会使原子的动能增加，从而削弱原子之间的吸引力，减少滑移所需要的力，使塑性增大，变形抗力减少，改善金属的锻造性能。因此，适当提高变形温度对改善金属的锻造性能有利。但温度过高会使金属产生氧化、脱碳、过热等缺陷，甚至使锻件产生过热而报废，所以应严格控制锻造温度。

（2）变形速度对锻造性能的影响有两个方面。一方面当变形速度较大时，由于再结晶过程来不及完成，冷变形强化不能及时消除，而使锻造性能变差。所以，一些塑性较差的金属，如高合金钢或大型锻件，宜采用较小的变形速度，设备选用压力机而不用锻锤。另一方面，当变形速度很高时，变形功转化的热来不及散发，锻件温度升高，又能改善锻造性能，但这一效应除高速锻锤或特殊成形工艺以外难以实现。因而，利用高速锻锤可以锻造在常规设备上难以锻造成形的高强度低塑性金属。

（3）金属在挤压变形时，应力状态呈三向受压状态，表现出良好的锻造性能。在拉拔时则呈二向受压一向受拉的状态，锻造性能下降。实践证明，三个方向中压应力数目愈多，锻造性能愈好，拉应力数目愈多，锻造性能愈差。

二、锻压成形方法

利用自由锻设备的上、下砧或一些简单的通用性工具，直接使坯料变形而获得所需的几何形状及内部质量的锻件，这种方法称为自由锻。

由于自由锻所用的工具简单，并具有较大的通用性，因而自由锻的应用较为广泛。生产的自由锻件质量可以从 1 kg 的小件到 200～300 t 的大件。对于特大型锻件如水轮机主轴、多拐曲轴、大型连杆等，自由锻是唯一可行的加工方法，所以自由锻在重型工业中具有重要意义。自由锻的不足之处是锻件精度低,生产率低,生产条件差。自由锻多用于单件小批量生产。

1. 自由锻的工序

自由锻的工序可分为基本工序、辅助工序和修整工序三大类。

1) 基本工序

基本工序指使金属材料产生一定的塑性变形,以达到所需形状和尺寸的工艺过程。如拔长、镦粗、冲孔、切割、弯曲和扭转等,如表5.6所示。实际生产中最常用的是拔长、镦粗、冲孔三个基本工序。

表5.6 自由锻基本工序的主要特征及适用范围

工序名称	简 图	主要特征	适用范围
拔长		坯料横截面面积减小,长度增加	适用于锻造轴类、杆类锻件
镦粗		坯料横截面面积增大,高度减小	适用于锻造齿轮坯、法兰盘等圆盘类锻件
冲孔		用冲头在坯料上冲出通孔或不通孔	适用于圆盘类坯料镦粗后的冲孔
扩孔		减少空心坯料的壁厚而增大其内、外径	适用于各种圆环锻件
错移		将坯料的一部分相对另一部分错开,且保持这两部分平行	锻造曲轴类锻件
弯曲		将坯料弯成曲线或一定角度	适用于锻造吊钩、地脚螺栓、角尺和U形弯板
扭转		将坯料部分相对另一部分绕其共同轴线旋转一定角度	适用于锻造多拐曲轴和校正锻件
切割		切去坯料的一部分	适用于切除钢锭底部、锻件料头和分割锻件

2）辅助工序

辅助工序是为基本工序操作方便而进行的预先变形工序，如压钳口、压肩、钢锭倒棱等。

3）修整工序

修整工序是用以减少锻件表面缺陷而进行的工序，如校正、滚圆、平整等。

2. 自由锻工艺规程的制定

制定工艺规程、编写工艺卡是进行自由锻生产必不可少的技术准备工作，是组织生产过程、规定操作规范、控制和检查产品质量的依据。自由锻工艺规程的主要内容：根据零件图绘制锻件图，计算坯料的质量和尺寸，确定锻造工序，选择锻造设备，确定坯料加热规范和填写工艺卡片等。

1）绘制锻件图

锻件图是制定锻造工艺过程和检验的依据，绘制锻件图时要考虑余块、余量及锻件公差。

(1) 某些零件上的精细结构，键槽、齿槽、退刀槽以及小孔、不通孔、台阶等，难以用自由锻方法锻出，必须暂时添加一部分金属以简化锻件形状。这部分添加的金属称为余块，如图5.31所示，它将在切削加工时去除。

(2) 由于自由锻造的精度较低，表面质量较差，一般需要进一步切削加工，所以零件表面要留加工余量。余量大小与零件形状、尺寸等因素有关。其数值应结合生产的具体情况而定。

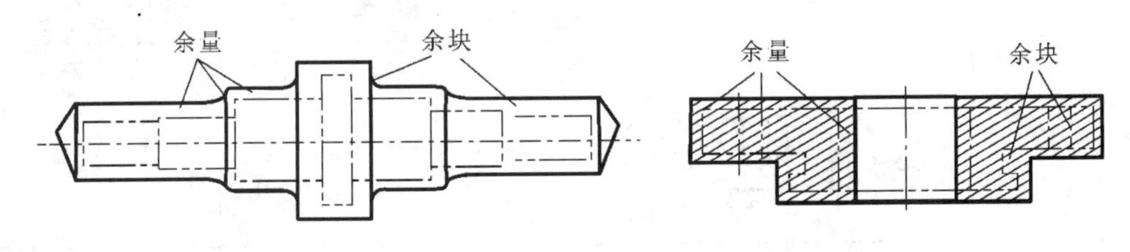

图5.31 锻件的各种余块和余量

(3) 锻件公差是锻件名义尺寸的允许变动量。公差的数值可查有关国家标准，通常为加工余量的1/4～1/3。

2）计算坯料质量及尺寸

(1) 坯料质量的计算，其计算公式为

$$m_{坯}=m_{锻}+m_{烧}+m_{芯}+m_{切} \tag{5-1}$$

式中：$m_{坯}$——坯料质量；

$m_{锻}$——锻件质量；

$m_{烧}$——加热时坯料表面氧化而烧损的质量；

$m_{芯}$——冲孔时芯料的质量；

$m_{切}$——端部切头损失质量。

(2) 确定坯料的尺寸，首先根据材料的密度和坯料质量计算出坯料的体积，然后再根据基本工序的类型（如拔长、镦粗）及锻造比计算坯料的横截面积、直径、边长等尺寸。

3）选择锻造工序

根据不同类型的锻件选择不同的锻造工序。自由锻锻件分类及锻造工序见表5.7。

表 5.7　自由锻锻件分类及锻造工序

锻件类型	图　例	锻压工序	实　例
杆类零件		拔长、压肩、修整、冲孔	连杆等
轴类零件		拔长、压肩、滚圆	主轴、传动轴等
曲轴类零件		拔长、错移、压肩、扭转、滚圆	曲轴、偏心轴等
盘类、圆环类零件		镦粗、冲孔、扩孔、定径	齿圈、法兰、套筒、圆环等
筒类零件		镦粗、冲孔、扩孔、修整	圆筒、套筒等
弯曲类零件		拔长、弯曲	吊钩、弯杆

工艺规程的内容还包括所用工夹具、加热设备、加热规范、冷却规范、锻压设备和锻后热处理规范等。

3. 零件结构的锻压工艺性

零件结构的锻压工艺性是指所设计的零件，在满足使用性能要求的前提下锻压成形的可行性和经济性，即锻压成形的难易程度。良好的锻件结构应与材料的锻压性能、锻件的锻压工艺相适应。

1）锻压性能对结构的要求

不同的金属材料的锻压性能不同，对结构的要求也不同。例如含碳量小于等于0.65%的碳素钢塑性好，变形抗力较低，锻压温度范围宽，能够锻出形状较复杂、肋较高、腹板较薄、圆角较小的锻件。高合金钢的塑性差，变形抗力大，锻压温度范围窄，若采用一般锻压工艺，锻件的形状应较简单，锻件截面尺寸的变化应较平缓。

2）锻压工艺对结构的要求

自由锻锻件结构设计的原则是在满足使用性能的条件下锻件形状应尽量简单，易于锻造。自由锻锻件的结构工艺见表5.8。

表 5.8 自由锻锻件的结构工艺

工艺性要求	合 理	不合理
避免锥面及斜面	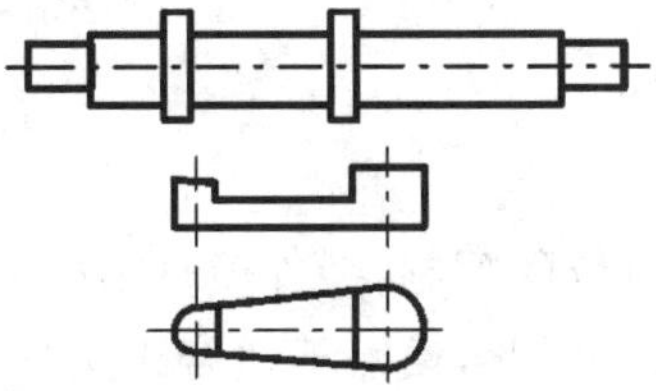	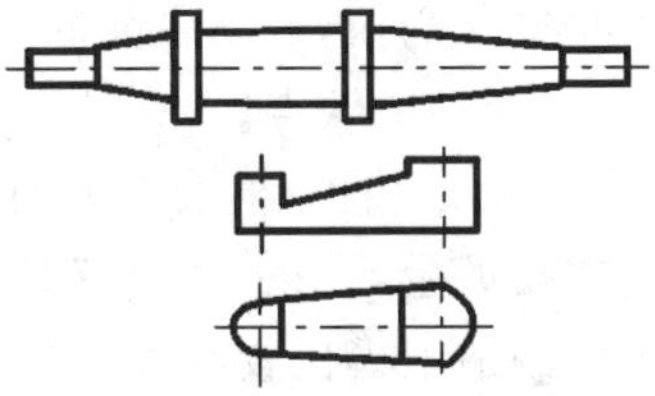
避免加强肋及工字形、椭圆形等复杂截面	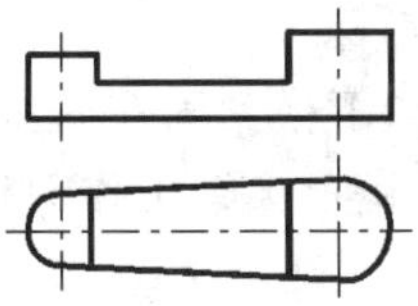	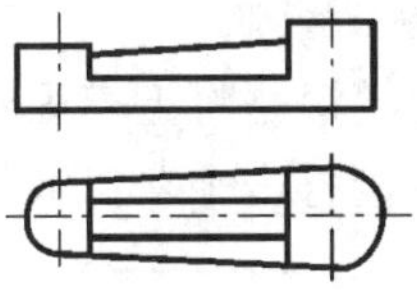
避免非平面交接结构	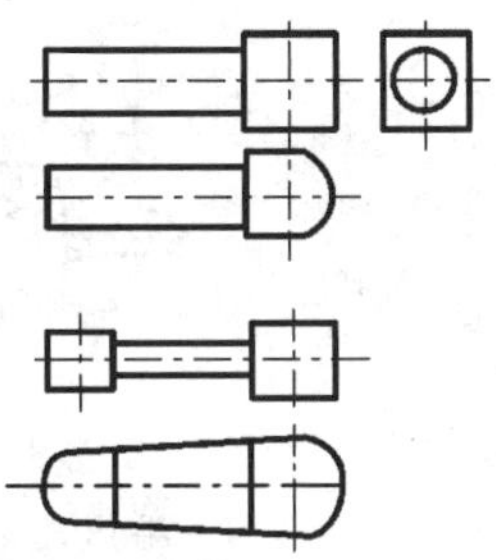	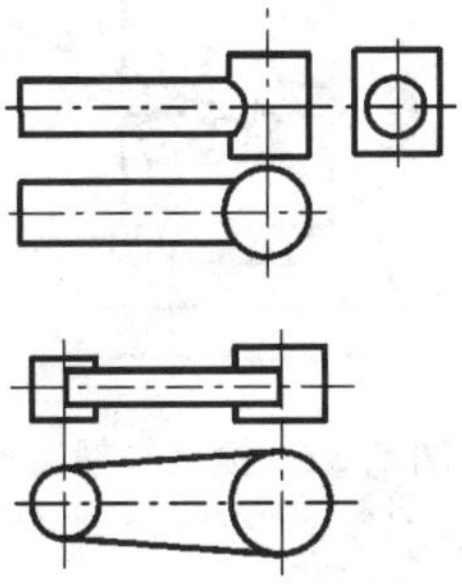
避免加强肋及表面凸台等结构	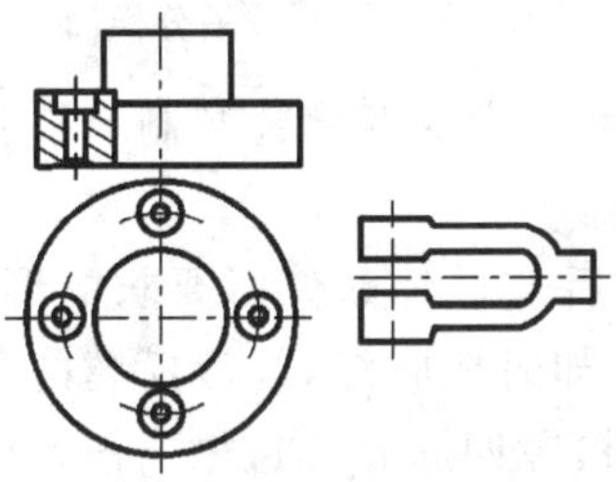	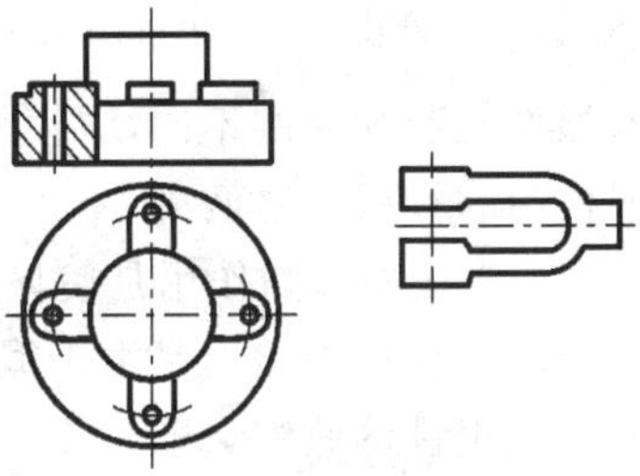

三、模锻和胎膜锻简介

1. 模锻

模型锻造是在高强度金属锻模上预先制出与锻件形状一致的模膛，使坯料在模膛内受压变形，由于模膛对金属坯料流动的限制，因而锻压终了时能得到和模膛形状相符的锻件。模型锻造简称为模锻。模锻按使用设备的不同，可分为锤上模锻、胎膜锻、压力机上模锻。

1）模锻的特点。

（1）模锻的优点。

与自由锻相比，模锻有下列优点：

① 生产率较高，一般比自由锻高 10 倍以上；

② 锻件的尺寸和精度比较高,机械加工余量较小,节省加工工时,材料利用率高;

③ 可以锻造形状复杂的锻件;

④ 锻件内部流线分布合理;

⑤ 操作简便,劳动强度低。

(2) 模锻的缺点。

与自由锻相比,模锻有下列缺点:

① 模锻生产由于受到模锻设备吨位的限制,锻件质量不能太大,一般在150 kg以下;

② 制造锻模比较困难,成本很高。因此,模锻不适合于单件小批量生产,而适合于中小型锻件的大批量生产。

2) 锤上模锻

锤上模锻是将上模固定在模锻锤头上,下模紧固在砧座上,通过上模对置于下模中的坯料施以直接打击来获得锻件的模锻方法。锤上模锻工作示意图如图5.32所示。

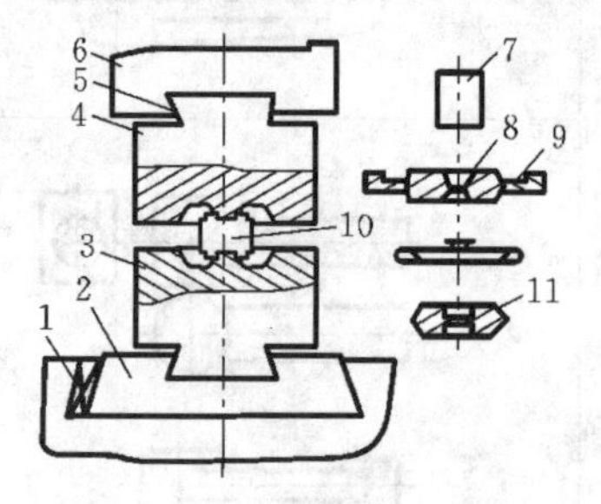

图5.32 锤上模锻工作示意图

1—砧铁;2—模座;3—下模;4—上模;
5—楔铁;6—锤头;7,10—坯料;
8—连皮;9—毛边;11—锻件

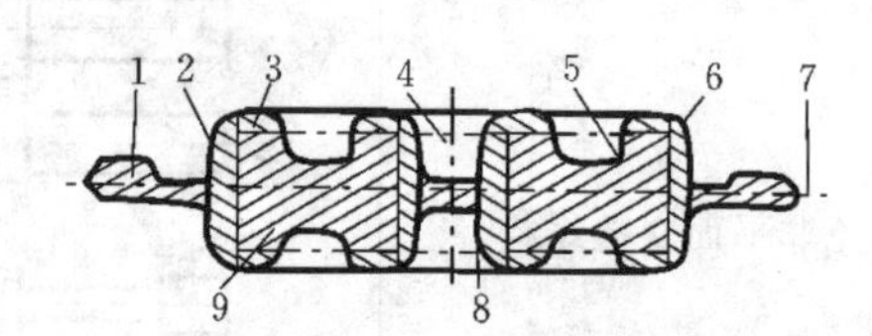

图5.33 齿轮坯模锻件

1—毛边;2—模锻斜度;3—加工余量;
4—不通孔;5—凹圆角;6—凸圆角;
7—分模面;8—冲孔连皮;9—零件

根据模膛功用的不同,锻模模膛可分为模锻模膛和制坯模膛两大类。模锻模膛可分为终锻模膛和预锻模膛两种。

(1) 终锻模膛的作用是使坯料最后变形到锻件所要求的形状和尺寸,因此它的形状应和锻件的形状相同。但是由于锻件冷却时要收缩,终锻模膛的尺寸应比锻件尺寸放大一个收缩量。钢件的收缩量取1.5%。沿模膛四周有飞边槽。锻造时部分金属先压入飞边槽内形成毛边,毛边很薄,最先冷却,可以阻碍金属从模膛内流出,以促使金属充满模膛,同时容纳多余的金属。对于具有通孔的锻件,由于不可能靠上、下模的凸起部分把金属完全挤压掉,故终锻后在孔内留下一薄层金属,称为冲孔连皮(见图5.33)。把冲孔连皮和飞边冲掉后,才能得到有通孔的模锻件。

(2) 预锻模膛的作用是使坯料变形到接近于锻件的形状和尺寸,这样再进行终锻时,金属容易充满终锻模膛,同时减少了终锻模膛的磨损,延长了锻模的使用寿命。预锻模膛的尺寸和形状与终锻模膛的相近似,只是模锻的斜度和圆角半径稍大,没有飞边槽。对于形状简单或批量不大的模锻件可不设飞边槽。

对于形状复杂的模锻件,原始坯料进入模锻模膛前,先放在制坯模膛内制坯,按锻件最终形状作初步变形,使金属合理分布和很好地充满模膛。制坯模膛有以下几种。

① 拔长模膛。用它来减少坯料某部分的横截面积,以增加该部分的长度。操作时一边送进坯料,一边翻转。

② 滚压模膛。用它来减少坯料某部分的横截面积，以增加另一部分的横截面积，使其按模锻件的形状来分布。操作时须不断翻转坯料。

③ 弯曲模膛。对于弯曲的杆状锻件需用弯曲模膛来弯曲坯料。

④切断模膛。它由设在上模与下模间锻模角上的一对刃口组成，用它从坯料上切下已锻好的锻件，或从锻件上切下钳口。

2. 胎模锻

胎模锻是在自由锻设备上使用可移动模具生产模锻件的一种锻造方法。所用模具称为胎模，它结构简单，形式多样，但不固定在上下砧铁上。一般选用自由锻方法制坯，然后在胎模中终锻成形。常用的胎模结构主要有以下三种类型。

(1) 扣模。用来对坯料进行全面或局部扣形，主要生产杆状非回转体锻件(见图5.34(a))。

(2) 套筒模。锻模呈套筒形，主要用于锻造齿轮、法兰盘等回转体锻件(见图5.34(b)、(c))。

(3) 合模。通常由上模和下模两部分组成(见图5.34(d))。为了使上、下模吻合及不使锻件产生错模，经常用导柱等定位。合模多用于生产形状较复杂的非回转体锻件，如连杆、叉形件等锻件。

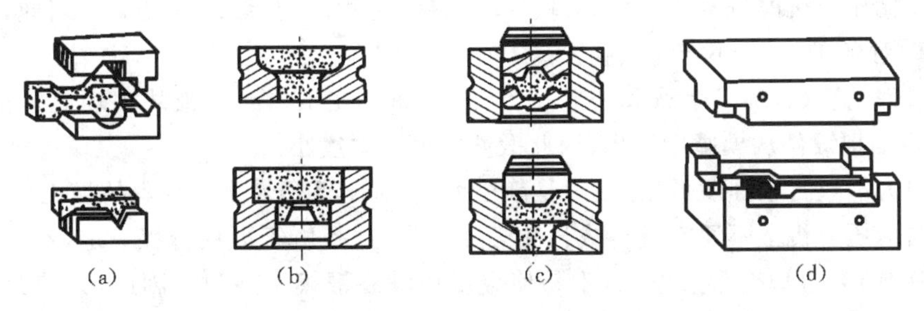

图5.34 胎模的几种结构

图5.35所示为一个法兰盘胎模锻造过程。所用胎模为套筒模，它由模筒、模垫和冲头组成。原始坯料加热后，先用自由锻镦粗，然后将模垫和模筒放在下砧铁上，再将镦粗的坯料平放在模筒中，压上冲头后终锻成形，最后将连皮冲掉。

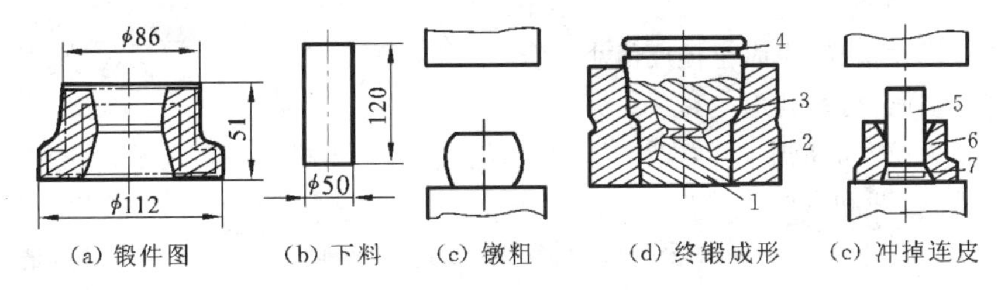

图5.35 法兰盘胎膜锻造过程

1—模垫；2—模筒；3,6—锻件；4—冲头；5—冲子；7—连皮

3. 压力机上模锻

由于模锻锤在工作中存在振动厉害、噪声大、劳动条件差和能源消耗大等缺点，特别是大吨位的模锻锤有被压力机取代的趋势，用于模锻生产的压力机有摩擦压力机、平锻机等。

1) 摩擦压力机上模锻

摩擦压力机是靠飞轮、螺杆和滑块向下运动所积蓄的能量使坯料变形的，其特点有以下几点。

(1) 适应性好,行程和锻压力可自由调节,因而可实现轻打、重打,或在一个模膛内进行多次锻打。不仅能满足模锻各种主要成形工序的要求,还可以进行弯曲、热压、切飞边、冲连皮及精压、校正等工序。

(2) 滑块运行速度低,锻击频率低,金属变形过程中的再结晶可以充分进行。适合于再结晶速度慢的低塑性合金钢和有色金属的模锻。

(3) 摩擦压力机承受偏心载荷能力低,通常只适用于单模膛模锻。

(4) 生产率低,主要用于中小型锻件的批量生产。

(5) 摩擦压力机结构简单、造价低、使用维修方便,适用于中小型工厂的模锻生产。

2) 曲柄压力机上模锻

曲柄压力机上的动力是电动机,通过减速和离合器装置带动偏心轴旋转,再通过曲柄连杆机构,使滑块沿导轨作上下往复运动。下模块固定在工作台上,上模块则装在滑块下端,随着滑块的上下运动,就能进行锻造。曲柄压力机上模锻有以下特点。

(1) 曲柄压力机作用于金属上的变形力是静压力,且变形抗力由机架本身承受,不传给地基。因此,曲柄压力机工作时振动与噪音小,劳动条件好。

(2) 曲柄压力机的机身刚度大,滑块导向精确,行程一定,装配精度高。因此,能保证上下模膛准确对合在一起,不产生错模。

(3) 锻件精度高,加工余量和公差小,节约金属。在工作台及滑块中均有顶出装置,锻造结束可自动把锻件从模膛中顶出,因此锻件的模锻斜度小。

(4) 因为滑块行程速度低,作用力是静压力,有利于低塑性金属材料的加工。

(5) 曲柄压力机上不适宜进行拔长和滚压工步,这是由于滑块行程一定,不论用什么模膛都是一次成形,金属变形量过大,不易使金属填满终锻模膛所致。因此,为使变形逐渐进行,终锻前常采用预成形、预锻工步。

(6) 曲柄压力机设备复杂,造价高,生产率高,锻件精度高,适合于大批量生产。

3) 平锻机上模锻

平锻机的主要结构与曲柄压力机相同,只不过其滑块水平运动,故被称为平锻机。平锻机上模锻有如下特点。

(1) 锻件尺寸精确,表面粗糙度值小,生产率高。

(2) 节省金属,材料利用率高。

(3) 扩大了模锻的范围,可以锻出锤上模锻和曲柄压力机上模锻无法锻出的锻件,还可以进行切飞边、切断和弯曲等工步。

(4) 对非回转体及中心不对称的锻件较难锻造。平锻机的造价也较高,适用于批量生产。

4. 模锻工艺规程

模锻工艺规程包括绘制模锻件图、计算坯料尺寸、确定模锻工步、安排修整工序等。

1) 绘制模锻件图

模锻件图是设计和制造锻模、计算坯料及检验锻件的依据,绘制模锻件图时应考虑下面几个问题。

选择模锻件的分模面。为保证锻件易于从模膛中取出,因此分模面应设在锻件最大截面处,并使模膛深度较浅。图 5.36 所示零件,选 $a-a$ 截面作分模面时,锻件将无法从锻模中取出，显然是错误的。

要使锻模制造方便，分模面应尽量选择平面而不是曲面。为便于发现上、下模在模锻过程中产生的错移，分模面应设在锻件侧面中部，尽量避免选在锻件形状过渡面上。图5.36所示零件，应选 $d-d$ 截面作分模面而不选 $c-c$ 截面。

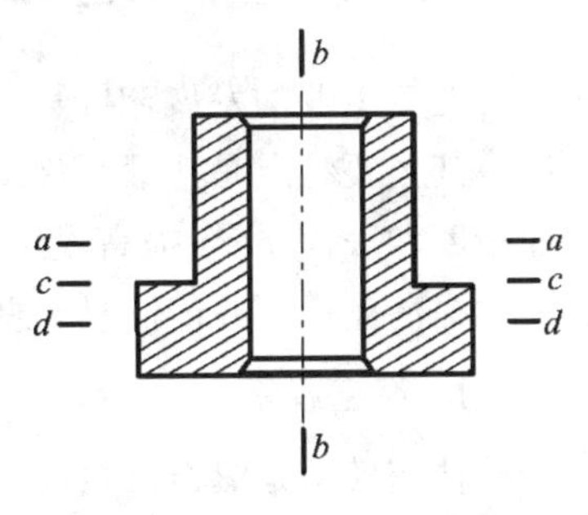

图5.36 分模面的选择

2）计算坯料尺寸

计算坯料尺寸，步骤与自由锻的步骤相同。坯料质量包括锻件质量、飞边质量、连皮质量及烧损质量。一般飞边是锻件质量的20%～25%，烧损质量是锻件和飞边质量总和的2.5%～4%。

3）确定模锻工序

模锻工步主要是根据模锻件的形状和尺寸来确定的，模锻件按形状可分为两大类：一类是长轴类零件，如阶梯轴、连杆等；另一类是盘类零件，如齿轮、法兰盘等。

长轴类模锻件，常采用拔长、滚压、弯曲、预锻工步。坯料的横截面积大于锻件的最大横截面积时，可选用拔长工步。而当坯料的横截面积小于锻件最大横截面积时，采用拔长的滚压工步。锻件的轴线为曲线时，应选用弯曲工步。

对于长轴类锻件，为了减少钳口料和提高生产率，常采用一根棒料锻造几个锻件的方法，利用切断工步，将锻好的锻件切断。

对于形状复杂的锻件，还需选用预锻工步，最后在终锻模膛中模锻成形。盘类模锻件，模锻时，坯料轴线方向与锤击方向相同，金属沿高度、宽度、长度方向同时流动。常采用镦粗、终锻工步。

对于形状简单的盘类锻件，可只用终锻工步成形。对于形状复杂，有深孔或有高筋的锻件，则应增加镦粗工步。

4）安排修整工序

常用的修整工序有切边、冲孔、精压等。模锻件上的飞边和冲孔连皮由压力机上的切边模和冲孔模将其切去。对于要求平行尺寸精确的锻件，可进行平面精压，对于要求所有尺寸精确的锻件，可用体积精压。

5. 模锻件的结构设计

设计模锻件时，为便于模锻件生产和降低成本，应根据模锻特点和工艺要求使其结构符合下列原则。

（1）模锻件要有合理的分模面、模锻斜度和圆角半径。

（2）由于模锻件精度较高，表面粗糙度较低，因此零件的配合表面可留有加工余量，非配合表面一般不需要进行加工，不留加工余量。

（3）为了使金属容易充满模膛、减少加工工序，零件外形要力求简单、平直和对称，尽量避免零件截面间相差过大或有薄壁、高筋、凸起等结构。

（4）应避免有深孔或多孔结构。

（5）减少余块，简化模锻工艺，应尽量采用锻—焊组合工艺。

四、锻压新工艺和新技术简介

随着工业的发展,对锻压加工提出了越来越高的要求,出现了许多先进的锻压工艺方法。其主要特点是使锻压件形状接近零件的形状,以便达到少切削或无切削的目的,提高尺寸精度和表面质量,提高锻压件的力学性能,节省金属材料,降低生产成本,改善劳动条件,大大提高生产率并能满足一些特殊工作的要求。

1. 精密模锻

精密模锻是锻造高精度锻件的一种先进工艺,能直接锻出形状复杂、表面光洁、锻后不必切削加工或仅需少量切削加工的零件。精密模锻工艺的主要特点如下。

(1) 精确计算原始坯料的尺寸,严格按照坯料质量下料。

(2) 精细清理坯料表面。

(3) 选用刚度大、精度高的锻造设备,如曲柄压力机、摩擦压力机或精锻机等。

(4) 采用高精度的模具。

(5) 采用无氧化或少氧化的保护气体加热。

(6) 模锻时要很好地进行润滑和冷却模具。

2. 挤压

挤压是在强大压力作用下,使坯料从模具中的出口或缝隙挤出,使横截面积减少、长度增加,成为所需制品的方法,如图5.37所示。

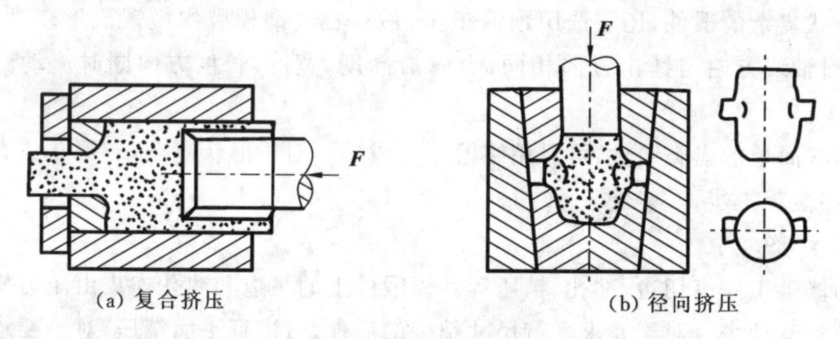

(a) 复合挤压　　(b) 径向挤压

图5.37　挤压示意图

按照挤压时金属坯料所处的温度,挤压可分为热挤压、温挤压和冷挤压。

1) 热挤压

坯料变形温度高于其再结晶温度的挤压。热挤压时,坯料变形抗力小,但产品表面粗糙,它广泛用于有色金属、型材、管材的生产。

2) 温挤压

将坯料加热到再结晶温度以下的某个合适温度(100～800 ℃)进行的挤压。它降低了冷挤压时的变形抗力,同时产品精度比热挤压高。

3) 冷挤压

坯料在再结晶温度以下(通常是室温)完成的挤压。其产品的表面光洁,精度较高,但挤压时变形抗力较大,它广泛用于零件及毛坯的生产。

3. 轧锻

金属坯料(或非金属坯料)在旋转轧辊的作用下,产生连续塑性变形,从而获得所要求的截面形状并改变其性能的方法,称为轧锻。用轧锻的方法可将钢锭轧制成板材、管材和型材等各种原材料。近几年来,常采用的轧锻工艺有辊轧、横轧、旋轧、斜轧等。

1) 辊轧

用一对相向旋转的扇形模具使坯料产生塑性变形,从而获得所需锻件或锻坯的锻造工艺方法。辊锻及辊锻机如图 5.38 所示,当坯料在一对旋转的辊锻模中通过时,将按照辊锻模的形状变形。

2) 横轧

横轧是轧辊轴线与轧件轴线平行,且轧辊与轧件作相对转动的轧锻方法。齿轮的横轧如图 5.39 所示。横轧时,坯料在图 5.39 所示位置被高频感应加热,带齿形的轧辊由电动机带动旋转,并作径向进给,迫使轧轮与坯料发生对碾。在对碾过程中,坯料上受轧辊齿顶挤压的地方变成齿槽,而相邻金属受轧辊齿底反挤而上升,形成齿顶。

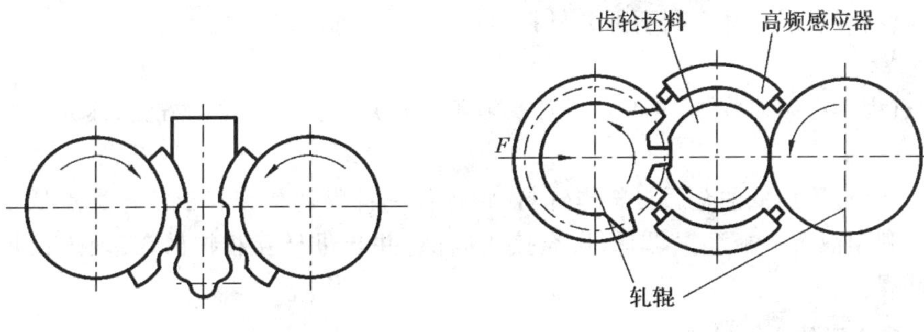

图 5.38　辊轧示意图　　　图 5.39　横轧齿轮示意图

3) 旋轧

旋轧是在毛坯旋转的同时,用简单的工具使其逐渐变形,最终获得零件的形状和尺寸的加工方法。图 5.40 表示旋轧封头的过程。旋轧基本上是弯曲成形的,不像冲压那样有明显拉伸作用,故壁厚的减薄量小。

4) 斜轧

轧辊相互倾斜配置,以相同方向旋转,轧件在轧辊的作用下反向旋转,同时还做轴向运动,即螺旋运动,这种轧锻称为斜轧。如图 5.41 所示为钢球斜轧。轧辊每转一周,即可轧锻出一个钢球,轧锻过程是连续的。

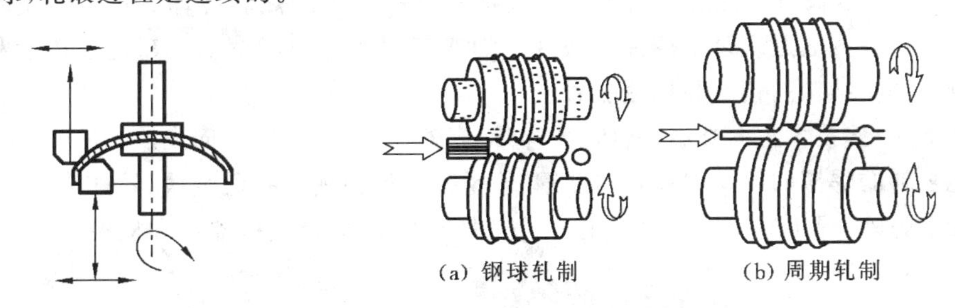

图 5.40　旋轧示意图　　　图 5.41　钢球斜轧示意图

4. 超塑性成形

超塑性是指金属或合金在特定条件下进行拉伸试验,其断后伸长率超过 100%以上的特性,如纯钛可超过 300%。

5.3 焊　接

焊接是通过加热或加压,或两者并用,使焊件达到原子间结合的加工方法。

一、焊接成形特点与性能

1. 焊接成形的类型

焊接方法的种类很多,按焊接过程特点可分为三大类。

1) 熔焊

焊接过程中,将焊件接头加热至熔化状态,不加压力完成焊接的方法,称为熔焊。这类方法的共同特点是把焊件局部连接处加热至熔化状态形成熔池,待其冷却凝固后形成焊缝,将两部分材料焊接成一体。因两部分材料均被熔化,故称熔焊。

2) 压焊

焊接过程中必须对焊件施加压力(加热或不加热),以完成焊接的方法,称为压焊。

3) 钎焊

采用比母材熔点低的金属材料作钎料,将焊件和钎料加热到高于钎料熔点低于母材熔点的温度,利用液态钎料润湿母材,填充接头间隙,并与母材互相扩散,实现连接焊件的方法,称为钎焊。

2. 焊接成形的主要特点

(1) 成形方便、适应性强。焊接方法灵活多样、工艺简单,能够很快生产出焊接结构。在实际生产中,焊件通常可选择板材、型材和管材,也可用铸件、锻件、冲压件,以充分发挥不同工艺的优点。采用化大为小、化复杂为简单的办法准备焊件,然后逐次装配焊接,拼小成大,从而扩大了企业的生产能力,解决了大型结构、复杂结构的成形问题。应用不同的焊接方法,还能实现异种金属材料的连接。现代的船体、各种桁架、锅炉、容器等,都广泛使用焊接结构。世界上主要工业国家每年生产的焊接结构约占钢产量的45%。

(2) 焊接连接性能好、省工省料、成本低。

(3) 焊接接头组织性能不均匀。焊接是一个不均匀加热和冷却的过程,焊接接头组织性能不均匀程度远远超过了铸件和锻件。焊接产生的应力和变形也超过了铸造和锻造,从而影响了焊接结构的精度和承载能力。

目前,焊接技术正向高温、高压、高容量、高寿命、高生产率方向发展,并正在解决具有特殊性能材料的焊接问题。如超高强度钢、不锈钢等特种钢及有色金属、异种金属和复合材料的焊接。另外,焊接的自动化程度也有了较大的进展,如焊接机器人和遥控全方位焊接机的焊接技术在不断发展。

3. 金属的焊接性能

1) 金属焊接性的概念

金属焊接性是金属材料对焊接加工的适应性,是指金属在一定的焊接方法、焊接材料、工艺参数及结构条件下,获得优质焊接接头的难易程度。它包括两个方面的内容:一是工艺性能，即在一定工艺条件下，焊接接头产生工艺缺陷的倾向，尤其是出现裂纹的可能性；二是使用性能，即焊接接头在使用中的可靠性，包括力学性能及耐热、耐蚀等特殊性能。

随着焊接技术的发展，金属焊接性也在改变。例如，铝在气焊和手工电弧焊条件下，难以达到较高的焊接质量；而氩弧焊出现以后，焊铝能达到较高的技术要求。化学活泼性极强的钛的焊接也是如此。由于等离子弧、真空电子束、激光等在焊接中的应用，钨、钼、铌、钽、锆等高熔点金属及其合金的焊接都已成为可能。

2）金属焊接性的评定

金属焊接性可以通过估算或试验的方法来评定。

（1）用碳当量法评估钢材焊接性　钢中的碳和合金元素对钢焊接性的影响程度是不同的，碳的影响最大，其他合金元素可以折合成碳的影响来估算被焊材料的焊接性。换算后的总和称为碳当量，它作为评定钢材焊接性的参数指标，这种方法称为碳当量法。

碳当量有不同的计算公式。国际焊接学会（IIW）推荐的碳素结构钢和低合金结构钢碳当量 C_E 的计算公式为

$$C_E = C + Mn/6 + (Ni + Cu)/15 + (Cr + Mo + V)/5 \tag{5-2}$$

式中：化学元素符号都表示该元素在钢材中的质量分数，各元素含量取其成分范围的上限。

经验证明，碳当量越大，焊接性越差。当 $C_E < 0.4\%$ 时，焊接性能良好；$C_E = 0.4\% \sim 0.6\%$ 时，焊接性较差，冷裂倾向明显，焊接时需要预热并采取其他工艺措施防止裂纹；$C_E > 0.6\%$ 时，焊接性差，冷裂倾向严重，焊接时需要较高的预热温度和采取严格的工艺措施。

（2）焊接性能试验　焊接性能试验是评价金属焊接性最为准确的方法。例如，焊接裂纹试验、接头力学性能试验、接头腐蚀性试验等。

3）铸铁的焊接性

铸铁的焊接性很差，它不能以较大的塑性变形减缓焊接应力，容易产生焊接裂纹，并且在焊接过程中由于碳、硅等元素的烧损，在焊接快速冷却之下容易产生白口组织，影响切削加工。铸铁焊接只用于修补铸件缺陷和修复局部损坏的铸铁件。焊接时，常将焊件预热到 400～700 ℃。焊接过程中温度不低于 400 ℃，焊后要缓冷，以防止白口组织和裂纹产生，这种方法称为热焊法。焊前不预热或预热温度较低，采用铸铁或非铸铁（铜基、镍基等）焊条的焊接方法，称为冷焊法。冷焊法容易产生白口组织，只用于焊接非加工表面。

4）铝及铝合金的焊接性

采用一般的焊接方法时，铝及铝合金的焊接性不好。铝极易被氧化，形成难熔的氧化铝薄膜，其熔点为 2 050 ℃。氧化铝膜包覆着熔化的铝滴，阻碍熔化的铝滴相互之间的熔合及铝滴与母材的熔合，并且氧化铝的密度大，容易残存在焊缝中形成夹渣。

铝焊缝中的气孔倾向大。主要是因为熔融态铝能溶解大量的氢，而固态铝中氢的溶解度又很小，凝固时来不及逸出的氢残存在焊缝中，形成气孔。氢的来源主要是焊件、焊丝表面的氧化铝膜吸附住的空气中水分。因此，必须仔细清理焊件、焊丝表面的氧化铝膜，并使之干燥。

铝及铝合金焊接接头形成裂纹的倾向性大，主要是因为铝焊缝的铸态组织晶粒粗大，另外，焊缝中若含有少量的硅，还会导致在晶界处形成易熔共晶体。因此，常需要通过调整焊丝成分，以达到细化焊缝晶粒及抵消硅的有害影响的目的。

5）铜及铜合金的焊接性

采用一般的焊接方法时，铜及铜合金的焊接性不好。铜焊缝中的气孔倾向大，也是因为

熔融状态铜能溶解大量的氢，而固态铜中氢的溶解度又很小，凝固时来不及逸出的氢残存在焊缝中而形成气孔。

铜及铜合金焊接接头形成热裂纹的倾向也较大，主要是因为氧在铜中以氧化亚铜(Cu_2O)形式存在，氧化亚铜能与铜形成易熔共晶体，沿晶界分布易导致热裂纹。另外，残存在固态铜中的氢与氧化亚铜发生反应生成水蒸气。水蒸气不溶于铜，以很高的压力分布在显微空隙中，引起所谓的氢脆。冷却过程中的氢脆现象也是产生裂纹的原因。

铜具有很高的导热性，焊件厚度超过 4 mm 时，就必须预热到 300 ℃才能达到焊接温度。

焊接黄铜的主要困难是锌的蒸发。锌的蒸发使黄铜焊缝的强度、耐蚀性下降。另外，锌蒸气有毒，必须对施焊场所进行通风。

二、焊接成形方法

目前，在生产上常用的焊接方法有焊条电弧焊、埋弧自动焊、气体保护焊，电渣焊、电阻焊和钎焊等。

1. 焊条电弧焊

利用电弧作为热源的熔焊方法称为电弧焊。焊条电弧焊是用手工操纵焊条进行焊接的电弧焊方法。

1) 焊接电弧

焊接电弧是指由焊接电源供给的，具有一定电压的两电极间或电极与焊件间，在气体介质中产生的强烈而持久的放电现象。焊接电弧的阳极区产生的热量多，温度也高；阴极区产生的热量较少，温度也低。例如，使用碳钢焊条焊接钢材时，阳极区的温度约为 2 600 K，阴极区的温度约为 2 400 K。因此，采用直流弧焊机焊接时有正接和反接之分。当焊件接电源正极而焊条接电源负极时称为正接。正接时焊件获得的热量多、熔池深、易焊透，适于焊接厚件。当焊件接电源负极而焊条接电源正极时称为反接。反接时不易烧穿，适于焊接薄件。

2) 焊条电弧焊电源

(1) 焊条电弧焊对电源的要求。焊条电弧焊电源应具有适当的空载电压和较高的引弧电压，以利于引弧，保证安全。当电弧稳定燃烧时，焊接电流增大，电弧电压应急剧下降；还应保证焊条与焊件短路时，短路电流不应太大；同时焊接电流应能灵活调节，以适应不同的焊件及焊条的要求。

(2) 焊条电弧焊电源的种类。常用焊条电弧焊的电源有直流弧焊机、交流弧焊机和逆变弧焊机。

① 直流弧焊机。直流弧焊机有弧焊发电机(由一台三相感应电动机和一台直流弧焊发电机组成)和焊接整流器(整流式直流弧焊机)两种类型。

弧焊发电机具有电弧稳定、容易引弧、焊接质量较好等优点，但结构复杂、噪声大、成本高、维修困难，且在无焊接负载时也要消耗能量，现已被淘汰。

焊接整流器比弧焊发电机结构简单、质量小、噪声小，制造维修方便，是近年来发展起来的一种弧焊机。如型号为 ZX5-300 的弧焊机为下降特性、硅整流，额定焊接电流为 300 A。

② 交流弧焊机。它是一种特殊的降压变压器，具有结构简单、噪声小、成本低等优点，但电弧稳定性较差。如型号为 BXJ-330 的交流弧焊变压器，额定焊接电流为 330 A。该弧焊机既适于酸性焊条焊接，又适于碱性焊条焊接。

③ 逆变弧焊机。逆变电源是近几年发展起来的新一代焊接电源，它从电网吸取三相380 V交流电，经整流滤波成直流，然后经逆变器变成频率为2 000～30 000 Hz的交流电，再经单相全波整流和滤波输出。逆变弧焊机具有体积小、质量小、节约材料、高效节能、适应性强等优点，是更新一代的电源，现已逐渐取代焊接整流器。

3）焊条

（1）焊条的组成和作用。焊条是涂有药皮的供焊条电弧焊用的熔化电极，由焊芯和药皮两部分组成。

① 焊芯。焊芯在焊接过程中既是导电的电极，同时本身又熔化作为填充金属，与熔化的母材共同形成焊缝金属。焊芯的质量直接影响焊缝的质量。焊丝中硫、磷等杂质的质量分数很低。焊芯必须由专门冶炼的金属丝制成。

② 药皮。药皮是压涂在焊芯表面的涂料层，主要作用是在焊接过程中造气造渣，起保护作用，防止空气进入焊缝，避免焊缝高温金属被空气氧化，防止脱氧、脱硫、脱磷和渗合金等，并具有稳弧、脱渣等作用，以保证焊条具有良好的工艺性能，形成美观的焊缝。

（2）焊条的分类。根据药皮种类的不同，焊条可分为酸性焊条和碱性焊条。

① 酸性焊条。酸性焊条的熔渣呈酸性，药皮中含有大量SiO_2、MnO等氧化物，保护气体主要是CO和H_2。

酸性焊条的优点是熔渣呈玻璃状，容易脱渣。焊接时由于保护气体CO和H_2的燃烧使熔池沸腾，能继续除去金属熔池中的气体，所以，对焊件上的油、锈、污不敏感。表现为工艺性能较好，电弧稳定，交、直流弧焊机均可使用。

酸性焊条的缺点是由于保护气体中H_2质量分数大，约占50%，焊缝金属中氧、氮的质量分数也比较高，脱硫能力小，所以焊缝的力学性能差，尤其是塑性和抗裂性差，韧度低。另外，由于药皮的强氧化性，C、Si、Mn等元素的烧损较大。故酸性焊条常应用于一般的焊接结构，典型的酸性焊条型号有E4303等。

② 碱性焊条。碱性焊条的熔渣呈碱性，药皮的主要成分为$CaCO_3$和CaF_2。

碱性焊条的优点是在焊接过程中$CaCO_3$分解为CaO和CO_2，其中的CaO与S反应生成CaS和O_2，CaS为熔渣被除去，除硫作用强于酸性焊条，保护气体主要为CO_2和CO，H_2的质量分数很低（<5%），故又称低氢型焊条。由于这种焊条少硫低氢，所以焊缝金属的塑性好，韧度高，抗裂性强。又由于这种焊条药皮中含强氧化物少，故合金元素烧损小。

碱性焊条的缺点是药皮中的CaF_2化学性质极活泼，对油、锈、污敏感，电弧不稳定，熔渣为结晶状，不易脱渣。HF是一种有毒气体，对人体危害较酸性焊条大，应注意焊接场地的通风除尘。正因为碱性焊条的抗裂性强，焊缝力学性能好，故应用于重要结构的压力容器焊接。为了更好地发挥碱性焊条的抗裂作用，要求采用直流弧焊机、反接，且尽量采用短弧焊，以提高电弧气氛的保护效果。

（3）焊条的选用。在选择焊条时，应根据其性能特点，并考虑焊件的结构特点、工作条件、生产批量、施工条件及经济性等因素合理选用。

焊接低碳钢或低合金钢时，一般应使焊缝金属与母材等强度，焊接耐热钢、不锈钢时，应使焊缝金属的化学成分与焊件的化学成分相近。焊接形状复杂和刚度大的结构及焊接承受冲击载荷、交变载荷的结构时，应选用抗裂性好的碱性焊条。焊接难以在焊前清理的焊接结构时，应选用抗气孔性能好的酸性焊条。使用酸性焊条比使用碱性焊条经济，在满足使用性能要求的前提下应优先选用酸性焊条。

4) 焊条电弧焊的基本工艺

焊条电弧焊的基本工艺是指接头类型、坡口形式、焊缝空间位置及焊接工艺参数的确定等。

(1) 接头类型。焊接接头的基本形式有对接、角接、T形接和搭接等,如图5.42所示。

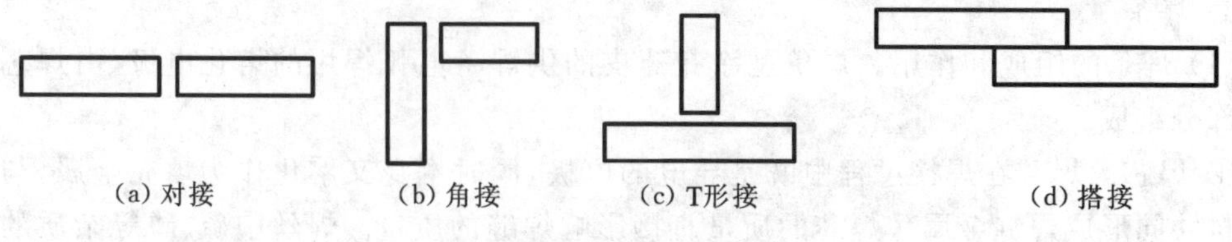

图5.42 接头的基本形式

对接接头是指两焊件端面相对平行的接头。对接接头省材料,受载时应力分布均匀,焊接质量也容易保证,但焊前准备和装配要求高。对于重要的焊接结构如锅炉、压力容器等的受力焊缝,宜采用对接接头。

角接接头是指两焊件端面间构成大于30°、小于135°夹角的接头。T形接头是指一焊件端面与另一焊件端面构成直角或近似直角的接头。当焊接结构要求构成一定角度的连接时,则采用角接接头或T形接头。

搭接接头是指两焊件部分重叠构成的接头。搭接接头受载时应力分布复杂,往往产生弯曲附加应力,降低了接头的连接强度。但是,搭接接头的焊前准备与装配简单。常见的桁架结构多采用搭接接头。

(2) 坡口形式。坡口是根据设计或工艺要求,在焊件待焊部位加工的具有一定几何形状的沟槽。坡口的基本形式有I、Y、U形等,如图5.43所示。坡口用机械、火焰、电弧等加工方法制成,其各部分的尺寸在国家标准中有规定。

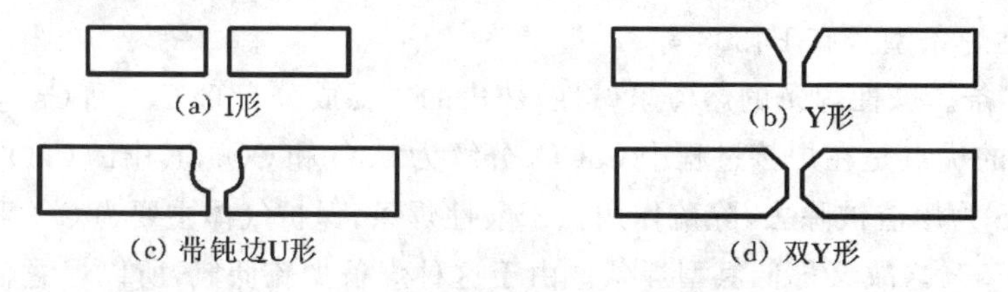

图5.43 坡口的基本形式

I形坡口主要用于厚度为1～6 mm钢板的焊接。焊件较厚又必须焊透时,待焊部位必须开坡口。

Y形坡口主要用于厚度为3～26 mm钢板的焊接。当焊件要求全焊透而焊缝背面又无法施焊时,可以采用Y形坡口。

双Y形坡口主要用于厚度为12～60 mm钢板的焊接。双Y形坡口比Y形坡口所需要的填充金属少,省焊条、省工时,但必须双面进行施焊。

U形坡口主要用于厚度为20～60 mm钢板的焊接。U形坡口也比Y形坡口所需要的填充金属少,省焊条、省工时,但坡口的加工比较困难,常需铣削加工。而Y形坡口、双Y形坡口采用氧气切割方法即可制出。

(3) 焊接位置的确定。按焊缝所处的空间位置,焊接分为平焊、立焊、横焊、仰焊四种。在平焊位置焊接,熔滴能够依靠重力垂直下落至熔池,液态金属不易向四周散失。因此,焊缝成形良好，操作方便，焊接技术要求低。

在立焊位置焊接，熔池的液态金属随时往下滴。因此，普遍采用从下向上的焊接方向。

在横焊位置焊接，熔池的液态金属容易流出，因此焊件接缝应留适当间隙。

在仰焊位置焊接，熔池的液态金属随时可能往下滴落，因此，应尽量缩小熔池的面积。显然，仰焊位置焊接最困难，平焊位置焊接最方便。在可能的条件下，应将立焊、横焊、仰焊位置转变为平焊位置进行焊接。例如，借助翻转架等变位机构改变焊缝的焊接位置。

(4) 焊接工艺参数的确定。焊条电弧焊的焊接工艺参数是指电源种类和极性、焊条直径、焊接电流和焊接层数。

① 电源种类和极性。酸性焊条一般选用交流弧焊机，碱性焊条一般选用直流弧焊机。只有选用了直流弧焊机后才考虑极性问题，具体可参照焊接电弧里的内容。

② 焊条直径的选择。焊条直径主要取决于焊件厚度、接头形式、焊缝位置、焊接层(道)数等因素。根据焊件厚度，平焊时焊条直径的选用见表 5.9。

表 5.9　平焊时焊条直径的选择

焊件厚度/mm	<2	2～4	4～10	12～14	>14
焊条直径/mm	1.5～2.0	2.5～3.2	3.2～4	4～5	>5

③ 焊接电流的选择。焊接电流主要根据焊条直径来选择，对平焊低碳钢和低合金钢焊件，焊条直径 3～6 mm 时，其电流大小可根据经验公式选择，即

$$I=(30\sim50)d \tag{5-3}$$

式中：I——焊接电流(A)；

d——焊条直径(mm)。

实际工作时，电流大小的选择还应考虑焊件的厚度、接头形式、焊接位置和焊条种类等因素。焊件较薄时，横焊、立焊、仰焊以及不锈钢焊条等条件下，焊接电流均应比平焊时电流小 10%～15%，也可通过试焊来调节电流的大小。

④ 焊接层数。厚件和易过热的材料焊接时，常采用开坡口、多层多道焊的方法，每层焊缝的厚度以 3～4 mm 为宜。也可按下式安排层数，即

$$n=\delta/d \tag{5-4}$$

式中：n——焊接层数(取整数)；

δ——焊件厚度(mm)；

d——焊条直径(mm)。

2. 埋弧自动焊

埋弧自动焊是将焊条电弧焊的引弧、焊条送进、电弧移动几个动作改由机械自动完成，电弧在焊剂层下燃烧，故称为埋弧自动焊。如果部分动作由机械完成，其他动作仍由焊工辅助完成，则称为半自动焊。

1) 埋弧自动焊的过程

焊接时，自动焊机头将焊丝自动送入电弧区自动引弧，通过焊机弧长自动调节装置，保证一定的弧长，电弧在颗粒状焊剂下燃烧，母材金属与焊丝被熔化成较大体积(可达 20 cm^3)的熔池。焊车带着焊丝自动匀速向前移动，或焊机头不动而工件匀速移动，熔池金属被电弧气体排挤向后堆积，凝固后形成焊缝。电弧周围的颗粒状焊剂被熔化成熔渣，部分焊剂蒸

发,生成的气体将电弧周围的气体排开,形成一个封闭的熔渣泡。它有一定的黏度,能承受一定的压力,因此使熔化金属与空气隔离,并防止熔化金属飞溅,既可减少热能损失,又能防止弧光四射。未熔化的焊剂可以回收重新使用。埋弧自动焊机如图5.44所示。

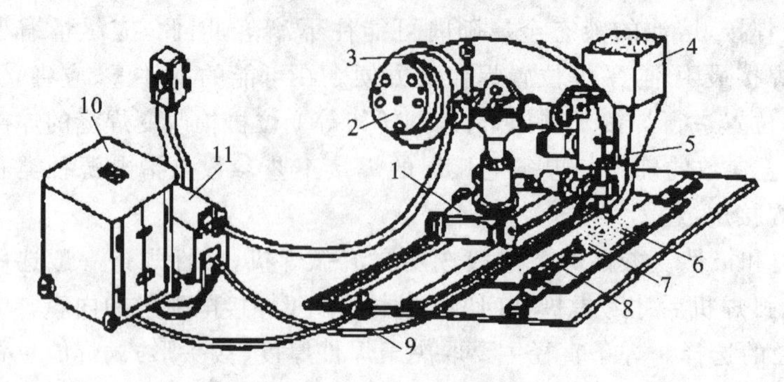

图5.44 埋弧自动焊机

1—焊接小车;2—控制盘;3—焊丝盘;4—焊剂漏斗;5—焊接机头;6—焊剂;7—渣壳;8—焊缝;9—焊接电缆;10—焊接电源;11—控制箱

2) 埋弧自动焊的特点和应用

埋弧自动焊与焊条电弧焊相比,有以下特点。

(1) 埋弧自动焊的电流比焊条电弧焊的高6~8倍,无须更换焊条,没有飞溅,生产率提高5~10倍。同时,由于埋弧焊熔池大,可以不开或少开坡口,节省坡口加工工时,节省焊接材料,焊丝利用率高,降低了焊接成本。

(2) 埋弧焊焊剂供给充足,保护效果好,冶金过程完善,焊接工艺参数稳定,焊接质量好,而且稳定,对操作者技术要求低,焊缝成形美观。

(3) 改善了劳动条件,没有弧光,没有飞溅,烟雾也很少,劳动强度较轻。

(4) 设备结构较复杂,投资大,装配要求高,调整等准备工作量较大。

(5) 适应性差,只能用于焊平焊位置,通常用于焊接直缝和环缝,不能用于焊空间位置焊缝和不规则焊缝。

3. 气体保护焊

1) CO_2气体保护焊

(1) CO_2气体保护焊的原理。

CO_2气体保护焊是以CO_2作为保护气体,以焊丝作电极,以自动或半自动方式进行焊接的一种焊接方法。目前常用的是半自动焊,即焊丝送进是靠机械自动进行并保持弧长,由操作人员手持焊枪进行焊接。

CO_2气体在电弧高温下能分解,有氧化性,会烧损合金元素。因此,不能用来焊接有色金属和合金钢。焊接低碳钢、普通低合金钢时,通过含有合金元素的焊丝来进行脱氧和渗合金等冶金处理。现在常用的CO_2气体保护焊焊丝是H08Mn2SiA,适用于焊接低碳钢和抗拉强度在600 MPa以下的普通低合金钢。CO_2气体保护焊的焊接装置如图5.45所示。

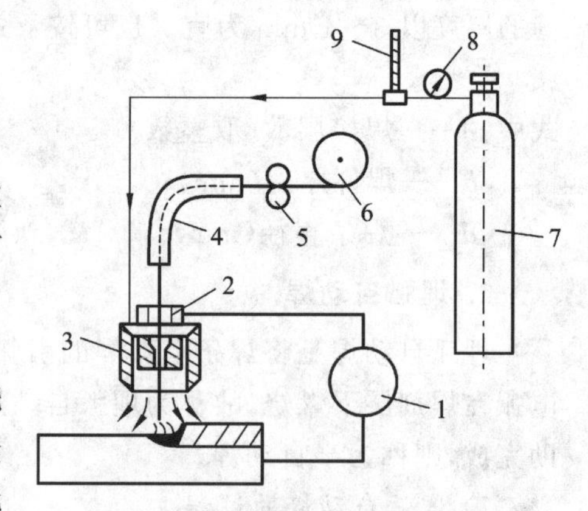

图5.45 CO_2气体保护焊的焊接装置

1—焊接电源;2—导电嘴;3—焊炬喷嘴;4—送丝软管;5—送丝机构;6—焊丝盘;7—气瓶;8—减压器;9—流量计

一般情况下，无须接干燥器，甚至不需要预热器。但用于 300 A 以上的焊枪时需要水冷。为了使电弧稳定，飞溅少，CO_2 气体保护焊采用直流反接。

(2) CO_2 气体保护焊的特点与应用。

① 成本低。CO_2 气体价格比较便宜，焊接成本比埋弧自动焊和焊条电弧焊的低。

② 操作性能好。CO_2 气体保护焊电弧是明弧，可清楚看到焊接过程。它如同焊条电弧焊一样灵活，适用于全位置焊接。

③ 生产率高。焊丝送进自动化，电流密度大，电弧热量集中，所以焊接速度快，焊后没有熔渣，不需清渣，比焊条电弧焊的生产率高 1～3 倍。

④ 焊接质量比较好。CO_2 气体保护焊焊缝含氢量低，采用合金钢焊丝易于保证焊缝性能。电弧在气流压缩下燃烧，热量集中，热影响区较小，变形和开裂倾向也小。

⑤ 设备使用和维修不便。送丝机构容易出故障，需要经常维修。

⑥ 焊缝成形差。飞溅大，烟雾较大，控制不当易产生气孔。

CO_2 气体保护焊适于低碳钢和强度级别不高的普通低合金钢焊接，主要用于焊接薄板。单件小批生产和不规则焊缝采用半自动 CO_2 气体保护焊，大批生产和长直焊缝可用 CO_2+O_2 等混合气体保护焊。

2) 氩弧焊

(1) 氩弧焊的原理。

氩弧焊是使用氩气作为保护气体的气体保护焊。氩气是惰性气体，在高温下不与金属起化学反应，也不熔于金属，可以保护电弧区的熔池、焊缝和电极不受空气的有害作用，是一种较理想的保护气体。氩气电离势高，引弧较困难，但一旦引燃就很稳定。氩气纯度要求达到 99.9%，我国生产的氩气纯度能够达到这个要求。

按所用电极不同，氩弧焊分为钨极(非熔化极)氩弧焊(见图 5.46(a))和熔化极(金属极)氩弧焊(见图 5.46(b))两种。

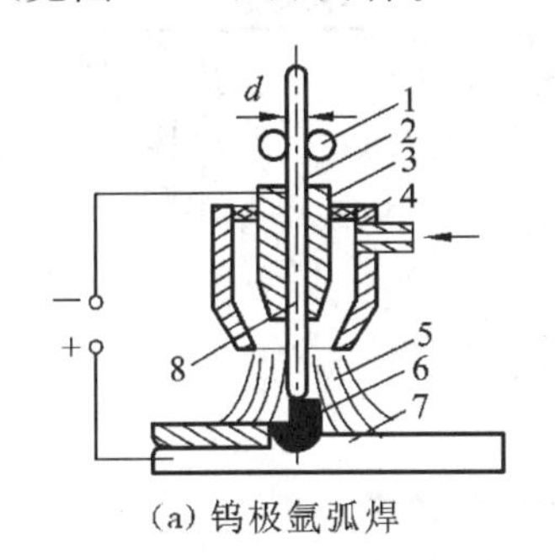

(a) 钨极氩弧焊

(b) 熔化极氩弧焊

图 5.46 氩弧焊示意图

1—送丝机构；2—焊丝；3—导电嘴；4—喷嘴；5—保护气体；6—电弧；7—母材

钨极氩弧焊电极常用钍钨极和铈钨极两种。焊接时，电极不熔化，只起导电和引弧作用。钨极为阴极时，发热量小，钨极为阳极时，发热量大，钨极烧损严重，电弧不稳定，焊缝易产生夹钨。因此，一般钨极氩弧焊不采用直流反接。但在焊接铝工件时，由于母材表面有氧化膜，影响熔合，这时采用直流反接，有“阴极破碎”作用，能消除氧化膜，使焊缝成形美观，而采用正接时却没有这种“阴极破碎”现象。因此，综合上述因素，钨极氩弧焊焊铝工件时一般采用交流电源。但交流电源产生的电弧不稳定，且有直流成分。因此，交流钨极氩弧焊设备还要有引弧、稳弧和直流装置，比较复杂。

手工钨极氩弧焊的操作与气焊相似,需加以填充金属,也可以在接头中附加金属条或采用卷边接头。填充金属有的可采用与母材相同的金属,有的需要加一些合金元素,进行冶金处理,以防止气孔等缺陷。

熔化极氩弧焊以连续送进的焊丝作为电极,与埋弧自动焊相似,可用来焊接厚度 25 mm 以下的工件。熔化极氩弧焊可分为自动熔化极氩弧焊和半自动熔化极氩弧焊两种。

(2) 氩弧焊的特点与应用。

① 电弧稳定,特别是小电流时也很稳定。因此,熔池温度容易控制,做到单面焊双面成形。尤其现在普遍采用的脉冲氩弧焊,更容易保证焊透和焊缝成形。

② 采用气体保护,电弧可见(称为明弧),易于实现全位置自动焊接。

③ 电弧在气流压缩下燃烧,热量集中,熔池小,焊速快,热影响区小,焊接变形小。

④ 机械保护效果特别好,焊缝金属纯净,成形美观,质量优良。

⑤ 氩气价格较高,因此成本较高。

氩弧焊适用于焊接易氧化的有色金属和合金钢,如铝、钛和不锈钢等,适用于单面焊双面成形,如打底焊和管子焊接。钨极氩弧焊,尤其是脉冲钨极氩弧焊,还适用于薄板焊接。

4. 电阻焊

电阻焊是焊件组合后通过电极施加压力,利用电流通过接触处及焊件附近产生的电阻热,将焊件加热到塑性或局部熔化状态,再施加压力形成焊接接头的焊接方法。

电阻焊通常分为对焊、点焊、缝焊三种,如图 5.47 所示。

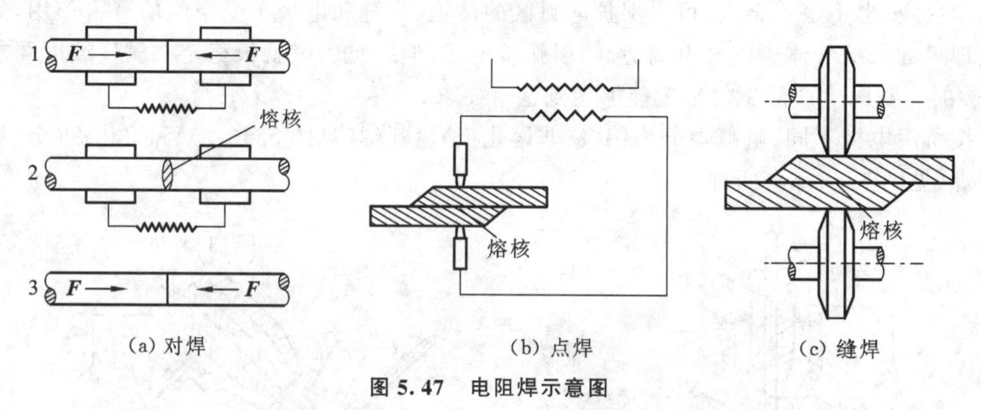

图 5.47 电阻焊示意图

1) 对焊

对焊是对接电阻焊,按焊接工艺不同分为电阻对焊和闪光对焊。

(1) 电阻对焊。电阻对焊是将两个工件装夹在对焊机电极钳口内,先预压使两焊件端面压紧,再通电加热,使被焊处达到塑性温度状态后断电并迅速加压预锻,使高温端面产生一定塑性变形而完成焊接。

电阻对焊操作简单,接头比较光滑,但对焊件端面加工和清理要求较高,否则端面加热不均匀,容易产生氧化物夹杂,质量不易保证。因此,电阻对焊一般仅用于焊接断面简单、直径(或边长)小于 20 mm 和强度要求不高的工件。

(2) 闪光对焊。闪光对焊是两焊件先不接触,接通电源,再移动焊件使之接触。由于工件表面不平,接触点少,其电流密度大,接触点金属迅速熔化、蒸发、爆破,形成火花,从接触处飞出来,形成“闪光”。经多次闪光加热后,端面达到均匀熔化状态,同时多次闪光将端面氧化物清理干净，此时断电并迅速对焊件加压预锻，形成焊接接头。

闪光对焊对焊接断面加工要求较低，而且经闪光对焊之后端面被清理。因此，接头夹渣少，质量较高，常用于焊接重要零件。可以焊接相同的金属材料，也可以焊接异种金属材料。被焊工件可以是直径 0.01 mm 的金属丝，也可以是截面积为 2 000 mm^2 的金属型材或钢坯。

对焊用于杆状零件对接，如刀具、管子、钢筋、钢轨、车圈、链条等。不论哪种对焊，焊接断面要求尽量相同，圆棒直径、方钢边长、管子壁厚之差不应超过 15%。

2）点焊

点焊是利用柱状电极加压通电，在搭接的两焊件间产生电阻热，使焊件局部熔化形成一个熔核（周围为塑性状态），将接触面焊成一个焊点的一种焊接方法。

焊接第二个焊点时，有一部分电流会流经已焊好的焊点，称为点焊分流现象。分流将使焊接处电流减小，影响焊接质量，因此两焊点之间应有一定距离以减小分流。工件厚度越大，材料导电性能越好，分流现象越严重，点间距应加大。

影响点焊质量的因素除了焊接电流、通电时间、电极压力等主参数外，还包括焊件表面状态。因此，点焊前必须清理焊件表面的氧化物和油污等。

点焊主要用于厚度在 4 mm 以上的薄板冲压壳体结构及钢筋焊接，尤其是汽车和飞机制造。目前，点焊厚度可从 10 μm（精密电子器件）至 30 mm（钢梁框架），可每次焊一个点或一次焊多个点。

3）缝焊

缝焊与点焊相似，都属于搭接电阻焊。缝焊采用滚盘作为电极，边焊边滚，相邻两个焊点部分重叠，形成一条具有密封性的焊缝。因此，缝焊分流现象严重，一般只适合焊接厚度在3 mm以下的薄板结构，如易拉罐、油箱、烟道焊接等。

5. 电渣焊

1）电渣焊的原理

电渣焊是利用电流通过液态熔渣所产生的电阻热加热熔化母材与电极的焊接方法，如图 5.48 所示。按电极形状，电渣焊分为丝极电渣焊、板极电渣焊、熔嘴电渣焊和管极电渣焊。

电渣焊一般都是在垂直立焊位置焊接，两工件相距 25～35 mm。引燃电弧熔化焊剂和工件，形成渣池和熔池，待渣池有一定深度时增加送丝速度，使焊丝插入渣池，电弧便熄灭，转入电渣过程。这时，电流通过熔渣产生电阻热，将工件和电极熔化，形成金属熔池沉在渣池下面。渣池既作为焊接热源，又起机械保护作用。随着熔池和渣池上升，远离渣池的熔池金属便冷却形成焊缝。

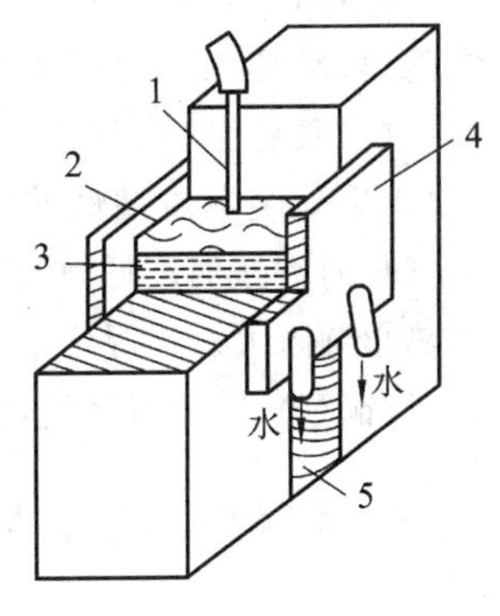

图 5.48 电渣焊示意图

1—焊丝；2—渣池；3—熔池；4—滑块；5—焊缝

2）电渣焊的特点与应用

(1) 适于焊接厚件，生产率高，成本低。用铸-焊、锻-焊结构拼成大件，以替代巨大的铸造或锻造整体结构，改变了重型机器制造工艺过程，节省了大量的金属材料和设备投资。同时，40 mm 以上厚度的工件可不开坡口，节省了加工工时和焊接材料。

(2) 焊缝金属比较纯净，电渣焊机械保护好，空气不易进入溶池。熔池存在时间长，低熔点夹杂物和气体容易排出。

(3) 电渣焊可以一次焊成很厚的焊件,焊接速度慢,过热区大,接头组织粗大。因此,焊后要进行正火处理。

电渣焊适用于板厚在40 mm以上工件的焊接。单丝摆动焊件厚度为60～150 mm,三丝摆动可焊接厚度可达450 mm。电渣焊一般用于直缝焊接,也可用于环缝焊接。

6. 钎焊

钎焊是采用熔点比母材低的金属材料作钎料,将焊件与钎料加热到高于钎料熔点而低于母材熔点的温度,利用液态钎料润湿母材,填充接头间隙,并与母材相互扩散实现连接的焊接方法。

钎焊接头的质量在很大程度上取决于钎料,钎料应具有合适的熔点和良好的润湿性。母材接触面要求很干净,焊接时使用钎焊钎剂(软钎焊可参照GB/T 15829—2008选用)。钎剂能去除氧化膜和油污等杂质,保护接触面,并改善钎料的润湿性和毛细流动性。钎焊按钎料熔点分为软钎焊和硬钎焊两大类。

1) 软钎焊

钎料熔点在450 ℃以下的钎焊称为软钎焊,常用钎剂是松香、氯化锌溶液等。

软钎焊强度低,工作温度低,主要用于电子线路的焊接。由于钎料常用锡铅合金,故通称锡焊。

2) 硬钎焊

钎料熔点在450 ℃以上,接头强度较高,在200 MPa以上。常用钎料有铜基、银基和镍基钎料等。常用钎剂有硼砂、硼酸、氯化物、氟化物等。硬钎焊主要用于受力较大的钢铁和铜合金构件的焊接,如自行车车架、刀具等。钎焊构件的接头形式均采用搭接或套件镶接。

7. 气焊

气焊是指利用气体火焰作为热源的焊接方法。最常用的是利用氧乙炔焰作为热源的氧乙炔焊。焊接时,氧气和乙炔的混合气体在焊嘴中形成。点燃后,加热焊丝和焊件的接边形成熔池,移动焊丝和焊嘴形成焊缝。气焊焊丝一般选用与母材相近的金属丝。焊接不锈钢、铸铁、铜及其合金、铝及其合金时,常使用焊剂去除焊接过程中的氧化物,焊剂还具有保护熔池、改善熔池金属流动性的作用。焊剂应配合气焊焊丝选用。

气焊时焊接温度低,焊接薄板时不易烧穿,对焊缝的空间位置没有特殊要求,但这种焊接方式热影响区大。气焊用于薄钢板、易熔的有色金属、合金、要求缓慢冷却的金属(如工具钢、铸铁、黄铜等)、钎焊刀具的焊接及铸铁的焊补等。气焊对无电源的野外施工具有特殊的意义。

三、焊接结构工艺性

焊接结构的设计,除考虑结构的使用性能、环境要求和国家标准与规范外,还应考虑结构的工艺性和现场的实际情况,以力求生产率高、成本低,满足经济性的要求。焊接结构工艺性,一般包括焊接结构材料选择、焊接方法选择、焊缝布置和焊接接头设计等方面的内容。

1. 焊接材料与焊接方法的选择

随着焊接技术的发展,工业上常用的金属材料一般均可焊接。但材料的焊接性不同,焊后接头质量差别就很大。因此,应尽可能选择焊接性良好的焊接材料来制造焊接构件。可优先选用低碳钢和普通低合金钢等材料,其价格低廉,工艺简单,易于保证焊接质量。

焊接方法选择的主要依据是材料的焊接性、工件的结构形式、工件的厚度和各种焊接方法的适用范围、生产率等。目前常用焊接方法的特点及应用范围见表5.10。

表5.10 常用焊接方法的特点及应用范围

焊接方法	焊接热源	主要接头形式	焊接位置	钢板厚度/mm	可焊材料	生产率	应用范围
手工焊条电弧焊	电弧热	对接、搭接、T形接、卷边接	全位置焊	3～20	碳素钢、低合金钢、铸铁、铜及铜合金	中等偏高	在静止、冲击或振动载荷下工作的构件，补焊铸铁件和损坏的构件
埋弧自动焊	电弧热	对接、搭接、T形接	平焊	6～60	碳素钢、低合金钢、铜及铜合金	高	在各种载荷下工作的构件，成批生产、中厚板长直焊缝和较大直径环缝
CO_2气体保护焊	电弧热	对接、搭接、T形接	全位置焊	0.8～25	碳素钢、低合金钢	很高	要求致密、耐蚀、耐热的构件
氩弧焊	电弧热	对接、搭接、T形接	全位置焊	0.5～25	铝、铜、镁、钛及钛合金、耐热钢、不锈钢	中等偏高	要求致密、耐蚀、耐热的构件
对焊	电阻热	对接	平焊	≤20	碳素钢、低合金钢、不锈钢、铝及其合金	很高	焊接杆状构件
点焊	电阻热	搭接	全位置焊	0.5～3	碳素钢、低合金钢、不锈钢、铝及其合金	很高	焊接薄壳板构件
缝焊	电阻热	搭接	平焊	<3	碳素钢、低合金钢、不锈钢、铝及其合金	很高	焊接薄壁容器和管道
电渣焊	电阻热	对接	立焊	40～450	碳素钢、低合金钢、不锈钢、铸铁	很高	一般用来焊接大厚度铸、锻件
等离子弧焊	压缩电弧热	对接	全位置焊	0.025～12	耐热钢、不锈钢、铜、镍、钛及钛合金	中等偏高	用一般焊接方法难以焊接的金属及其合金
钎焊	各种热源	搭接、套接	平焊	—	碳素钢、合金钢、铸铁、铜及其合金	高	用其他焊接方法难以焊接的金属及其合金
气焊	火焰热	对接、卷边接	全位置焊	0.5～3	碳素钢、合金钢、铸铁、铜、铝及其合金	低	耐热性、致密性、静载荷、受力不大的薄板结构，补焊铸铁件及损坏的机件

2. 焊接接头设计

焊接接头设计包括接头形式、坡口形式和焊缝布置设计,接头形式、坡口形式在前面已经做了介绍,下面仅就焊缝布置设计做必要的说明。

焊缝布置的一般工艺设计原则如下。

(1) 焊缝布置应便于焊接操作。焊条电弧焊时,要考虑焊条能否到达待焊部位。点焊和缝焊时,应考虑电极能否方便进入待焊位置,如图5.49、图5.50所示。

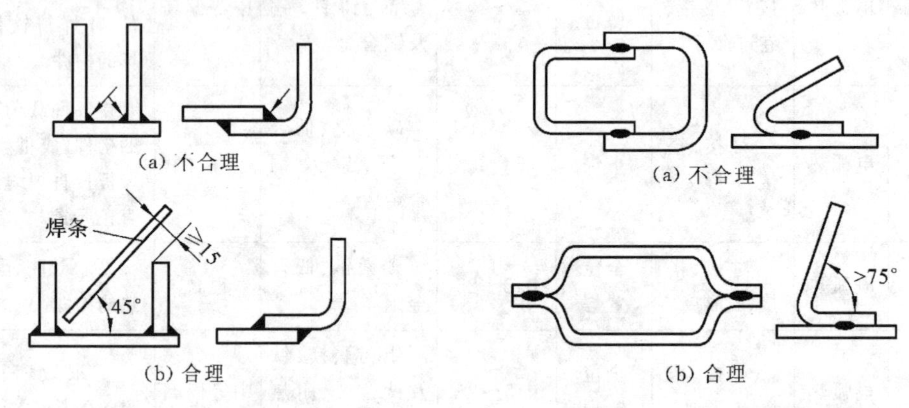

图5.49 手工焊条电弧焊焊缝布置　　**图5.50 点焊或缝焊焊缝布置**

(2) 焊缝应避开应力集中部位。焊接接头往往是焊接结构的薄弱环节,存在残余应力和焊接缺陷。因此,焊缝应避开应力较大部位,尤其是应力集中部位,如焊接钢梁焊缝不应在梁的中间而应该按如图5.51(d)所示均分。压力容器一般不用平板封头(见图5.51(a))、无折边封头(见图5.51(b)),而应采用碟形封头(见图5.51(c))和球性封头等。

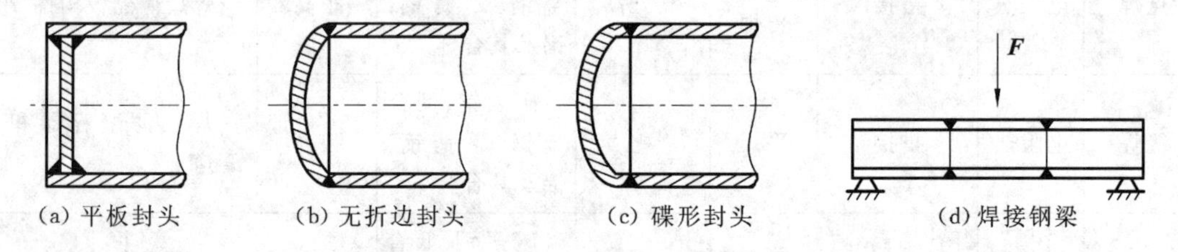

图5.51 焊缝应避开应力集中部位

(3) 焊缝布置应尽可能对称。焊缝对称布置可使焊接变形相互抵消。如图5.52(a)、(b)所示焊缝偏于截面重心一侧,焊后会产生较大的弯曲变形,图5.52(c)、(d)、(e)所示焊缝对称布置,焊后不会产生明显变形。

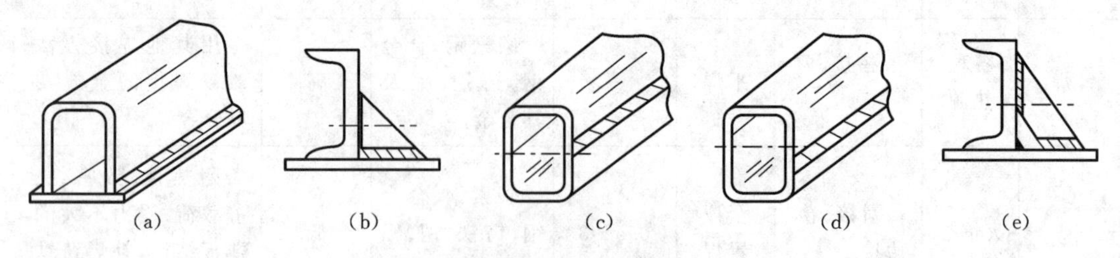

图5.52 焊缝对称布置的设计

(4) 焊缝布置应尽可能分散和避免过分集中和交叉。焊缝密集或交叉会加大热影响区,使组织恶化,性能下降。两焊缝间距一般要求大于3倍板厚且不小于100 mm,如图5.53所示。

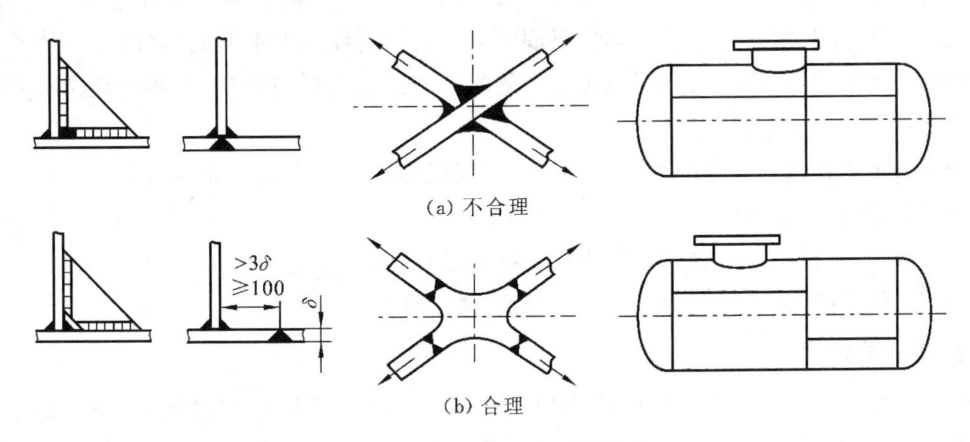

图 5.53 焊缝分散布置的设计

(5) 尽量减小焊缝长度和数量。减小焊缝长度和数量可减少焊接热量,减小焊接应力和变形,同时减少焊接材料消耗,降低成本,提高生产率。图5.54(b)、(c)所示是采用型材和冲压件减少焊缝的设计,明显比图5.54(a)合理。

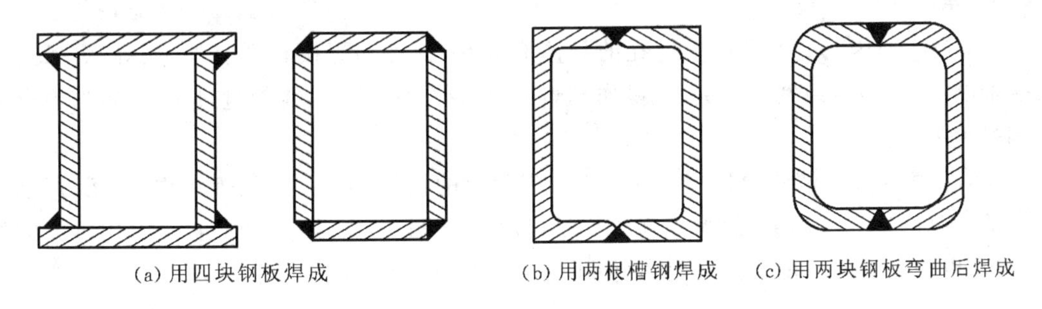

图 5.54 合理选材,减少焊缝数量

(6) 焊缝应尽量避开机械加工表面。有些焊接结构需要进行机械加工,为保证加工表面精度不受影响,焊缝应避开这些加工表面,如图5.55所示。

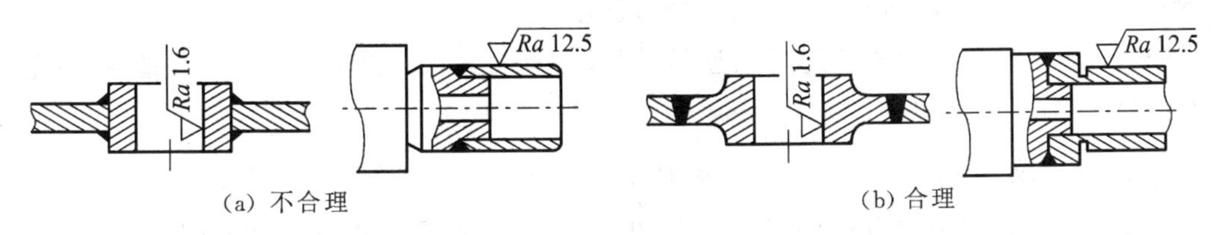

图 5.55 焊缝远离机械加工表面的设计

四、焊接缺陷与质量检验

在焊接生产过程中,由于焊接结构设计、焊接工艺参数、焊前准备和操作方法等原因,往往会产生焊接缺陷。焊接缺陷会影响焊接结构使用的可靠性,在焊接生产中要采取措施尽量避免焊接缺陷的产生。

1. 常见焊接缺陷

(1) 焊缝形状缺陷,指焊缝尺寸不符合要求及出现咬边、烧穿、焊瘤及弧坑等。

(2) 气孔,指焊缝熔池中的气体在凝固时未能析出而残留下来形成的窄穴。

(3) 夹渣和夹杂,指焊后残留在焊缝中的熔渣和经冶金反应产生的、焊后残留在焊缝中的非金属夹杂。

(4) 未焊透、未熔合,指焊缝金属和母材之间或焊接金属之间未完全熔化结合以及焊缝的根部未完全熔透的现象。

(5) 裂纹,包括热裂纹、冷裂纹、再热裂纹和层状撕裂等。

(6) 其他缺陷,包括电弧擦伤、飞溅、磨痕、凿痕等。

2. 焊接未焊透

(1) 产生原因。产生未焊透的根本原因是输入焊缝焊接区的相对热量过小,熔池尺寸小,熔深不够。生产中的具体原因有:坡口设计或加工不当(角度、间隙过小)、钝边过大、焊接电流太小、运条操作不当或焊速过快等。

(2) 预防措施。正确选用和加工坡口尺寸,保证良好的装配间隙。采用合适的焊接参数,保证合适的焊条摆动角度,仔细清理层间的熔渣。

3. 焊接气孔

(1) 产生原因。生产中产生气孔的具体原因有:工件和焊接材料有油、锈等,焊条药皮或焊剂潮湿,焊条或焊剂变质失效;操作不当引起保护效果不好、线能量过小,使得熔池存在时间过短等。

(2) 预防措施。清除焊件焊接区附近及焊丝上的铁锈、油污、油漆等污物,焊条、焊剂在使用前应严格按规定烘干,适当提高线能量,以提高熔池的高温停留时间,不采用过大的焊接电流,以防止焊条药皮发红失效,不使用偏心焊条,尽量采用短弧焊。

4. 焊接夹渣

(1) 产生原因。产生夹渣的原因是各类残渣的量多且没有足够的时间浮出熔池表面。生产中的具体原因有:多层焊时,前一层焊渣没有清除干净、运条操作不当、焊条熔渣黏度太大、脱渣性差、线能量小,导致熔池存在时间短、坡口角度太小等。

(2) 预防措施。选用合适的焊条型号,焊条摆动方式要正确,适当增大线能量,注意层间的清理,特别是低氢碱性焊条,一定要彻底清除层间焊渣。

5. 焊接裂纹

裂纹分为两类:①在焊缝冷却结晶以后生成的冷裂纹;②在焊缝冷却凝固过程中形成的热裂纹。裂纹的产生与焊缝、母材成分、组织状态及其相变特性、焊接结构条件及焊接时所采用装夹方法决定的应力、应变状态有关。如不锈钢易出现热裂纹,低合金高强钢易出现冷裂纹。

1) 产生热裂纹的原因与预防

热裂纹的产生跟硫、磷等杂质太多有关。硫、磷在钢中生成的低熔点脆性共晶物,会集聚在最后凝固的树枝状晶界间和焊缝中心区。在焊接应力作用下，焊缝中心线、弧坑、焊缝终点都容易形成热裂纹。为防止热裂纹应注意：严格控制焊缝中硫、磷杂质的含量，填满弧坑，减慢焊接速度，以减小最后冷却结晶区域的应力和变形，改善焊缝形状，避免熔深过大的梨形焊缝。

2）冷裂纹产生的原因与预防

产生冷裂纹的原因较为复杂，一般认为有三方面的因素：①含氢量；②拘束度；③淬硬组织。其中最主要的因素是含氢量，故常称其为氢致裂纹。为防止冷裂纹，应从控制产生冷裂纹的三个因素着手：选用低氢焊条并烘干，清除焊缝附近的油污、锈、油漆等污物，用短弧焊，以增强保护效果；尽可能设计成刚性小的结构，采用焊前预热、焊后缓冷或焊后热处理措施，以减少淬硬倾向和焊后残余应力。

不同的焊接方法产生焊接缺陷的原因是不同的，在生产过程中要具体分析产生原因后再制订预防或消除措施。这几种焊接缺陷中，焊接裂纹是危害最大的焊接缺陷。它不仅会造成应力集中，降低焊接接头的静载强度，更严重的是它是导致疲劳和脆性破坏的重要诱因。

6. 焊接质量检验

1）焊接检验过程

焊接检验过程包括焊前、焊接生产过程中和焊后成品检验。焊前检验主要内容有原材料检验、技术文件编制、焊工资格考核等。焊接过程中的检验主要是检查各生产工序的焊接工艺执行情况，以便发现问题并及时补救，通常以自检为主。焊后成品检验是检验的关键，是焊接质量最后的评定。通常包括三方面：①无损检验，如X射线检验、超声波检验等；②成品强度试验，如水压试验、气压试验等；③致密性检验，如煤油试验、吹气试验等。

2）焊接检验方法

焊接检验的主要目的是检查焊接缺陷。针对不同类型的缺陷通常采用破坏性检验和非破坏性检验（无损检验）。非破坏性检验是检验重点，主要方法有如下几种。

(1) 外观检验。用肉眼或放大镜（小于20倍）检查外部缺陷。

(2) 无损检验。

① 磁粉检验。磁粉检验是检查铁磁性材料表面或近表面的裂纹、气孔、夹渣等焊接缺陷的一种方法。

② 着色检验。着色检验是借助渗透性强的渗透剂和毛细管的作用检查焊缝表面缺陷。

③ 超声波检验。超声波检验利用频率在20 000 Hz以上超声波的反射，探测焊缝内部缺陷的位置、种类和大小。

④ 射线检验。射线检验是借助射线（X射线、γ射线或其他高能射线等）的穿透作用检查焊缝内部缺陷，通常用照相法。

(3) 焊后成品强度检验。主要是水压试验和气压试验。用于检查锅炉、压力容器、压力管道等焊缝接头的强度。具体检验方法依照有关行业标准执行。

(4) 致密性检验。

① 煤油检验。在被检焊缝的一侧刷上石灰水溶液，待干后再在另一侧涂煤油，借助煤

油的穿透能力,当焊缝有裂缝等穿透性缺陷时,石灰粉上呈现出煤油润湿的痕迹,据此发现焊接缺陷。

② 吹气检验。在焊缝一侧吹压缩空气,另一侧刷肥皂水,若有穿透性缺陷,该部位会出现气泡,即可发现焊接缺陷。

五、焊接新工艺简介

1. 激光焊接与切割

1)激光焊接与切割的原理

激光焊接是利用原子受激光辐射的原理,使工作物质(激光材料)受激发而产生的一种单色性好、方向性强、强度很高的激光束。聚焦后的激光束最高能量密度可达 10^{13} W/cm^2,在千分之几秒甚至更短时间内将光能转换成热能,温度可达 10 000 ℃以上,可以用来焊接和切割,如图 5.56 所示。目前焊接中应用的激光器有固体和气体介质两种。固体激光器常用的激光材料有红宝石、钕玻璃和掺钕钇铝石榴石。气体激光器所用激光材料是 CO_2。

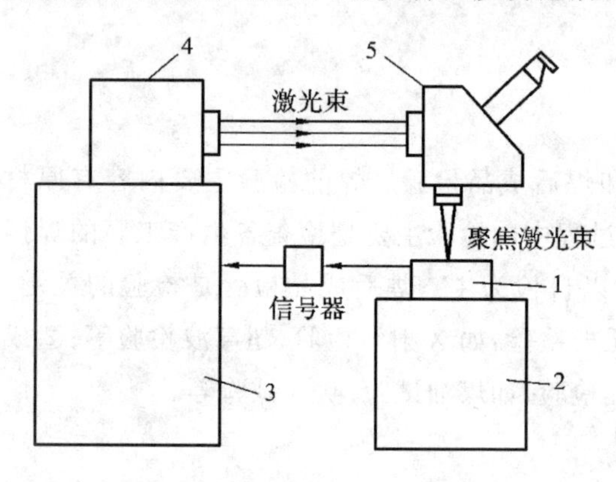

图 5.56 激光焊接示意图

1—工件;2—工作台;3—电源及控制设备;4—激光器;5—观察器及聚焦系统

2)激光焊接的分类

(1)脉冲激光焊接,适用于电子工业和仪表工业微型件的焊接,可实现薄片(0.1 mm 左右)、薄膜(几微米到几十微米)、丝与丝(直径为 0.02~0.2 mm)、密封缝焊。

(2)连续激光焊接,主要使用大功率 CO_2 气体激光器,连续输出功率可达 100 kW,可以进行从薄板精密焊到 50 mm 厚板深穿入焊的各种焊接。

3)激光焊接的特点

(1)能量密度大且放出极其迅速,适合于高速加工,能避免热损伤和焊接变形,故可进行精密零件、热敏感性材料的加工。被焊材料不易氧化,可以在大气中焊接,不需要气体保护或真空环境。

(2)可对绝缘材料直接焊接,对异种金属材料焊接比较容易,甚至能把金属与非金属焊接在一起。

(3)激光焊接装置不需要与被焊接工件接触。激光束可用反射镜或偏转棱镜将其在任何方向上弯曲或聚焦,因此可以焊接一般方法难以接近的接头或无法安置的接焊点,如真空管中电极的焊接。

4)激光切割

激光切割机理有激光蒸发切割、激光熔化吹气切割和激光反应气体切割三种。

激光切割具有切割质量好、效率高、速度快、成本低等优点。一般来说,金属材料对激光吸收效率低,反射损失大,同时导热性强,所以要尽可能采用大功率激光器。非金属材料对 CO_2 激光束的吸收率相当高,传热系数都较低,所用激光器功率不需要很大,切割、打孔等加工较容易。因此,较小功率的激光器就能进行非金属材料的切割。目前大功率 CO_2 激光器作为隧道等挖掘工程的辅助工具,已用于岩石的切割。

2. 真空电子束焊接

1) 真空电子束焊接的原理

真空电子束焊接是把工件放在真空(真空度必须保持在 666×10^{-4} Pa 以上)内,由真空室内的电子枪产生的电子束经聚焦和加速,撞击工件后动能转化为热能的一种熔化焊,如图5.57所示。

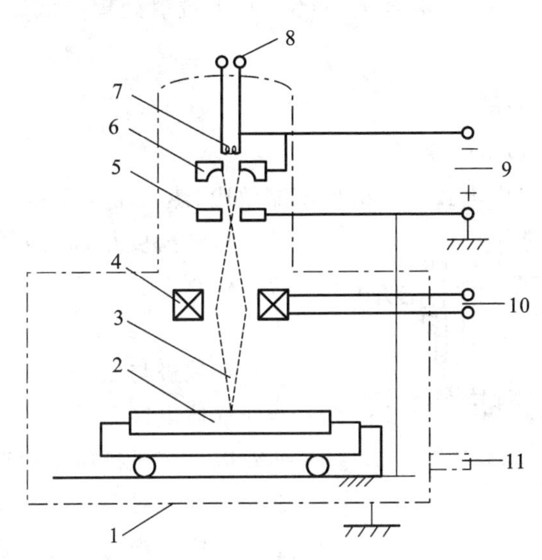

图5.57 真空电子束焊接示意图

1—真空室;2—焊件;3—电子束;4—聚焦透镜;5—阴极;6—阳极;7—灯丝;
8—交流电源;9—直流高压电源;10—直流电源;11—排气装置

真空电子束焊接一般不加填充焊丝,若要求焊缝的正面和背面有一定堆高时,可在接缝处预加垫片。焊接前必须严格除锈和清洗,不允许残留有机物。对接焊缝间隙不得超过0.2 mm。

随着原子能和航空航天技术的发展,大量应用了锆、钛、钽、铌、钼、铍、镍及其合金。这些稀有的难熔、活性金属,用一般的焊接技术难以得到满意的效果。真空电子束焊接技术研制成功,才为这些难熔、活性金属的焊接开辟了一条有效途径。

2) 真空电子束焊接的特点与应用

(1) 在真空环境中施焊,保护效果极佳,焊接质量好。焊缝金属不会氧化、氮化,且无金属电极玷污。没有弧坑或其他表面缺陷,内部熔合好,无气孔、夹渣。特别适合焊接化学活泼性强、纯度高和极易被大气污染的金属,如铝、钛、锆、钼、高强钢、不锈钢等。

(2) 焊接变形小,可以焊接一些已经机械加工好的组合零件,如多联齿轮组合零件等。

(3) 焊接工艺参数调节范围广,焊接过程控制灵活,适应性强。可以焊接0.1 mm薄板,也可以焊接200～300 mm厚板,可以焊接普通的合金钢,也可以焊接难熔金属、活性金属以及复合材料、异种金属、如铜-镍、钼-钨等,还能焊接一般焊接方法难以施焊的复杂形状的工件。

(4) 焊接设备复杂、造价高、使用与维护要求技术高。焊件尺寸受真空室限制。

目前,真空电子束焊接在原子能、航空航天等尖端技术部门应用日益广泛,从微型电子线路组件、真空膜盒、钼箔蜂窝结构、原子能燃料元件、导弹外壳,到核电站锅炉气泡等都已采用真空电子束焊接。此外,熔点、导热性、溶解度相差很大的异种金属构件、真空中使用的器件和内部要求真空的密封器件等,用真空电子束焊接也能得到良好的焊接接头。

但是,由于真空电子束焊接是在压强低于 10^{-2} Pa 的真空中进行,因此,易蒸发的金属和含气量比较多的材料,在真空电子束焊接时易于发弧,妨碍焊接过程的连续进行。所以,含锌较高的铝合金(如铝-锌-镁)和铜合金(黄铜)及未脱氧处理的低碳钢,不能用真空电子束焊接。

3. 等离子弧焊接和切割

1) 等离子弧焊接和切割的原理

等离子弧焊接是将自由电弧经过机械压缩效应、热压缩效应和电磁压缩效应作用后,获得一种电离度很高、能量高度集中的等离子弧的一种焊接。等离子弧焊接示意图如图5.58所示。

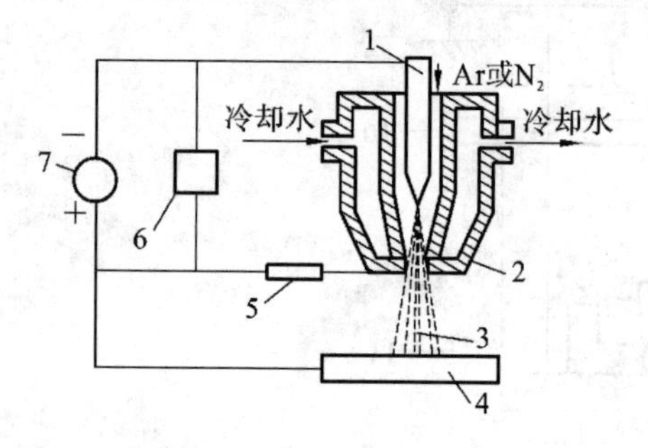

图 5.58 等离子弧焊接示意图

1—钨极;2—喷嘴;3—等离子弧;4—工件;5—电阻;6—高频振荡器;7—直流电源

在钨极与工件之间加一高压,经高频振荡器使气体电离形成电弧,这一电弧受到三种压缩效应:①"机械压缩效应",电弧通过经水冷的细孔喷嘴时被强迫缩小,不能自由扩展;②"热压缩效应",当通入有一定压力和流量的氩气或氮气流时,由于喷嘴水冷作用,使靠近喷嘴通道壁的气体被强烈冷却,使弧柱进一步压缩,电离度人为提高,从而使弧柱温度和能量密度增大;③"电磁压缩效应",带电粒子流在弧柱中运动好像电流在一束平行的"导线"中移动一样,其自身磁场所产生的电磁力,使这些"导线"相互吸引靠近,弧柱又进一步被压缩。在上述三种效应作用下形成等离子弧,弧柱能量高度集中,能量密度可达 $10\sim10^6$ W/cm^2,温度高达 20 000~50 000 K(一般自由状态的钨极氩弧最高温度为 10 000~20 000 K,能量密度在10^4 W/cm^{2}以下)。因此,它能迅速熔化金属材料,用来焊接和切割。

2) 等离子弧焊接的分类

(1) 大电流等离子弧焊件厚度大于 2.5 mm 有两种工艺。第一种是穿透型等离子弧焊接。在等离子弧能量足够大和等离子流量较大的条件下焊接时,焊件上产生穿透小孔,小孔随等离子弧移动,这种现象称为小孔效应。稳定的小孔是完全焊透的重要标志。由于等离子弧能量密度难以提高到较高程度,致使穿透型等离子弧焊接只能用于一定板厚平面焊接。第二种是熔透型等离子弧焊接。当等离子气流量减小时,小孔效应消失,此时等离子弧焊接与一般钨极氩弧焊接相似,适用于薄板焊接、多层焊接和角焊缝。

(2) 微束等离子弧焊接时电流在 30 A 以下。由于电流小到 0.1 A 等离子弧仍十分稳定,所以电弧能保持良好的挺度和方向性,适用于焊接 0.025~1 mm 的金属箔材和薄板。

3）等离子弧焊接的特点与应用

等离子弧焊接除了具有氩弧焊接的优点外，还有以下两方面特点。

（1）有小孔效应且等离子弧穿透能力强，所以10～12 mm厚度的焊件可不开坡口，能实现单面焊接双面自由成形。

（2）微束等离子弧焊接可以焊很薄的箔材。

等离子弧焊接日益广泛地应用于航空航天等尖端技术所用的铜合金、钛合金、合金钢、钼、钴等金属的焊接，如钛合金导弹壳体、波纹管及膜盒、微型继电器、飞机上的薄壁容器等。

4. 摩擦焊接

1）摩擦焊接的原理

摩擦焊接是利用工件相互摩擦产生的热量同时加压而进行焊接的。搅拌摩擦焊接的原理如图5.59所示，置于垫板上的对接工件通过夹具夹紧，以防止对接接头在焊接过程中松开。一个带有特型搅拌指头的搅拌头旋转并缓慢地将搅拌指头插入两块对接板材之间的焊缝处。一般来讲，搅拌指头的长度接近焊缝的深度。当旋转的搅拌指头接触工件表面时，与工件表面的快速摩擦产生的摩擦热使接触点材料的温度升高，强度降低。搅拌指头在外力作用下不断顶锻和挤压接缝两边的材料，直至轴肩紧密接触工件表面为止。这时，由旋转轴肩和搅拌指头产生的摩擦热在轴肩下面和搅拌指头周围形成大量的塑化层。当工件相对搅拌指头移动或搅拌指头相对工件移动时，在搅拌指头侧面和旋转方向上产生的机械搅拌和顶锻作用下，搅拌指头的前表面把塑化的材料移送到搅拌指头后表面。搅拌指头沿着接缝前进时，搅拌焊头前面的对接接头表面被摩擦加热至超塑性状态。搅拌指头和轴肩摩擦接缝，破碎氧化膜，搅拌和重组搅拌指头后方的磨碎材料。

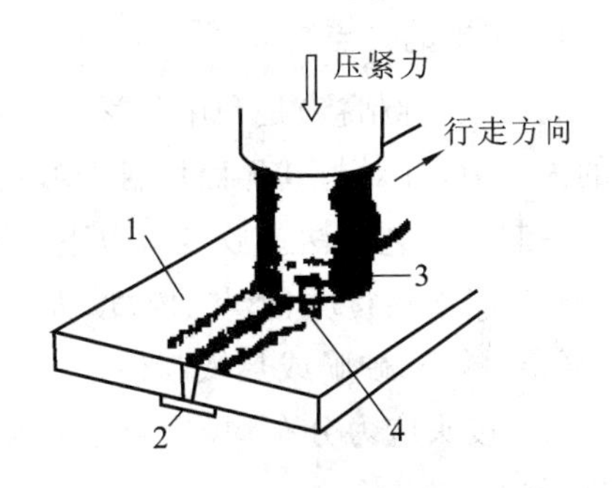

图5.59 搅拌摩擦焊接的原理

1—被焊工件；2—背面垫板；
3—轴肩；4—搅拌指头

搅拌指头后方的材料冷却后就形成焊缝，可见此焊缝是在热-机联合作用下形成的固态焊缝。这种方法可以看成是一种自锁孔连接技术，在焊接过程中，搅拌指头所在处形成小孔，小孔在随后的焊接过程中又被填满，应该指出的是，搅拌摩擦焊缝结束时在终端留下个匙孔。通常这个匙孔可以切除掉，也可以用其他焊接方法封焊住。

2）摩擦焊接的特点与应用

（1）接头质量好而且稳定，因为在摩擦过程中接触面氧化膜及杂质被清除，所以焊后组织致密，不易产生气孔、夹渣等缺陷。

（2）焊接生产率高，如我国蛇形管接头摩擦焊为120件/小时，而闪光焊只有20件/小时。另外，它不需焊接材料，容易实现自动控制。

（3）可焊接的金属范围广，适于焊接异种金属，如碳钢、不锈钢、高速工具钢、镍基合金之间的焊接，铜与不锈钢焊接，铝与钢焊接等。

（4）设备简单（可用车床改装），电能消耗少（只有闪光对焊的1/10～1/15）。但刹车和加压装置要求灵敏。

摩擦焊接主要用于等截面的杆状工件焊接,也可用于不等截面焊接,但要有一个焊件为圆形或管状。目前摩擦焊接主要用于锅炉、石油化工机械、刀具、汽车、飞机、轴瓦等重要零部件的焊接。

5.4 胶 接

一、胶接的特点与应用

1. 胶接的特点

胶接(也称粘接)是利用化学反应或物理凝固等作用,使一层非金属的胶体材料具有一定的内聚力,并对与其界面接触的材料产生黏附力,从而由这些胶体材料将两个物体紧密连接在一起的工艺方法。胶接有以下主要特点。

(1) 能连接材质、形状、厚度、大小等相同或不同的材料,特别适用于连接异型、异质、薄壁、复杂、微小、硬脆或热敏制件。

(2) 接头应力分布均匀,避免了因焊接热影响区相变、焊接残余应力和变形等对接头的不良影响。

(3) 可以获得刚度好、质量小的结构,且表面光滑,外表美观。

(4) 具有连接、密封、绝缘、防腐、防潮、减振、隔热、衰减噪声等多重功能,连接不同金属时,不产生电化学腐蚀。

(5) 工艺性好,成本低,节约能源。

(6) 胶接接头的强度不够高,大多数胶粘剂耐热性不高、易老化,且对胶接接头的质量尚无可靠的检测方法。

2. 胶接的应用

胶接是航空航天工业中非常重要的连接方法,主要用于铝合金钣金及蜂窝结构的连接。除此以外,在机械制造、汽车制造、建筑装潢、电子工业、轻纺、新材料、医疗、日常生活中,胶接正在扮演越来越重要的角色。

二、胶粘剂

胶粘剂根据其来源不同,有天然胶粘剂和合成胶粘剂两大类。其中天然胶粘剂组成较简单,多为单一组分。合成胶粘剂则较为复杂,是由多种组分配制而成的。目前应用较多的是合成胶粘剂,其主要组分有:①粘料,是起胶合作用的主要组分,主要是一些高分子化合物、有机化合物或无机化合物;②固化剂,其作用是参与化学反应使胶粘剂固化;③增塑剂,用于降低胶粘剂的脆性;④填料,用于改善胶粘剂的使用性能(如强度、耐热性、耐腐蚀性、导电性等),一般不与其他成分起化学反应。

胶粘剂的分类方式还有以下几种:按胶粘剂成分性质分(见表5.11);按固化过程中的物理化学变化分为反应型、溶剂型、热熔型、压敏型等胶粘剂;按胶粘剂的基本用途分为结构胶粘剂、非结构胶粘剂和特种胶粘剂三大类。结构胶粘剂强度高、耐久性好，可用于承受较大应力的场合，非结构胶粘剂用于非受力或次要受力部位，特种胶粘剂主要是满足特殊需要，如耐高温、超低温、导热、导电、导磁、水中胶接等。

表 5.11 胶粘剂的分类

<table>
<tr><th colspan="4">胶粘剂分类</th><th>典型代表</th></tr>
<tr><td rowspan="11">有机胶粘剂</td><td rowspan="7">合成胶粘剂</td><td rowspan="2">树脂</td><td>热固性胶粘剂</td><td>酚醛树脂、不饱和聚酯</td></tr>
<tr><td>热塑性胶粘剂</td><td>α-氰基丙烯酸酯</td></tr>
<tr><td rowspan="2">橡胶</td><td>单一橡胶</td><td>氯丁胶浆</td></tr>
<tr><td>树脂改性</td><td>氯丁-酚醛</td></tr>
<tr><td rowspan="3">混合型</td><td>橡胶与橡胶</td><td>氯丁-丁腈</td></tr>
<tr><td>树脂与橡胶</td><td>酚醛-丁腈、环氧-聚硫</td></tr>
<tr><td>热固性树脂与热塑性树脂</td><td>酚醛-缩醛、环氧-尼龙</td></tr>
<tr><td rowspan="4">天然胶粘剂</td><td colspan="2">动物胶粘剂</td><td>骨胶、虫胶</td></tr>
<tr><td colspan="2">植物胶粘剂</td><td>淀粉、松香、桃胶</td></tr>
<tr><td colspan="2">矿物胶粘剂</td><td>沥青</td></tr>
<tr><td colspan="2">天然橡胶胶粘剂</td><td>橡胶水</td></tr>
<tr><td rowspan="4">无机胶粘剂</td><td colspan="3">磷酸盐</td><td>磷酸-氧化铝</td></tr>
<tr><td colspan="3">硅酸盐</td><td>水玻璃</td></tr>
<tr><td colspan="3">硫酸盐</td><td>石膏</td></tr>
<tr><td colspan="3">硼酸盐</td><td>—</td></tr>
</table>

三、胶接工艺

1. 胶接工艺过程

胶接是一种新的化学连接技术。在正式胶接之前，先要对被粘物表面进行表面处理，以保证胶接质量。然后将准备好的胶粘剂均匀涂敷在被粘表面上，胶粘剂扩散、流变、渗透。合拢后，在一定的条件下固化，当胶粘剂的大分子与被粘物表面距离小于 5×10^{-10} m 时，形成化学键。同时，渗入孔隙中的胶粘剂固化后，生成无数的“胶勾子”，从而完成胶接过程。胶接的一般工艺过程有：确定部位、表面处理、配胶、涂胶、固化、检验等。

1）确定部位

胶接大致可分为两类，一类用于产品制造，另一类用于各种修理，无论是何种情况，都需要对胶接的部位有比较清楚的了解，如表面状态、清洁程度、破坏情况、胶接位置等，才能为实施具体的胶接工艺做好准备。

2）表面处理

为了获得最佳的表面状态，有助于形成足够的黏附力，提高胶接强度和使用寿命。主要解决下列问题：去除被粘表面的氧化物、油污等异物污物层吸附的水膜和气体，清洁表面使表面获得适当的粗糙度，活化被粘表面使低能表面变为高能表面，惰性表面变为活性表面等。表面处理的具体方法有表面清理、脱脂去油、除锈粗化、清洁干燥、化学处理、保护处理等，依据被粘表面的状态、胶粘剂的品种、强度要求、使用环境等进行选用。

3）配胶

单组分胶粘剂一般可以直接使用，但如果有沉淀或分层，则在使用之前必须搅拌混合均匀。多组分胶粘剂必须在使用前按规定比例调配混合均匀，根据胶粘剂的适用期、环境温度、实际用量来决定每次配制量的大小，应当随配随用。

4）涂胶

以适当的方法和工具将胶粘剂涂布在被粘表面，操作正确与否，对胶接质量有很大影响。涂胶方法与胶粘剂的形态有关，液态、糊状或膏状的胶粘剂可采用刷涂、喷涂、浸涂、注入、滚涂、刮涂等方法，要求涂胶均匀一致，避免空气混入，达到无漏涂、不缺胶、无气泡、不堆积，胶层厚度控制在 0.08～0.15 mm。

5）固化

固化是胶粘剂通过溶剂挥发、乳液凝聚的物理作用或缩聚、加聚的化学作用，变为固体并具有一定强度的过程，是获得良好胶粘性能的关键过程。胶层固化应控制温度、时间、压力三个参数。固化温度是固化条件中最为重要的因素，适当提高固化温度可以加速固化过程，并能提高胶接强度和其他性能。加热固化时要求加热均匀，严格控制温度，缓慢冷却。适当的固化压力可以提高胶粘剂的流动性、润湿性、渗透和扩散能力，防止气孔、空洞和分离，使胶层厚度更为均匀。固化时间与温度、压力密切相关，升高温度可以缩短固化时间，降低温度则要适当延长固化时间。

6）检验

对胶接接头的检验方法主要有目测、敲击、溶剂检查、试压、测量、超声波检查、X 射线检查等方法，目前尚无较理想的非破坏性检验方法。

2. 胶接接头

胶接接头的受力情况比较复杂，其中最主要的是机械力的作用。作用在胶接接头上的机械力主要有剪切、拉伸、剥离和不均匀扯离四种类型，如图 5.60 所示，其中以剥离和不均匀扯离的破坏作用较大。

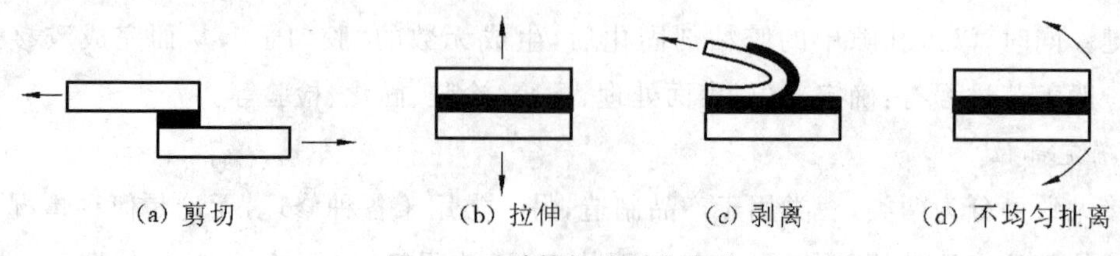

图 5.60 胶接接头受力方式

选择胶接接头的形式时，应考虑以下原则。

(1) 尽量使胶层承受剪切力和拉伸力，避免剥离和不均匀扯离。

(2) 在可能和允许的条件下适当增加胶接面积。

(3) 采用混合连接方式，如胶接加点焊、铆接、螺栓连接、穿销等，可以取长补短，增加胶接接头的牢固耐久性。

(4) 注意不同材料的合理配置，如材料线膨胀系数相差很大的圆管套接时，应将线膨胀系数小的套在外面，而线膨胀系数大的套在里面，以防止加热引起的热应力造成接头开裂。

(5) 接头结构应便于加工、装配、胶接操作和以后的维修。

胶接接头的基本形式是搭接，常见的胶接接头形式如图5.61所示。

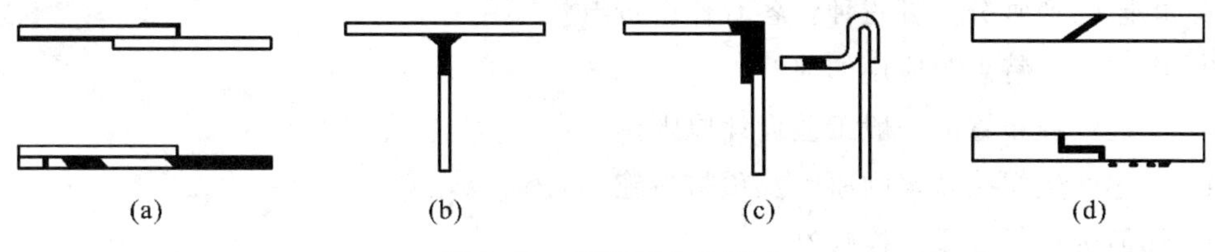

图5.61 胶接接头的形式

习题

简答题

1. 铸造成形的主要特点及应用有哪些？

2. 合金收缩过程有哪几个阶段？影响合金收缩的因素有哪些？

3. 简述缩孔和缩松的形成及防止措施。

4. 砂型铸造的主要工序有哪些？

5. 在设计和制造模样与芯盒时，必须考虑哪些问题？

6. 砂型铸造时须确定哪些主要工艺参数？

7. 熔模铸造的特点及应用范围如何？

8. 铸件常见缺陷有哪些？如何防止？

9. 铸件的修补方法有哪些？

10. 什么是离心铸造？它分为哪两类？

11. 压力铸造的特点及应用范围如何？

12. 铸造性能对零件结构的要求有哪些？

13. 锻压成形的主要工艺特点及应用如何？

14. 什么是冷变形强化？冷变形强化有何意义？

15. 影响金属锻造性能的因素有哪些？

16. 自由锻的工序有哪些？

17. 锻压性能对结构的要求有哪些？

18. 模锻的特点有哪些?
19. 模锻工艺规程包括哪些内容?
20. 模锻件的结构设计应符合哪些原则?
21. 焊接成形的主要特点是什么?
22. 什么是金属焊接性? 如何评价金属焊接性?
23. 铜及铜合金的焊接性如何?
24. 什么是手工电弧焊? 手工电弧焊的电源种类有哪些?
25. 埋弧焊的特点和应用如何?
26. CO_2气体保护焊的特点与应用如何?
27. 氩弧焊的特点及应用如何?
28. 电阻焊通常分为哪三种? 各有什么特点?
29. 电渣焊的特点与应用如何?
30. 简述焊缝布置的一般工艺设计原则。
31. 简述产生焊接缺陷的原因及预防措施。
32. 如何进行焊接质量检验?
33. 胶粘过程一般包括哪些阶段?

第6章

金属切削基本理论

6.1 切削运动和切削要素

一、切削加工概述

切削加工是指使用切削工具从工件上切除多余材料，以获得几何形状、尺寸精度和表面粗糙度等都符合要求的零件或半成品的加工方法。

切削加工是在材料的常温状态下进行的，它包括机械加工和钳工加工两种，其主要形式有：车削、刨削、铣削、磨削、齿形加工、锉削、錾削、锯割等。汽车零件加工刀具就是习惯上常说的机械加工的切削加工刀具。

在国民经济领域中使用着大量的机器和设备，组成这些机器和设备的不可拆分的最小单元就是机械零件。由于现代机器和设备的精度及性能要求较高，所以对组成机器和设备的大部分机械零件的加工质量也提出了较高的要求，不仅有尺寸、形状和位置的要求，而且还有表面粗糙度的要求。为了满足这些要求，除了较少的一部分零件是采用精密铸造、特种加工或精密锻造等其他方法直接获得外，绝大部分零件都要经过切削加工的方法获得。在机械制造行业，切削加工所担负的加工量占机器制造总工作量的40%～60%。由此可以看出，切削加工在机械制造过程中占有举足轻重的地位。切削加工之所以能够得到广泛应用，是因为与其他加工方法相比较，它具有如下突出优点。

(1) 切削加工可获得相当高的尺寸精度和较小的表面粗糙度参数值。磨削外圆精度可达IT6～IT5级，Ra 为0.1～0.8 μm；镜面磨削的粗糙度参数 Ra 可达0.006 μm；最精密的压力铸造只能达到IT10～IT9，Ra 为1.6～3.2 μm。

(2) 切削加工几乎不受零件的材料、尺寸和质量的限制。目前尚未发现不能切削加工的金属材料，橡胶、塑料、木材等非金属材料也都可以进行切削加工。其加工尺寸小至不到0.1 mm，大至数十米，质量可达数百吨。目前世界上最大的立式车床可加工直径26 m的工件，并且可获得相当高的尺寸精度和较小的表面粗糙度参数值。

二、切削运动

在切削过程中，加工刀具与工件间的相对运动就是切削运动。它是直接形成工件表面轮廓的运动，如图6.1所示。切削运动包括主运动和进给运动两个基本运动。

1. 主运动

主运动是由机床或人力提供的主要运动，它促使刀具和工件之间产生相对运动，从而使刀具前面接近工件。主运动是直接切除切屑所需要的基本运动，在切削运动中形成机床切削速度,消耗主要动力。图6.1所示车床上工件的旋转运动即为主运动,机床主运动的速度可达每分钟数百米至数千米。

主运动可以是旋转运动,也可以是直线运动。多数机床的主运动为旋转运动,如车削、钻削、铣削、磨削中的主运动均为旋转运动。

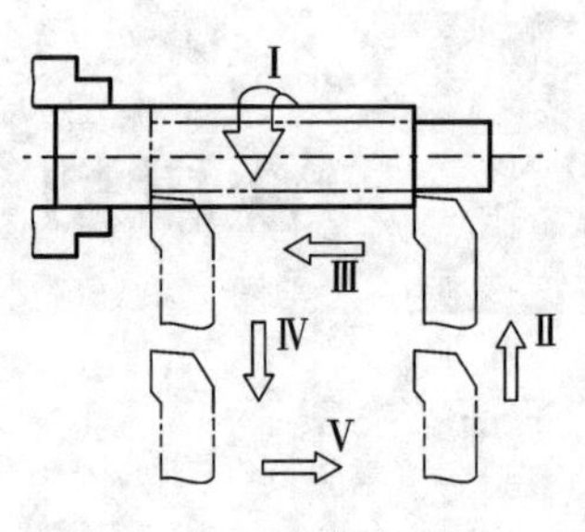

图6.1 车床的运动

2. 进给运动

使新的金属层不断投入切削,保证切削能持续进行,以便切除工件表面的全部余量的运动称为进给运动。一般情况下,此运动的速度较低,消耗功率较小。图6.1所示车刀的轴向移动即为进给运动。进给运动有直线进给、圆周进给及曲线进给之分,直线进给又分为纵向、横向、斜向三种。

任何切削过程中必须有一个、也只有一个主运动。进给运动则可能有一个或几个。主运动和进给运动可以由刀具、工件分别来完成,也可以都由刀具单独完成。

三、切削要素

切削要素是指切削速度、进给量和背吃刀量,又称为切削用量,要完成切削加工,这三者缺一不可。切削用量三要素是调整机床运动的依据。以车削为例,在每次切削中工件上都形成三个表面,如图6.2所示。

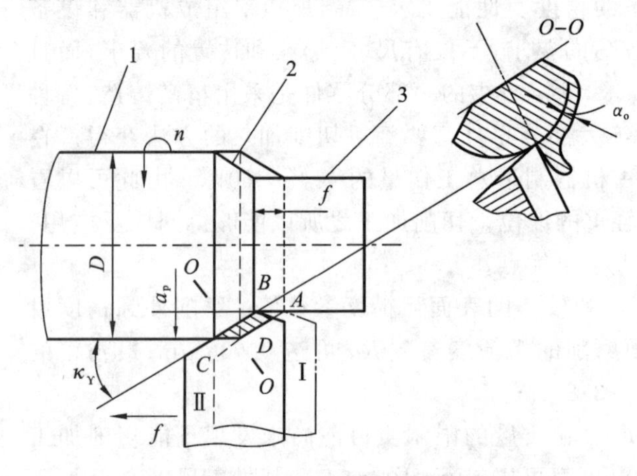

图6.2 切削要素

1—待加工表面;2—过渡表面;3—已加工表面

(1) 待加工表面,是指工件上有待切除的表面。

(2) 已加工表面,是指工件上经刀具切削后产生的表面。

(3) 过渡表面,是指工件上由切削刃形成的表面,它是待加工表面和已加工表面之间的过渡表面。

1. 切削速度 v_c

切削速度是指切削刃上选定点相对于工件主运动的瞬时速度,单位为m/s。当主运动是旋转运动时,切削速度是指圆周运动的线速度,即

$$v_c=\frac{\pi Dn}{60\times1\,000} \tag{6-1}$$

式中:D——工件或刀具在切削表面上的最大回转直径(mm);

n——主运动的转速(r/min)。

当主运动为往复直线运动时,则其平均切削速度为

$$v_c=\frac{2L_m n_r}{60\times1\,000} \tag{6-2}$$

式中:L_m——刀具或工件往复直线运动的行程长度(mm);

n_r——主运动每分钟的往复次数。

2. 进给量 f

进给量是指主运动的一个循环内(一转或一次往复行程),刀具在进给方向上相对工件的位移量。

3. 背吃刀量 a_p

吃刀量是两平面间的距离,该两平面都垂直于所选定的测量方向,并分别通过作用于切削刃上两个使上述两平面的距离为最大的点。背吃刀量是指在通过切削刃基点并垂直于工作平面方向上测量的吃刀量,即刀具切入工件时,工件上已加工表面与待加工表面之间的垂直距离。背吃刀量也称为切削深度,单位为 mm。车外圆时的背吃刀量如图 6.2 所示。

6.2 刀　　具

一、刀具几何角度的合理选用

要顺利地进行零件切削,刀具切削部分必须具有适宜的几何形状,即组成刀具切削部分的各表面之间都应有正确的相对位置,这些位置是靠刀具角度来保证的。

零件切削的刀具种类繁多,形状各异,尺寸大小和几何形状的差别也较大。但从刀具切削部分的几何特征来看,却有共性。其中以普通外圆车刀最具有代表性,它是最简单、最常用的切削刀具,其他刀具都可看成是该车刀的演变和组合。因此认识了车刀,也就初步了解了其他切削刀具的共性。

1. 车刀切削部分的组成

如图 6.3 所示为常见的直头外圆车刀。它由刀柄和刀头(刀体和切削部分)组成。

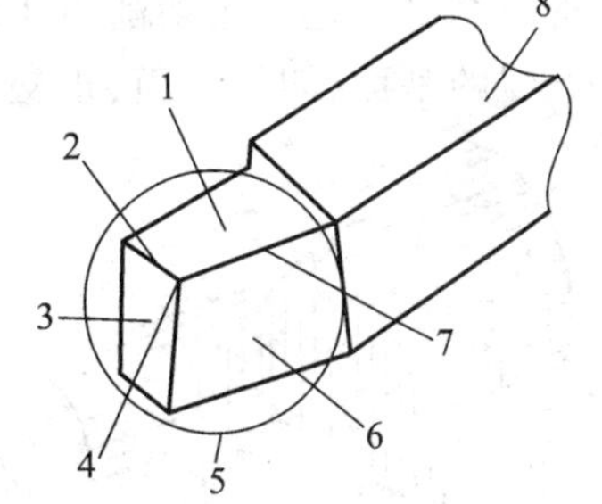

图 6.3　车刀的组成

1—前刀面;2—副切削刃;3—副后刀面;4—刀尖;5—切削部分;6—后刀面;7—主切削刃;8—刀柄

切削部分由三个刀面、两个切削刃和一个刀尖组成,简称三面、两刃、一尖。

(1) 前刀面 A_r,是指刀具上切屑流过的表面,可为平面,也可为曲面,以使切屑顺利流出。

(2) 后刀面 A_a,是指与工件上切削中产生的表面相对的表面,又称为后面。它倾斜一定角度以减小与工件的摩擦。

(3) 副后刀面 A'_a,是指刀具上同前刀面相交形成副切削刃的表面。它倾斜一定角度以免擦伤已加工表面。

(4) 主切削刃 S,是指刀具前刀面上拟作切削用的刃,即前刀面与后刀面的交线,担负主要切削任务。

(5) 副切削刃 S',是指切削刃上除主切削刃外的刀刃,即前刀面与副后刀面的交线,担负辅助切削任务。

(6) 刀尖,是指主切削刃与副切削刃的连接处相当少的一部分切削刃。它并非绝对尖锐,一般都呈圆弧状,以保证刀尖有足够的强度和耐磨性。

2. 车刀切削部分的几何参数

1) 坐标平面的组成

要表示刀具切削部分各个面、刃的空间位置,就必须将刀具置于一空间坐标平面参考系内,用刀具各刀面、切削刃与参考平面间形成的角度,定出刀具的几何角度,以确定各刀面在空间的位置。

(1) 基面,是指通过切削刃选定点且垂直于该点切削速度方向的平面,如图 6.4 所示。

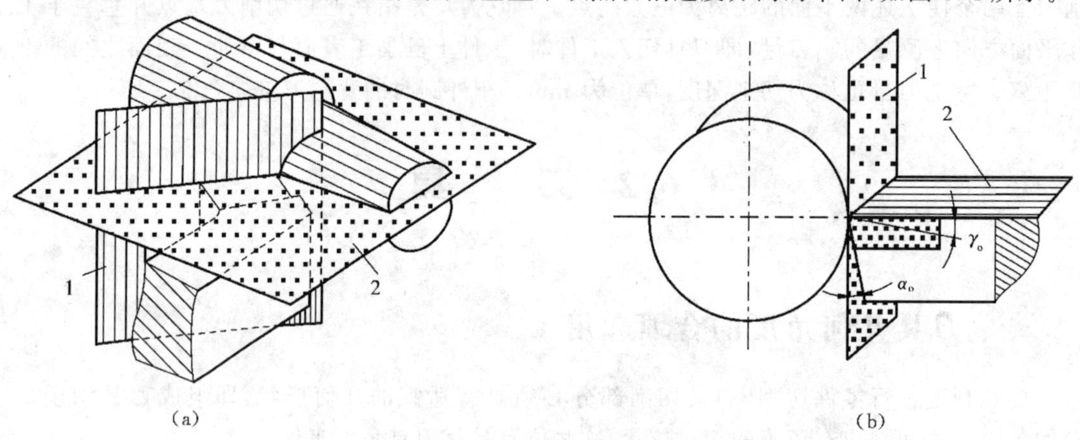

图 6.4 基面与主切削平面的空间位置

1—主切削平面;2—基面

(2) 正交平面(主剖面),是指通过切削刃选定点并同时垂直于基面和切削平面的平面。刀具的正交平面包括主切削刃正交平面(简称正交平面)和副切削刃正交平面,如图 6.5 所示。车刀的基面、切削平面、正交平面在空间互相垂直,如图 6.6 所示。

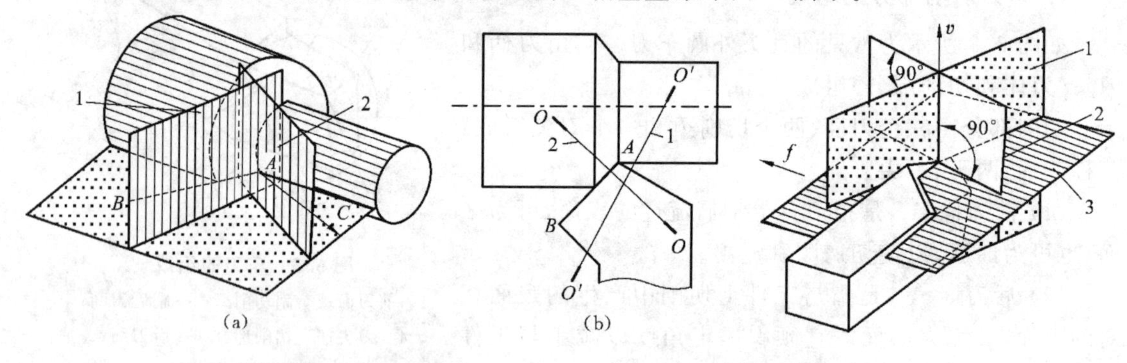

图 6.5 正交平面

1—副切削刃正交平面;2—主切削刃正交平面

图 6.6 基面、切削平面和正交平面的空间关系

1—切削平面;2—正交平面;3—基面

(3) 假定工作平面,是指通过切削刃选定点并垂直于基面,它平行或垂直于刀具在制造、刃磨及测量时适合于安装或定位的一个平面或轴线,一般来说其方位要平行于假定的运动方向。

2) 刀具角度的基本定义

普通外圆车刀一般有十个角度,如图 6.7 所示。

(1) 前角 γ_o,是指在正交平面中测量的由前刀面与基面构成的夹角,表示前刀面的倾斜

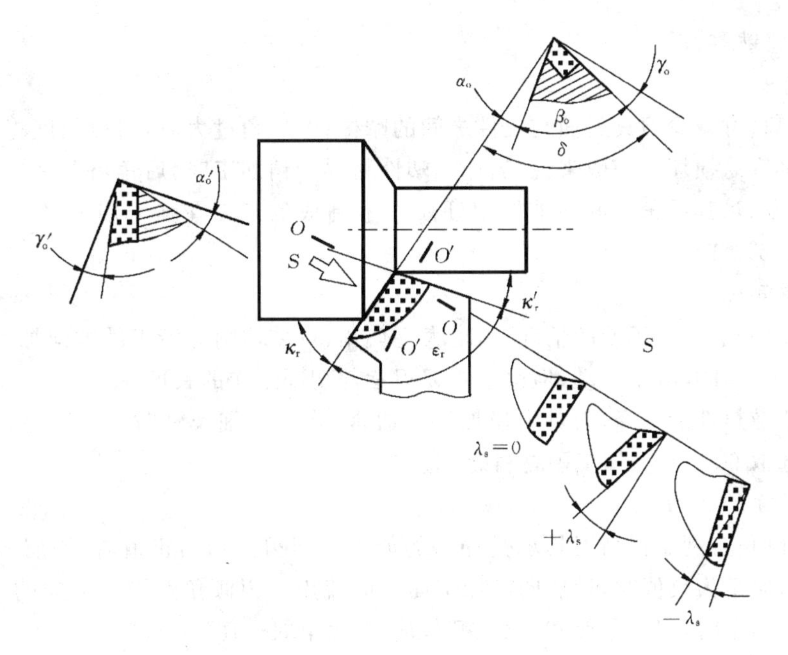

图 6.7 外圆车刀的十个角度

程度。

(2) 后角 α_o,是指在正交平面中测量的由后刀面与切削平面构成的夹角,表示主后刀面的倾斜程度。

(3) 副后角 α_o',是指在副切削刃正交平面中测量的由副后刀面与副切削平面之间构成的夹角,表示副后刀面的倾斜程度。

这三个角度表示车刀三个刀面的空间位置,都是两平面之间的夹角。

(4) 主偏角 κ_r,是指基面内主切削刃与假定工作平面间的夹角,表示主切削刃在基面上的方位,在基面中测量。

(5) 副偏角 κ_r',是指副切削平面与假定工作平面间的夹角,表示副切削刃在基面上的方位,在基面中测量。

(6) 刃倾角 λ_s,是指主切削刃与基面间的夹角,在主切削平面内测量。规定主切削刃上刀尖为最低点时,λ_s 为负值;主切削刃与基面平行时,λ_s 为零;主切削刃上刀尖为最高点时,λ_s 为正值,如图 6.7 所示。

这三个角度表示车刀两个切削刃的空间位置,分别在基面和主切削平面内测量。

以上为车刀的六个独立的角度,此外,还有四个派生角度:楔角 β_o、切削角 δ、刀尖角 ε_r、副前角 γ_o',它们的大小完全取决于前六个角度,其中,$\gamma_o+\alpha_o+\beta_o=90°$;$\kappa_r+\kappa_r'+\varepsilon_r=180°$。

3. 刀具角度的选择

1) 前角 γ_o

增大前角,切屑易流出,可使切削力降低,切削轻快;但前角过大时,会削弱刀刃强度及散热能力,使刀具的寿命降低。当加工塑性材料及工件材料硬度较低、刀头材料韧度较好或精加工时,前角值可取大些;当加工脆性材料及工件材料硬度较高、刀头材料韧度较差或粗加工时,前角值可取小些。加工各种材料的前角参考值大致为:铝合金取 25°~35°,铜合金取 35°,低碳钢取 20°~25°,不锈钢取 15°~25°,中等硬度钢如 45 钢、40Cr 钢取 10°~20°,高碳钢取

0°～−5°，灰铸铁取15°。

2）后角 α_o

增大后角，可减少刀具后面与工件之间的摩擦；但后角过大时，刀刃强度将降低，散热条件变差，刀具容易损坏。一般来说，当加工塑性材料和精加工时，后角可取大些。通常，用高速钢制成的车刀，其后角为6°～15°；用硬质合金制成的车刀在强力切削时，其后角取3°～6°，精车时取8°～12°。

3）主偏角 κ_r

在切削量和进给量不变的情况下，增大主偏角，可使切削力沿工件轴向加大，径向减小，有利于加工细长轴并减小振动；但由于主刀刃参与切削工作的长度减小，刀刃单位长度上切削力加大，故散热性能下降，刀具磨损加快。通常，当加工细长轴时，主偏角取75°～90°；强力切削时，选取60°～75°；加工硬材料时，取10°～30°。

4）刃倾角 λ_s

增大刃倾角有利于提高刀具承受冲击的能力。当刃倾角为正值时，切屑向待加工面方向流动；当刃倾角为负值时，切屑向已加工面方向流出。刃倾角对切屑流向的影响如图6.8所示。通常，精车时，刃倾角取0°～4°；粗车时，刃倾角取−10°～−5°。

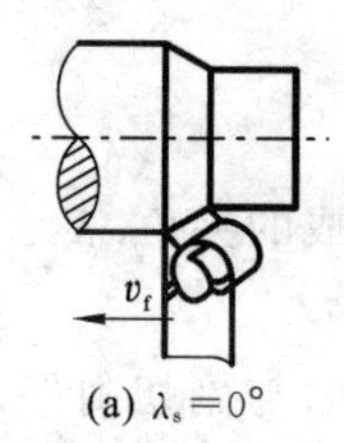

(a) $\lambda_s=0°$

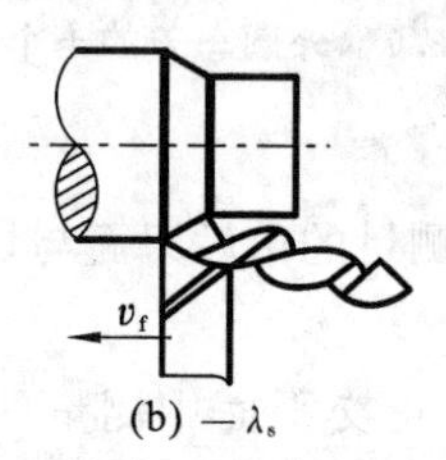

(b) $-\lambda_s$

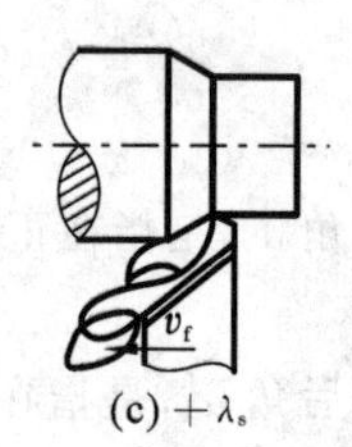

(c) $+\lambda_s$

图6.8 刃倾角对排屑的影响

二、刀具的分类和材料

1. 刀具分类

生产中所使用的刀具种类很多，可按照不同的方式进行分类。

(1) 按加工方式和具体用途，刀具可分为车刀、孔加工刀具、铣刀、拉刀、螺纹刀具、齿轮刀具、自动线及数控机床刀具和磨具等几大类型。

(2) 按所用材料性质，刀具可分为高速钢刀具、硬质合金刀具、陶瓷刀具、立方氮硼(CBN)刀具和金刚石刀具等。

(3) 按结构形式，刀具可分为整体刀具、镶片刀具、机夹刀具和复合刀具等。

(4) 按是否标准化，刀具可分为标准刀具和非标准刀具等。

刀具的种类及其划分方式将随着科学技术的发展而不断变化。

2. 刀具材料

为了完成切削，除了要求刀具具有合理的角度和适当的结构外，刀具的材料也是切削的重要基础。在切削加工时，刀具切削部分由于受切削力、切削热、冲击、振动和摩擦而被磨损。因此，一把好的刀具不仅要锋利，而且要经久耐用，不易磨损变钝。刀具材料对加工质量、生产率和加工成本影响极大。

1）刀具材料性能要求

刀具材料是指刀具切削部分的材料。刀具在切削工件时要承受很大的切削抗力，同时刀具与切屑及刀具与工件之间的相互接触间有很大的摩擦作用力，使刀具上产生很高的温度。有时在工件加工余量不均匀或不连续的间断切削加工中，刀具又要受到强烈的冲击和振动，会加剧其磨损和破损。因此，刀具材料必须具备以下的基本性能。

（1）高的硬度和耐磨性。

刀具材料的硬度必须高于工件材料的硬度，否则无法进行切削。刀具的常温硬度要求大于60 HRC。常用高速钢的硬度为62～65 HRC，高性能高速钢的硬度可达66～70 HRC，硬质合金的硬度比高速钢高，可达89～95 HRA，其他一些超硬刀具材料，如金刚石的硬度可达10 000 HV。

耐磨性指材料抵抗磨损的能力。一般来说，刀具材料硬度越高，其耐磨性也越好。刀具材料金相组织中硬质点（如碳化物、氮化物等）的硬度越高、数量越多、颗粒越细、分布越均匀，则耐磨性越好。另外，还与材料的强度、化学成分和显微组织等有关。刀具材料对工件材料的抗黏能力越强，耐磨性也越好。

（2）足够的强度和韧性。

刀具材料有较高的强度才能承受较大的切削力，通常以抗弯强度来衡量。刀具材料的韧性好，则刀具在切削时承受冲击载荷和振动的能力就越强。

一种刀具材料既要求有高的硬度，同时又要有高的韧性和强度是有困难的。高速钢的强度和韧性比较高，但其硬度就不如硬质合金，所以高速钢刀具适合于承受负荷大或有冲击载荷的环境工作；而硬质合金具有更高的硬度，但强度仅为高速钢的1/3，冲击韧性也较低，适宜在无过大冲击载荷条件下的切削加工。

（3）良好的耐热性。

耐热性是衡量刀具切削性能的重要指标。它是指刀具材料在高温下保持常温所具有的硬度、耐磨性、强度和韧性的能力，又称热硬性或热稳定性。一般以尚未改变或失去刀具原有切削性能时的极限温度来衡量。例如：高速钢的耐热性为600～700℃，硬质合金为800～1000℃。因此，硬质合金的切削速度高于高速钢的4倍以上。良好的耐热性，实际上反映出了刀具材料的热稳定性。

（4）良好的工艺性和经济性。

为便于刀具的制造，要求刀具材料有良好的可加工性，如材料的热处理性能、锻造性能、高温塑性变形性能以及可磨削性能等。

刀具材料的性能指标常常是相互影响和制约的。硬度高、耐磨性好、耐热性好的材料往往强度和韧性较差，工艺性能也不好；另外，由于刀具材料具有特殊性，其价格也贵。因此，选择刀具材料时，要综合考虑切削条件、材料性能和相应的性能价格比。

2）常用刀具材料

我国常用的刀具材料有碳素工具钢、合金工具钢、高速钢、硬质合金、陶瓷、金刚石和立方氮化硼等。表6.1所示为刀具材料的部分物理性能和力学性能。通常碳素钢（如T10A、T12A）、合金工具钢（如CrWMn、9SiCr）因耐热性差，只能用于制作切削速度较低的刀具或手工用刀具。目前常用的基本刀具材料是：通用型高速钢和碳化钨基硬质合金。此外，高硬度、高生产率的材料如高性能高速钢和碳化钛基硬质合金、陶瓷、人造金刚石及立方氮化硼，由于受制造的一次性投资高和本身性能的局限,仅用于有限的场合。

表6.1　刀具材料的部分物理性能和力学性能

刀具材料	硬　度	耐热性/℃	抗弯强度σ_b/GPa	冲击韧性α_K/(kJ/m²)	弹性模量E/GPa
碳素工具钢	60～65 HRC 81.2～83.9 HRA	200～250	2.45～2.74	— —	205～215
高速钢	63～70 HRC 83～86.6 HRA	600～700	1.96～5.88	98～588	196～225
硬质合金	89～95 HRA	800～1000	0.73～2.54	24.5～58.8	392～686
陶瓷	91～95 HRA	1200	0.29～0.68	4.9～11.76	372～411
立方氮化硼	8000～9000 HV	1400～1500	—0.294	— —	—
金刚石	10000 HV	700～800	—0.294	— —	882

(1) 高速钢。

高速钢俗称锋钢、风钢或白金钢,是一种在合金工具钢基础上加入了较多量的钨(W)、钼(Mo)、铬(Cr)、钒(V)等合金元素的高合金元素的高合金工具钢。合金元素W、Mo、Cr、V等能形成各种合金碳化物,使其硬度、耐磨性、耐热性都有明显提高,因此,高速钢具有较高的耐热性,在切削温度高达500～650℃时仍能进行切削加工,允许的切削速度为30～50 m/min。它具有高的抗弯强度(是一般硬质合金的2～3倍,是陶瓷的5～6倍),好的韧性(比硬质合金和陶瓷高几十倍),一定的硬度(63～70 HRC)和耐磨性,可以切削加工从有色合金到高温合金范围很广泛的工程材料。

高速钢刀具的制造工艺简单,它能锻造或热轧,磨出的切削刃锋利,对于制造小型刀具、形状复杂及大型刀具显得更为重要。所以,钻头、丝锥、拉刀、成形刀具、齿轮刀具等复杂刀具大都用高速钢制作。

(2) 硬质合金。

硬质合金是由高硬度、难熔金属碳化物(如碳化钨(WC)、碳化钛(TiC)、碳化钽(TaC)、碳化铌(NbC)等微米数量级的粉末,用金属黏结剂(如钴(Co)、镍(Ni)、钼(Mo)等)烧结而成的粉末冶金制品。常用硬质合金的硬度可达89～95 HRA(相当于74～82 HRC),耐热性可达850～1000℃,在540℃时硬度保持为82～87 HRA(相当于高速钢的常温硬度),在760℃时仍能达到77～85 HRA。它的切削性能比高速钢强得多,刀具耐用度比高速钢提高了几倍至几十倍,在耐用度相同的前提下,切削速度可提高4～10倍,且能切削淬火钢等硬金属材料。硬质合金的最大不足是其抗弯强度不高,冲击韧性差,性脆而怕冲击和振动。在硬质合金成分中若增大黏结剂含量,则会提高其抗弯强度,但其硬度会受影响而降低。

总之,硬质合金的切削性能优良,被广泛用作刀具材料。绝大部分的车刀和端铣刀都用它来制造。另外,深孔钻及一些尺寸较大的复杂刀具,如平面拉刀、槽拉刀、齿轮滚刀、镶齿铰刀等均用它制造。

(3) 新型涂层刀具材料。

涂层刀具材料是在刀具材料(如高速钢或硬质合金)表面上涂一层(5～12 μm)硬度和耐磨性极高的物质(如碳化钛 TiC 或碳化钦 TiN),使它既有高硬度和高耐磨性的表面,又具有强度高和韧性好的基体。涂层刀具材料大量应用于整体高速钢刀具与硬质合金机械夹固可转位刀具。

涂层材料能提高高速钢及硬质合金的耐磨性,减小刀具与工件表面间的摩擦系数,从而降低切削力和切削温度,使涂层高速钢及硬质合金刀具能够在不降低刀具耐用度的前提下,大幅度地提高切削速度。目前,涂层刀具主要用于半精加工和精加工,但它不适合加工钛合金及奥氏体不锈钢工件。

三、常用刀具

1. 车刀

车刀是金属切削加工中应用最广的一种刀具,它可以在车床上加工外圆、端面、螺纹、内孔,也可用于切槽和切断等。

1) 车刀的分类

按用途不同,车刀可分为外圆车刀、内孔车刀、端面车刀、切断车刀、螺纹车刀等,如图 6.9 所示。

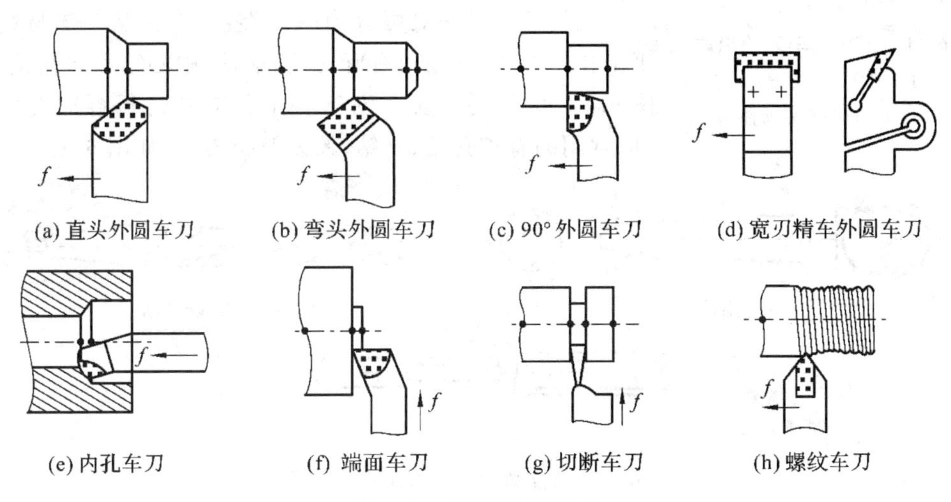

图 6.9 车刀按用途分类

按结构不同,车刀可分为整体车刀、焊接车刀、机夹车刀、可转位车刀、成形车刀等,如图 6.10 所示。

2) 焊接车刀

焊接车刀是由一定形状的刀片和刀杆通过焊接连接而成的,如图 6.10(b)所示。刀片一般选用各种不同牌号的硬质合金材料,而刀杆一般选用 45 钢,使用时要根据具体需要进行刃磨。焊接车刀具有结构简单、紧凑、刀具抗震性强、制造方便等优点。但换刀和对刀的时间较长,不能满足机床和数控机床的需要。

3) 可转位车刀

可转位车刀是使用可转位刀片的机夹车刀,如图 6.10(d)所示。可转位车刀由刀杆、刀

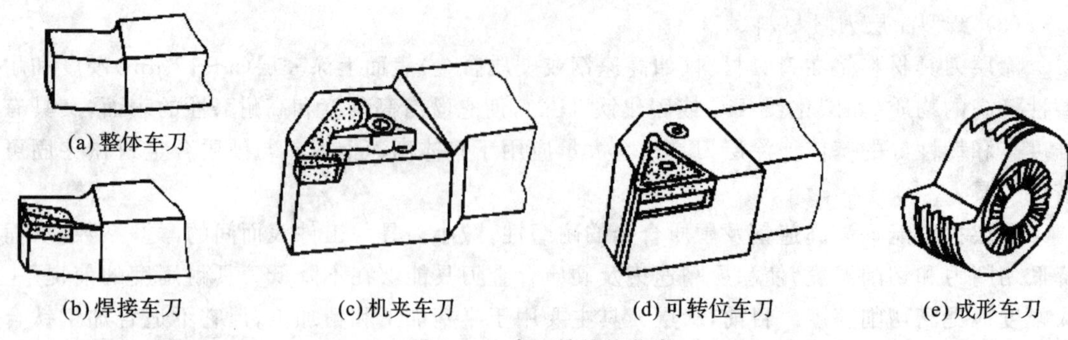

图 6.10　车刀按结构分类

垫、刀片和夹紧元件组成，如图 6.11 所示。

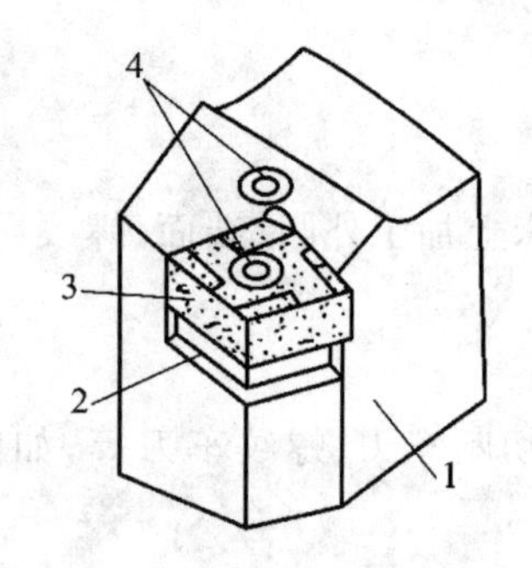

图 6.11　可转位车刀的组成

1—刀杆；2—刀垫；
3—刀片；4—夹紧元件

常用的车刀刀片形状有三角形、偏 8°三角形、凸三角形、正方形、五角形和圆形等。常用的夹紧元件有偏心式、杠杆式、杠销式、楔销式和上压式等。

可转位车刀不经焊接、刃磨，可避免脱焊、裂纹等缺陷，提高了刀片的寿命，而且刀杆可重复使用，切削性能稳定，加工效率高。它适合大批量生产、数控机床和自动线上生产。

2. 孔加工刀具

孔加工刀具一般可分为两大类：一类是从实体材料上加工出孔的刀具，常用的有麻花钻、扁钻、中心钻和深孔钻等，如图 6.12 所示；另一类是对工件上已有孔进行再加工用的刀具，常用的有扩孔钻、锪钻、铰刀及镗刀等，如图 6.13 所示。

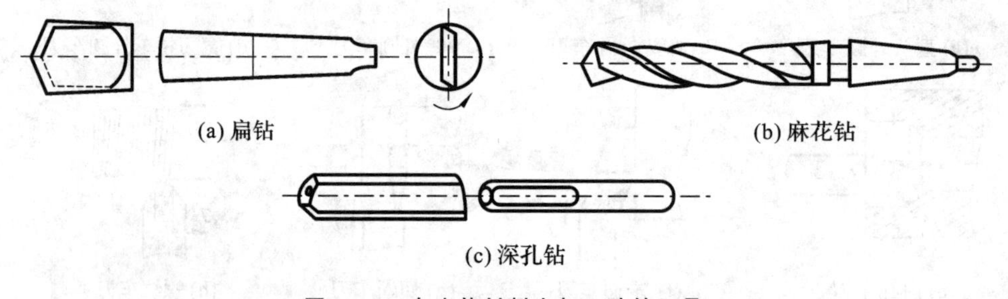

图 6.12　在实体材料上加工孔的刀具

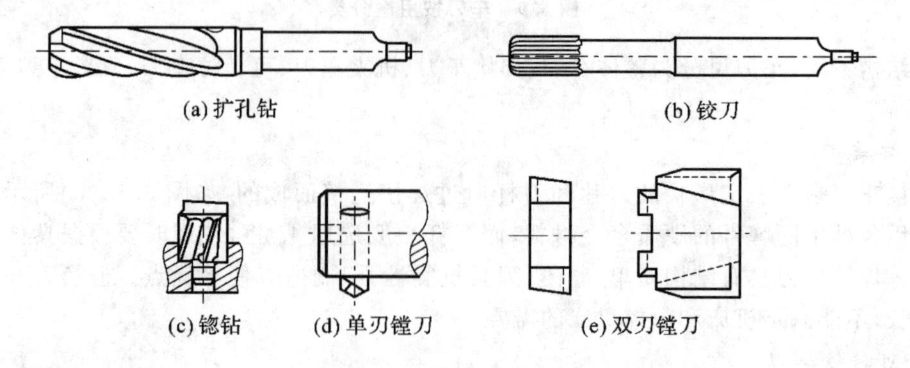

图 6.13　对已有孔进行再加工的刀具

1）麻花钻

麻花钻由柄部、颈部和工作部分组成，其工作部分由导向部分和切削部分组成，如图 6.14 所示。导向部分是钻头的螺纹槽部分，它的径向尺寸决定了钻头的直径，导向部分也是钻头的备磨部分。螺旋槽是排屑的通道，两条棱边起导向作用。切削部分是由两个螺纹形前刀面、两个圆柱形的副后刀面(棱边)组成。前刀面与后刀面的交线形成两条主切削刃，前刀面与棱边交线形成两条副切削刃，两个后刀面的交线形成横刃。

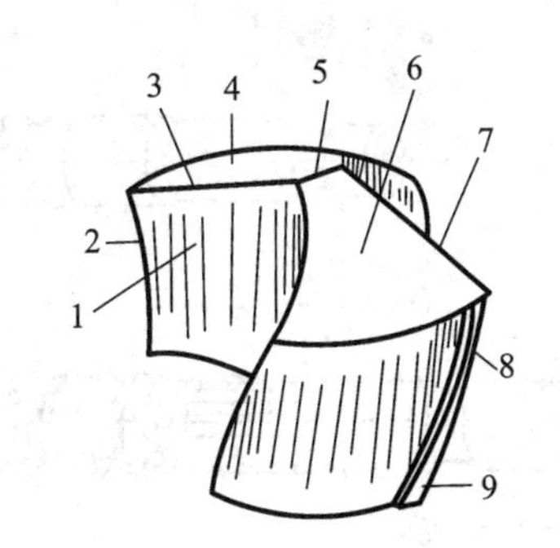

图 6.14 麻花钻的切削部分结构

1—前刀面；2—副切削刃；3—主切削刃；
4—后刀面；5—横刃；6—后刀面；
7—主切削刃；8—副切削刃；9—副后刀面(棱边)

2）铰刀

铰刀分为手用铰刀和机用铰刀，用于中小直径孔的半精加工与精加工。铰刀铰削加工余量小，齿数多，刚性和导向性好，工作平稳，加工精度可达 IT7～IT6，表面粗糙度 Ra 可达 0.4～1.6 μm。

3. 铣刀

铣刀是一种应用广泛的多刃回转刀具。其种类很多，如图 6.15 所示。按用途不同，可分为：加工平面用的，如平面铣刀、端面铣刀等；加工沟槽用的，如立铣刀、两面刃或三面刃铣刀、锯片铣刀、T 形槽铣刀和角度铣刀；加工成形表面用的，如凸半圆和凹半圆铣刀；加工其他复杂成形表面用的铣刀。铣削的生产率一般较高，加工表面粗糙度值较大。

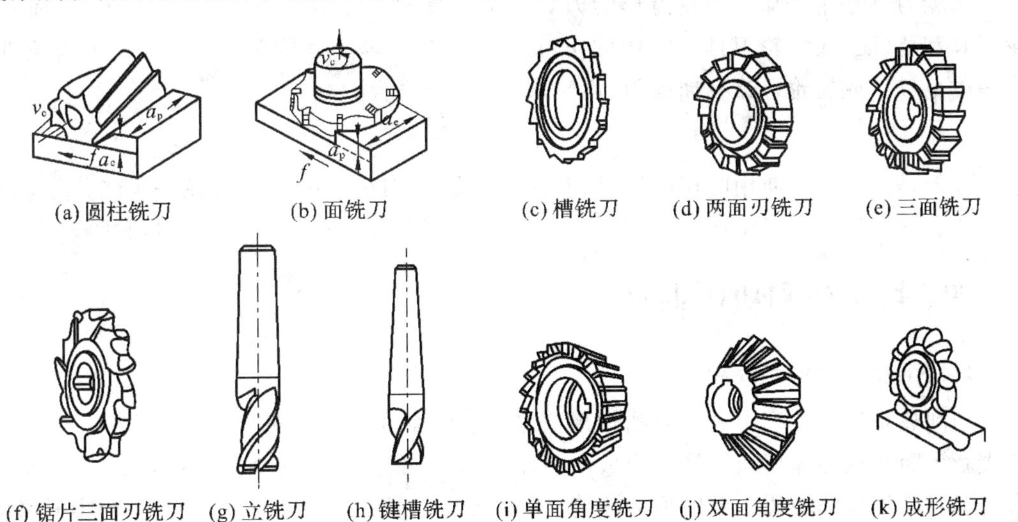

图 6.15 铣刀的类型

4. 拉刀

拉刀是一种加工精度和切削效率都比较高的多齿刀具，广泛应用于大批量生产中，可加工各种内、外表面。按所加工工件表面的不同，拉刀可分为内拉刀和外拉刀两类，如图 6.16 和图 6.17 所示。

5. 螺纹刀具

螺纹可用切削法和滚压法进行加工。螺纹加工可在车床上车削完成(外螺纹)，也可用

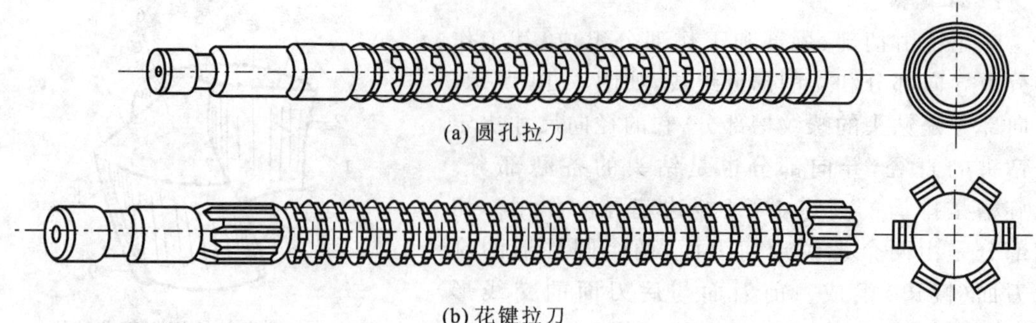
(a) 圆孔拉刀

(b) 花键拉刀

图 6.16　内拉刀

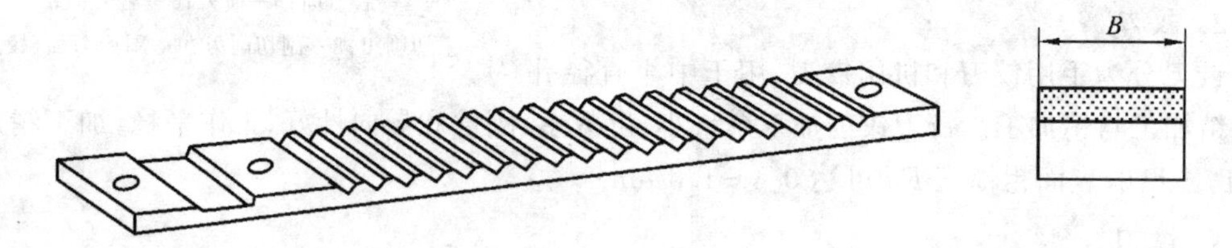

图 6.17　外拉刀

手动或在钻床上用丝锥进行加工(内螺纹)。

6. 齿轮刀具

齿轮刀具是用于加工齿轮齿形的刀具。按刀具的工作原理,齿轮刀具分为仿(成)形齿轮刀具和范(展)成齿轮刀具。常用的仿(成)形齿轮刀具有盘形齿轮铣刀和指形齿轮铣刀。常用的范(展)成齿轮刀具有插齿刀、齿轮滚刀和剃齿刀等。

7. 砂轮

砂轮是磨削加工使用的切削刀具,是由很多磨粒用粘结材料结合在一起经烧结而成的多孔体。它一般用于半精加工和精加工各种内圆、外圆、平面、螺纹、花键、齿轮等表面。

四、切削热和切削温度

1. 切削热的产生和传导

切削热是切削过程中的重要物理现象之一。切削时所消耗的能量,除了1%~2%用以形成新表面和以晶体扭曲等形式形成潜藏能外,有98%~99%转换为热能,因此可近似地认为切削时所消耗的能量全部转换为热能。切削热和它产生的切削温度是刀具磨损和影响工件质量的重要原因。切削温度过高,会使刀头软化,磨损加剧,寿命下降,工件和刀具受热膨胀,会导致工件精度超差,影响加工精度,特别是在加工细长轴、薄壁套时,更应注意热变形的影响。

切削热主要来源于三个方面:一是正在加工的工件表面、已加工表面发生的弹性变形或塑性变形会产生大量的热,是切削热的主要来源;二是切屑与刀具前刀面之间摩擦产生的热;三是工件与刀具后刀面之间摩擦产生的热。

切削速度对切削温度的影响最明显。因此,在选择切削用量时,一般选用大的背吃刀量或进给量比选用大的切削速度更有利于降低切削温度。

切削区域的热量被切屑、工件、刀具和周围介质传出。向周围介质直接传出的热量，在干切削（不用切削液）时，所占比例在1%以下，在分析和计算时可忽略不计。工件材料的导热性能是影响热量传导的重要因素。工件材料的热导率越低，通过工件和切屑传导出去的切削热量越少，这就必然会使通过刀具传导出去的热量增加。刀具材料的热导率较高时，切削热易从刀具导出，切削区域温度随之降低，这有利于刀具寿命的提高。切屑与刀具接触时间的长短，也影响刀具的切削温度。

切削热由切屑、刀具、工件及周围介质传出的比例，列举如下。

(1) 车削加工时，切屑带走的切削热为50%～86%，车刀传出10%～40%，工件传出3%～9%，周围介质（如空气）传出1%。切削速度越高或切削厚度越大，则切屑带走的热量越多。

(2) 钻削加工时，切屑带走的切削热为28%，刀具传出14.5%，工件传出52.5%，周围介质传出5%。

2. 切削液

为了降低刀具和工件的温度，不仅要减少切削热的产生，而且要改善散热条件。切削时，喷注足量的切削液可以有效地降低切削温度。使用切削液除了起冷却作用外，还可以起润滑、清洗和防锈的作用。生产中常用的切削液可以分为以下三类。

1) 水溶液

水溶液的主要成分是水，并在水中加入一定量的防锈剂，其冷却性能好，润滑性能差，呈透明状，常在磨削中使用。

2) 乳化液

乳化液是将乳化油用水稀释而成的，呈乳白色。为使油和水混合均匀，常加入一定量的乳化剂（如油酸钠皂等）。乳化液具有良好的冷却和清洗性能，并具有一定的润滑性能，适用于粗加工及磨削。

3) 切削油

切削油主要是矿物油，特殊情况下也采用动、植物油或复合油，其润滑性能好，但冷却性能差，常用于精加工工序。

粗加工时，主要要求冷却，也希望降低一些切削力及切削功率，一般应选用冷却作用较好的切削液，如低浓度的乳化液等。精加工时，主要希望提高工件的表面质量和减少刀具磨损，一般应选用润滑作用较好的切削液，如高浓度的乳化液或切削油等。

加工一般钢材时，通常选用乳化液或硫化切削油；加工铜合金和有色金属时，一般不宜采用含硫化油的切削液，以免腐蚀工件；加工铸铁、青铜、黄铜等脆性材料时，为避免崩碎切屑进入机床运动部件之间，一般不使用切削液；在低速精加工（如宽刀精刨、精铰、攻螺纹）时，为了提高工件的表面质量，可用煤油作为切削液。

3. 切削温度对工件、刀具和切削过程的影响

切削温度是刀具磨损的主要原因，它将限制生产率的提高；切削温度还会使加工精度降低，使已加工表面产生残余应力以及其他缺陷。

1) 对工件材料强度和切削力的影响

切削温度对工件材料硬度及强度的影响并不很大，切削温度对剪切区域的应力影响也不很明显。一方面，当切削速度较高时，变形速度很高，其对增加材料强度的影响，足以抵消高的切削温度使材料强度降低的影响;另一方面,切削温度是在切削变形过程中产生的,因此对剪切面上的应力应变状态来不及产生很大的影响,只对切屑底层的剪切强度产生影响。

2) 对刀具材料的影响

适当地提高切削温度,对提高硬质合金的韧性是有利的;硬质合金在高温时,冲击强度比较高,因而硬质合金不易崩刀,磨损强度也将降低。实验证明,各类刀具材料在切削各种工件材料时,都有一个最佳切削温度范围。在最佳切削温度范围内,刀具的寿命最高,工件材料的切削加工性能也符合要求。

3) 对工件尺寸精度的影响

车削外圆时,工件本身受热膨胀,直径发生变化,切削后冷却至室温,工件尺寸就可能不符合所要求的加工精度;刀杆受热膨胀,切削时实际背吃刀量增加使直径减小;工件受热变长,但因夹固在机床上不能自由伸长而发生弯曲,车削后工件中部直径变化;在精加工和超精加工时,切削温度对加工精度的影响特别突出,所以必须注意降低切削温度。

五、刀具的磨损和耐用度

在切削过程中,一方面刀具从工件上切下金属,另一方面刀具本身也逐渐被工件和切屑磨损。磨损在加工中的表现为:一把新刃磨的刀具,经过一段时间的切削后,工件已加工表面的粗糙度增大,尺寸变差,切削温度升高,切削力增大,并伴有振动。此时,刀具已磨损。

1. 刀具磨损的形态

刀具的磨损有正常磨损和非正常磨损两类。

1) 正常磨损

正常磨损分前刀面磨损(月牙洼磨损)和后刀面磨损,如图 6.18(a)所示。如图 6.18(b)所示,KT 表示前刀面被磨损的月牙洼深度,VB 表示后刀面被磨损的高度。

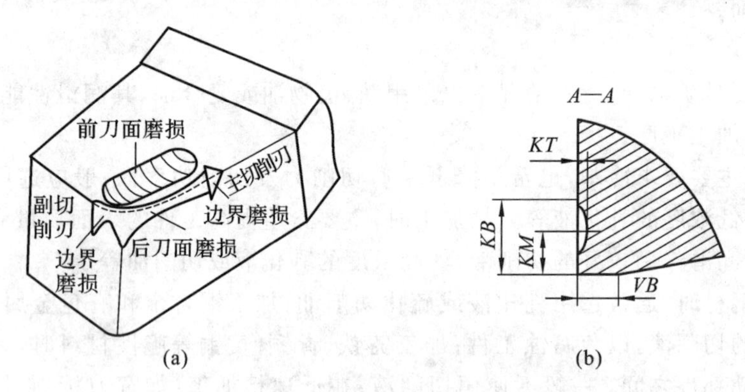

图 6.18 车刀的磨损

2) 非正常磨损

非正常磨损指生产中突然出现崩刀、卷刀或刀片破裂的现象。

2. 刀具磨损的原因

刀具磨损是机械、温度、化学等各方面综合作用的结果,其主要原因有以下几个方面。

1) 磨料磨损

磨料磨损是指切屑及工件中含有一些硬度较高的微小硬质点,经刀具表面刻划出沟痕而造成的刀具磨损。这种磨损是低速切削刀具产生磨损的主要原因。

2）粘结磨损

粘结磨损是指刀具与工件、切屑之间在一定的温度和压力作用下产生粘结，当接触面相对滑动时，粘结处会产生撕裂，使刀具表面的微料被带走，而造成的刀具磨损。这种磨损是中低速下刀具磨损的主要原因。

3）扩散磨损

扩散磨损是指在高温切削时，刀具与工件接触面间分子活动能量大，刀具材料和工件材料中的化学成分相互扩散，使刀具表面材料性能下降，而造成的刀具磨损。这种磨损是硬质合金刀具发生急剧磨损的主要原因，且随着温度的升高会使扩散磨损加剧。

4）氧化磨损

氧化磨损是指在高温（700～800℃）下，空气中的氧与硬质合金中的Co、WC、TiC产生氧化反应，生成硬度较低的氧化物，使刀具材料的性能下降，而造成的刀具磨损。它也是硬质合金刀具发生急剧磨损的主要原因。

5）相变磨损

相变磨损是指当刀具上最高温度超过刀具材料的相变温度时，刀具材料的金相组织发生变化，硬度明显下降，而造成的刀具磨损。相变磨损是高速钢刀具发生急剧磨损的主要原因。

由上可见，温度对刀具的磨损起决定性作用，温度越高，刀具磨损越快。

3. 刀具磨损的过程

1）初期磨损阶段

如图6.19所示，磨损过程较快，时间短，这是由于新刃磨的刀具表面高低微观不平，造成尖峰很快被磨损。

2）正常磨损阶段

刀具经过初期磨损，表面变得光洁，摩擦力减少，使磨损速度减慢，刀具磨损量基本与时间成正比。

3）剧烈磨损阶段

刀具经正常磨损后，切削刃已变钝，切削力、切削温度急剧升高，刀具性能急剧下降，加工质量显著恶化。在生产中，应避免出现剧烈磨损。

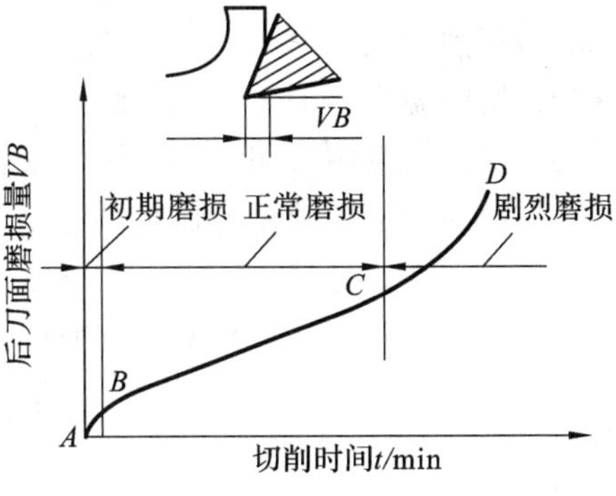

图6.19 刀具磨损的三个阶段

4. 刀具的磨钝标准

刀具后刀面对加工质量影响较大，且磨损量容易测量，因此一般用后刀面的磨损量（VB数值）作为刀具磨钝的标准，具体数值可查阅相关资料和手册。

5. 刀具的耐用度与刀具寿命

刀具的耐用度是指新刃磨的刀具，从开始切削至达到刀具磨钝标准所经过的总的净切削时间，以t(min)表示。刀具耐用度的高低是衡量刀具切削性能好坏的重要标志，用刀具耐用度来控制磨损量VB比直接测量VB更方便。

刀具寿命是指一把新刀具从投入切削起到报废为止的总的实际切削时间,其中包含多次重磨,它等于该刀具的耐用度乘以重磨次数。

影响刀具耐用度的因素很多,主要有工件材料、刀具材料、几何角度、切削用量以及是否使用切削液等。而切削用量中,以切削速度对刀具的寿命 t 影响最大。切削速度提高会使刀具寿命大大降低。若 t 选得高,虽然可以减少换刀及磨刀次数,减少刀具消耗,但切削速度必须降低,这会使生产率降低;反之,若 T 选得低,虽然可以提高切削速度,但必然会增加换刀、磨刀次数,刀具消耗大,调整刀具费时,经济效益也不好。

习题

简答题

1. 切削运动包括哪些运动?
2. 切削用量的三要素指的是什么?
3. 外圆车刀的切削部分由哪些面或刃组成?
4. 背吃刀量和进给量对切削力的影响有何不同?
5. 与高速钢相比,硬质合金突出的优点是什么?
6. 试述普通高速钢的主要化学成分和性能。
7. 简述车刀、铣刀、钻头的特点。
8. 试比较整体车刀、焊接车刀、可转位车刀的优缺点。
9. 常见的孔加工刀具有哪些?各用于哪些场合?
10. 切削热是如何产生的?
11. 切削温度对加工有何影响?
12. 切削用量中对切削温度影响最大的因素是什么?
13. 切削加工中常用的切削液有哪几种?如何选用?
14. 刀具磨钝是什么意思?它与哪些因素有关?
15. 刀具耐用度与刀具寿命有何区别?

第7章 金属切削加工及装备

7.1 机床基础知识

金属切削机床是用切削刀具将金属加工成具有一定形状、尺寸和表面质量的机械零件的机器，它是制造机器的机器，又称为“工作母机”或“工具机”，习惯上简称为机床。在切削加工时，安装在机床上的工件和刀具是两个执行件，它们按加工要求相对运动并相互作用，切下金属材料，最终形成加工表面。

一、金属切削机床的分类及型号

1. 机床的分类

我国传统的机床是按其工作原理进行分类的。目前我国将机床分为11大类，即车床、钻床、镗床、磨床、齿轮加工机床、螺纹加工机床、铣床、刨插床、拉床、锯床和其他机床。每一大类中的机床，按结构、性能和工艺特点还可细分为若干组，每一组又细分为若干系（系列），如表7.1所示。

表7.1　金属切削机床类、组划分表

类别＼组别		0	1	2	3	4	5	6	7	8	9
车床C		仪表小型车床	单轴自动车床	多轴自动、半自动车床	回轮、转塔车床	曲轴及凸轮轴车床	立式车床	落地及卧式车床	仿形及多刀车床	轮、轴、辊、锭及铲齿车床	其他车床
钻床Z		—	坐标镗钻床	深孔钻床	摇臂钻床	台式钻床	立式钻床	卧式钻床	铣钻床	中心孔钻床	其他钻床
镗床T		—	—	深孔镗床	—	坐标镗床	立式镗床	卧式铣镗床	精镗床	汽车、拖拉机修理用镗床	其他镗床
磨床	M	仪表磨床	外圆磨床	内圆磨床	砂轮机	坐标磨床	导轨磨床	刀具刃磨床	平面及端面磨床	曲轴、凸轮轴、花键轴及轧辊磨床	工具磨床
	2M	—	超精机	内圆珩磨机	外圆及其他珩磨机	抛光机	砂带抛光及磨削机床	刀具刃磨床及研磨机床	可转位刀片磨削机床	研磨机	其他磨床
	3M	—	球轴承套圈沟磨床	滚子轴承套圈滚道磨床	轴承套圈超精机	—	叶片磨削机床	滚子加工机床	钢球加工机床	气门、活塞及活塞环磨削机床	汽车、拖拉机修磨机床

续表

类别＼组别	0	1	2	3	4	5	6	7	8	9
齿轮加工机床 Y	仪表齿轮加工机	—	锥齿轮加工机	滚齿机及铣齿机	剃齿机及珩齿机	插齿机	花键轴铣床	齿轮磨齿机	其他齿轮加工机	齿轮倒角及检查机
螺纹加工机床 S	—	—	—	套丝机	攻丝机	—	螺纹铣床	螺纹磨床	螺纹车床	—
铣床 X	仪表铣床	悬臂及滑枕铣床	龙门铣床	平面铣床	仿形铣床	立式升降台铣床	卧式升降台铣床	床身铣床	工具铣床	其他铣床
刨插床 B	—	悬臂刨床	龙门刨床	—	—	插床	牛头刨床	—	边缘及模具刨床	其他刨床
拉床 L	—	—	侧拉床	卧式外拉床	连续拉床	立式内拉床	卧式内拉床	立式外拉床	键槽、轴瓦及螺纹拉床	其他拉床
锯床 G	—	—	砂轮片锯床	—	卧式带锯床	立式带锯床	圆锯床	弓锯床	锉锯床	—
其他机床 Q	其他仪表机床	管子加工机床	木螺钉加工机	—	刻线机	切断机	多功能机床	—	—	—

除上述基本分类方法外，还可按照通用性程度分为通用机床、专门化机床、专用机床；按照加工精度不同分为普通机床、精密机床、高精度机床；按照自动化程度分为手动机床、机动机床、半自动机床、自动机床；按照质量和尺寸不同分为仪表机床、中型机床、大型机床、重型机床、超重型机床；按照机床主要器件的数目分为单轴机床、多轴机床或单刀机床、多刀机床等。

随着机床的发展，其分类方法也将不断发展。机床数控化引起了机床传统分类方法的改变。这种变化主要表现在机床品种不是越分越细，而是趋向综合。

2. 机床的型号

机床的型号必须简明地反映出机床的类型、通用特性、结构特性及主要技术参数等。我国的机床型号是按照《金属切削机床　型号编制方法》(GB/T 15375—2008)编制而成的。

该标准规定，采用汉语拼音字母和阿拉伯数字相结合的方式，按照一定规律排列来表示机床型号。现将通用机床的型号表示方法说明如下。

(1) 机床的类别代号，用大写的汉语拼音字母表示。如“车床”的汉语拼音是“chechuang”，所以用“C”表示。当需要分成若干分类时，分类代号用阿拉伯数字表示，位于类别代号之前，但第一类号不予表示，如磨床分为 M、2M、3M 三个分类。机床的类别代号如表 7.2 所示。

表 7.2 机床的类别代号

类别	车床	钻床	镗床	磨床			齿轮加工机床	螺纹加工机床	铣床	刨插床	拉床	锯床	其他机床
代号	C	Z	T	M	2M	3M	Y	S	X	B	L	G	Q
读音	车	钻	镗	磨	二磨	三磨	牙	丝	铣	刨	拉	割	其

(2) 机床的特性代号，包括通用特性代号和结构特性代号，也用大写的汉语拼音字母表示。

① 通用特性代号。当机床除具有普通性能外，还具有如表 7.3 所示的各种通用特性时，则应在类别代号之后加上相应的特性代号，也用大写的汉语拼音字母表示。如数控车床用“CK”表示，精密卧式车床用“CM”表示。

表 7.3 机床的通用特性代号

通用特性	高精度	精密	自动	半自动	数控	加工中心（自动换刀）	仿形	轻型	加重型	高速	柔性加工单元	数显
代号	G	M	Z	B	K	H	F	Q	C	S	R	X
读音	高	密	自	半	控	换	仿	轻	重	速	柔	显

② 结构特性代号。为了区别主参数相同而结构不同的机床，在型号中用大写的汉语拼音字母表示结构特性代号。如 CA6140 型是结构上区别于 C6140 型的卧式车床。结构特性代号由生产厂家自行确定，在不同型号中意义可不一样。当机床已有通用特性代号时，结构特性代号应排在其后。为避免混淆，通用特性代号已用过的字母以及字母“I 和“O”都不能作为结构特性代号。

(3) 机床的组别和系列代号。用两位数字表示。每类机床按用途、性能、结构分为 10 组(即 0～9 组)；每组又分为 10 个系列(即 0～9 系列)。有关机床类、组、系列的划分及其代号可参阅有关资料。

(4) 机床主参数、设计序号、第二主参数的代号。都用两位数字表示。主参数表示机床的规格大小，反映机床的加工能力；第二主参数是为了更完整地表示机床的加工能力和加工范围。第一、二主参数均用折算值表示。机床主参数及其折算方法可参阅有关资料。当某些机床无法用主参数表示时，则在型号中主参数位置用设计序号表示，设计序号不足两位数的，可在其前加“0”。

(5) 机床重大改进序号。当机床的性能和结构有重大改进时，按其设计改进的次序分别用汉语拼音字母“A、B、C……”表示，附在机床型号的末尾，以示区别。如 C6140A 即为 C6140 型卧式车床的第一次重大改进。

3. 机床的基本结构

机床种类虽然多种多样，但其基本的组成结构可归纳为以下几个部分，如图 7.1 所示。

(1) 动力源，为机床提供动力(功率)和运动的驱动部分，如各种交流电动机、直流电动机和液压传动系统的液压泵、液压马达等。

(2) 传动系统，包括主传动系统、进给传动系统和其他运动的传动系统，如变速箱、进给

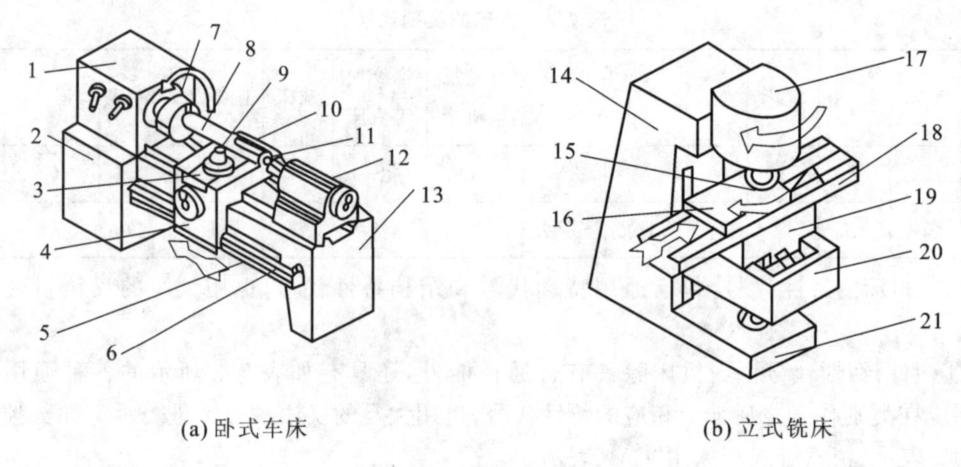

(a) 卧式车床　　(b) 立式铣床

图 7.1　机床结构示意图

1,17—主轴箱;2—进给箱;3,19—床鞍;4—溜板箱;5—光杠;6—丝杠;7—卡盘;8—工件;9—刀架;10—车刀;11—顶尖;12—尾架;13—床身;14—立柱;15—铣刀;16—工件;18—工作台;20—升降台(进给箱);21—底座

箱等部件,有些机床主轴组件与变速箱合在一起构成主轴箱。

(3) 支承件,用于安装和支承其他固定或运动的部件,承受其重力和切削力,如床身、底座、立柱等。支承件是机床的基础构件,也称机床大件或基础件。

(4) 工件部件,包括以下三类。

① 与最终实现切削加工的主运动和进给运动有关的执行部件。如主轴及主轴箱、工作台及其溜板或滑座、刀架及其溜板以及滑枕等安装工件或刀具的部件。

② 与工件和刀具安装及调整有关的部件或装置。如自动上下料装置、自动换刀装置、砂轮修整器等。

③ 与上述部件或装置有关的分度、转位、定位机构和操纵机构等。

不同种类的机床由于其用途、表面形成运动和结构布局的不同,这些工作部件的构成和结构差异很大,但就运动形式来说,主要是旋转运动和直线运动,所以工作部件结构中大多含有轴承和导轨。

(5) 控制系统,用于控制各工作部件的正常工作,主要是电气控制系统,有些机床局部采用液压或气动控制系统。数控机床则是数控系统,它包括数控装置、主轴和进给的伺服控制系统(伺服单元)、可编程序控制器和输入/输出装置等。

(6) 冷却系统,用于对加工工件、刀具及机床的某些发热部位进行冷却。

(7) 润滑系统,用于对机床的运动副(如轴承、导轨等)进行润滑,以减小摩擦、磨损和发热。

(8) 其他装置,如排屑装置、自动测量装置等。

4. 机床的传动系统

传动系统一般由动力源(如电动机)、变速装置及执行件(如主轴、刀架、工作台),以及开停、换向和制动机构等部分组成。动力源给执行件提供动力,并使其得到一定的运动速度和方向;变速装置传递动力以及变换运动速度;执行件执行机床所需的运动,完成旋转或直线运动。

（1）主传动系统，包括以下三类。

① 按驱动主传动的电动机类型，可分为交流电动机驱动和直流电动机驱动。交流电动机驱动又可分单速交流电动机和调速交流电动机驱动。调速交流电动机驱动又分为多速交流电动机驱动和无级调速交流电动机驱动。无级调速交流电动机通常采用变频调速的原理。

② 按传动装置类型，可分为机械传动装置、液压传动装置、电气传动装置以及它们的组合。

③ 按变速的连续性，可分为分级变速传动和无级变速传动。

分级变速传动在一定的变速范围内只能得到某些转速，变速级数一般不超过20～30级。分级变速传动方式有滑移齿轮变速、交换齿轮变速和离合器变速。分级变速传动传递功率较大，变速范围广，传动比准确，工作可靠，广泛地应用于通用机床，尤其是中小型通用机床中。缺点是有速度损失，不能在运转中进行变速。

无级变速传动可以在一定的变速范围内连续改变转速，以便得到最有利的切削速度；能在运转中变速，便于实现变速自动化；能在负载下变速，便于车削大端面时保持恒定的切削速度，以提高生产效率和加工质量。无级变速传动可由机械摩擦无级变速器、液压无级变速器和电气无级变速器实现。机械摩擦无级变速器结构简单、使用可靠，常用于中小型车床、铣床等主传动中。液压无级变速器传动平稳、运动换向冲击小，易于实现直线运动，常用于主运动为直线运动的机床，如磨床、拉床、刨床等机床的主传动中。电气无级变速器有直流电动机和交流调速电动机两种，由于可以大大简化机械结构，便于实现自动变速、连续变速和负载下变速，应用越来越广泛，尤其在数控机床上目前几乎全都是采用电气无级变速。

（2）进给传动系统，不同类型的机床实现进给运动的传动类型不同。根据加工对象、成形运动、进给精度、运动平稳性及生产率等因素的要求，主要有机械进给传动、液压进给传动、电伺服进给传动等。机械进给传动系统虽然结构较复杂，制造及装配工作量较大，但由于工作可靠，便于检查和维修，仍有许多机床采用。

7.2 工件的安装与夹具基本知识

一、工件的安装方式

在进行机械加工时，必须把工件放在机床或夹具上，使其占有一个正确的位置，称为定位。工件在定位之后，为了使其在加工过程中始终保持正确的位置，不因外力（重力、惯性力和切削力等）而改变，还需要把它压紧夹牢，称为夹紧。工件从定位到夹紧的整个过程称为安装。安装的正确与否，直接影响加工精度。安装的方法与速度又影响加工辅助时间的长短，从而影响加工的生产率。因此，工件的安装对加工的经济性、质量和效率都起着重要的作用。

工件的安装方式有以下两种。

1. 使用夹具安装

工件放在通用夹具或专用夹具中，依靠夹具的定位元件获得正确位置，如图7.2所示。在工件上钻直径为d的孔，孔与端面的距离为l，孔的轴线相交并且互相垂直。工件安装在夹具中,用定位心轴和支承平板定位,用夹紧螺母夹紧,钻头用钻套引导。这样安装能够方便、迅速地保证工件的技术要求,适于生产量较大的加工。

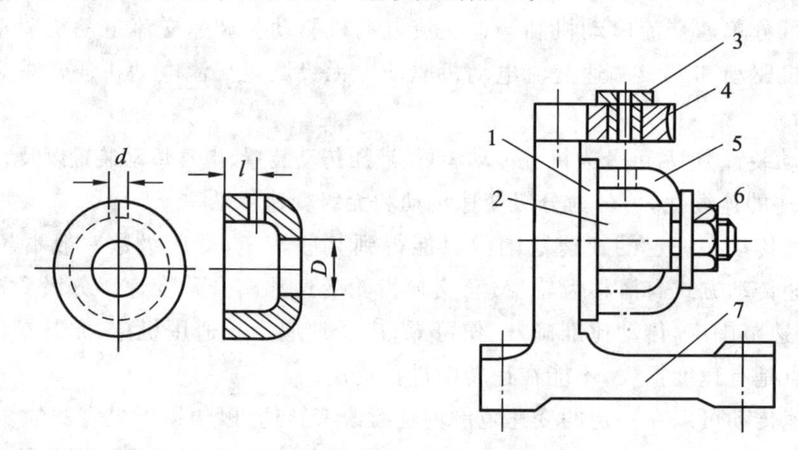

图 7.2 使用夹具安装

1—支承平板;2—定位心轴;3—钻套;4—钻模板;5—工件;6—夹紧螺母;7—夹具

2. 找正安装

以工件待加工表面上划出的线痕或以工件的实际表面作为定位依据,用划线盘或百分表找正工件的位置,如图 7.3 所示。

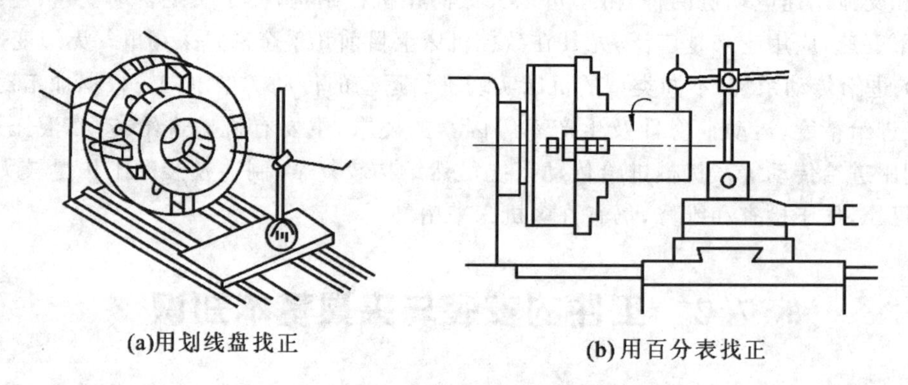

(a)用划线盘找正　　(b)用百分表找正

图 7.3 找正安装

按照划线找正的定位精度不高,为 0.2~0.5 mm,多用于批量较小、位置精度较低以及大型零件等不便使用夹具的粗加工;用百分表找正,则适用于定位精度要求较高的工件。

找正装夹法的定位误差见表 7.4。

表 7.4 找正装夹法的定位误差　　单位:mm

基准面状	找正用工具种类					
	粉笔印	画线盘	水平尺	深度千分尺	百分表	长度量规
以划线作基准	—	0.5	—	0.25	—	—
以毛坯作基准	1.5	—	—	—	—	—
以已加工面作基准	—	0.25	0.01	0.10	0.05	0.05

二、基准的种类与定位基准的选择

在零件和部件的设计、制造和装配过程中，必须根据一些指定的点、线或面来确定另一些点、线或面的位置，把这些作为根据的点、线或面称为基准。

1. 基准的种类

按照基准的作用不同，可将基准分为设计基准和工艺基准两类。

1）设计基准

设计基准是零件设计图纸上标注尺寸所根据的点、线或面。如图7.4所示箱体，A、B为孔的中心位置的尺寸，其设计基准为①、②面，它们在图上反映出来的是线。孔径D的设计基准为轴线，在图上反映出来的是点。

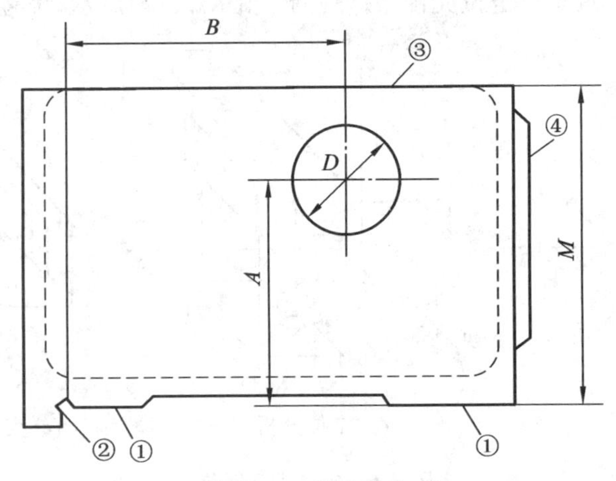

图7.4 设计基准

2）工艺基准

工艺基准是制造零件和装配机器的过程中所使用的基准。按其用途的不同，工艺基准可分为定位基准、测量基准和装配基准。

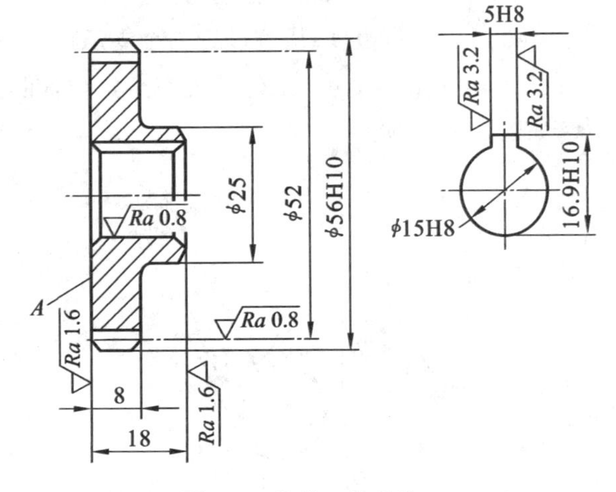

图7.5 齿轮工艺基准

（1）定位基准是工件在机床或夹具中定位时所用的基准。如图7.5所示齿轮，在切齿时，孔和端面就是定位基准。

（2）测量基准是测量工件尺寸和表面相对位置时所依据的点、线或面。如图7.5所示齿轮，在测量齿轮径向跳动时，其孔是测量基准。

（3）装配基准是用来确定零件或部件在机器中的位置时所用的基准。如图7.5所示齿轮，在装配时，仍是以齿轮孔作为装配基准。

2. 工件的定位

1）六点定位原则

定位就是限制自由度。工件的六个自由度如果都加以限制了，工件在空间的位置就完全被确定下来了。分析工件定位时，通常是用一个支承点限制工件的一个自由度，用合理设置的六个支承点，限制工件的六个自由度，使工件在夹具中的位置完全确定，这就是六点定位原则。

例如，在如图7.6(a)所示的矩形工件上铣削半封闭式矩形槽时，为保证加工尺寸，可以在其底面设置三个不共线的支承点1、2、3，如图7.6(b)所示，限制工件的三个自由度$\widehat{x}$、$\widehat{y}$、$\vec{z}$；为了保证B尺寸，侧面设置两个支承点4、5，限制了$\vec{x}$、$\widehat{z}$两个自由度；为了保证C尺寸，端面设置一个支承点6，限制$\vec{y}$自由度。于是共限制了工件的六个自由度，实现了完全定位。在具体的夹具中，支承点是由定位元件来体现的，如图7.6(c)所示，设置了六个支承钉。

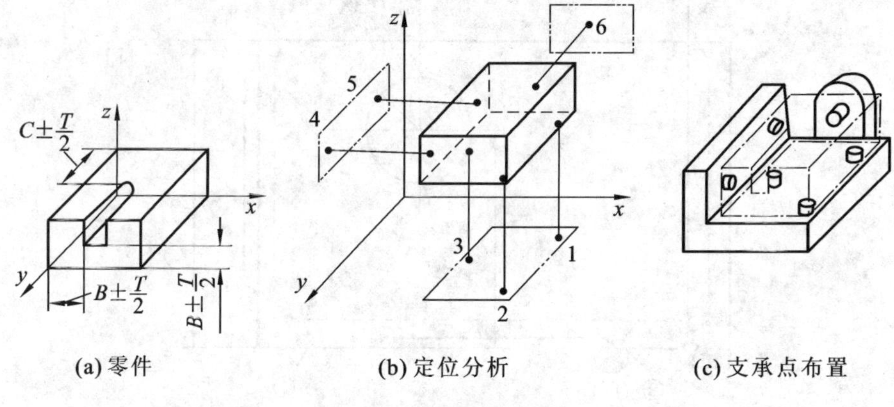

图7.6 矩形工件定位

如图7.7(a)所示，对于圆柱形工件，可在外圆柱表面上，设置四个支承点1、3、4、5，限制$\vec{y}$、$\vec{z}$、$\widehat{y}$、$\widehat{z}$四个自由度；槽侧设置一个支承点2，限制$\widehat{x}$一个自由度，端面设置一个支承点6，限制$\vec{x}$一个自由度；为了工件实现完全定位，在外圆柱面上设置四个支承点一般采用V形架，如图7.7(b)所示。

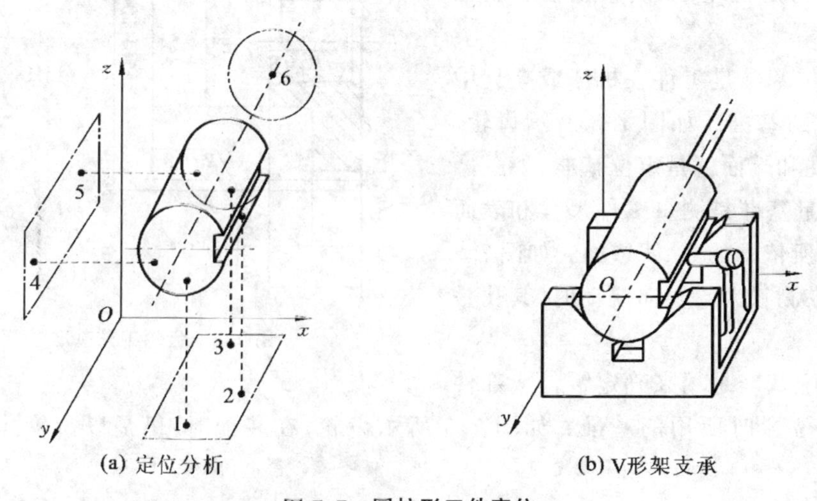

图7.7 圆柱形工件定位

通过上述分析，说明了六点定位原则的几个主要问题。

第一，定位支承点与工件定位基准面始终保持接触，才能起到限制自由度的作用。

第二，分析定位支承点的定位作用时，不考虑力的影响。工件的某一自由度被限制时，并不是指工件在受到使其脱离定位支承点的外力时不能运动。使工件在外力作用下不能运动，要使用夹紧装置。

第三，定位支承点是定位元件抽象而来的。在夹具中定位支承点是通过具体的定位元件体现的。在夹具的实际结构中，定位支承点不一定用点或销的顶端，常用面或线来代替，根据数学概念可知，两个点决定一直线，三个点决定一个平面，则一条直线可以代替两个定位支承点，一个平面可以代替三个定位支承点。在具体应用时，还可用窄长的平面（条形支承）代替直线，用较小的平面来替代点。

2) 工件定位中的几种情况

(1) 完全定位是指不重复地限制了工件的六个自由度的定位。当工件在 x、y、z 三个坐标方向均有尺寸要求或位置精度要求时，一般采用这种定位方式，如图 7.6 所示。

(2) 不完全定位是根据工件的加工要求，并不需要限制工件的全部自由度的定位。如图 7.8(a)所示为在车床上加工通孔，根据加工要求，不需限制 $\vec{x}$ 和 $\overset{\frown}{y}$ 两个自由度，所以用三爪自定心卡盘夹持限制其余四个自由度，就可以实现四点定位。如图 7.8(b)所示为平板工件磨削，工件只有厚度和平行度要求，只需限制 $\vec{z}$、$\overset{\frown}{y}$、$\overset{\frown}{z}$ 三个自由度，在磨床上采用电磁工作台就能实现三点定位。由此可知，工件在定位时应该限制的自由度数目应由工序的加工要求而定，不影响加工精度的自由度可以不加限制。采用不完全定位可简化定位装置。因此，不完全定位在实际生产中也广泛应用。

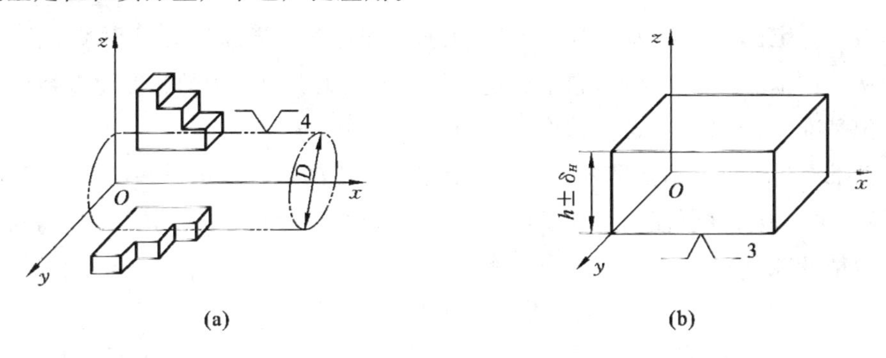

图 7.8 不完全定位示例

(3) 欠定位是根据工件的加工要求，应该限制的自由度没有完全被限制的定位。欠定位无法保证加工要求，因此，在确定工件在夹具中的定位方案时，决不允许有欠定位的现象产生。若在如图 7.7 所示中不设端面支承 6，则在一批工件上半封闭槽的长度就无法保证；若缺少侧面两个支承点 4、5 时，则工件上 B 的尺寸和槽与工件侧面的平行度均无法保证。

(4) 超定位是夹具上的两个或两个以上的定位元件重复限制同一个自由度的现象。如图 7.9(a)所示，要求加工平面对 A 面的垂直度公差为 0.04 mm。若用夹具的两个大平面实现定位，那么工件的 A 面被限制了 $\vec{x}$、$\overset{\frown}{y}$、$\overset{\frown}{z}$ 三个自由度，B 面被限制了 $\overset{\frown}{x}$、$\overset{\frown}{y}$、$\vec{z}$ 三个自由度，

其中 $\hat{y}$ 自由度被 A、B 面同时重复限制。由图 7.9(a)可见,当工件处于加工位置"Ⅰ"时,可保证垂直度要求;而当工件处于加工位置"Ⅱ"时不能保证此要求。这种随机的误差造成了定位的不稳定,严重时会引起定位干涉。因此应该尽量避免和消除超定位现象。消除或减少超定位引起的干涉,一般有两种方法:一是改变定位元件的结构;二是提高工件定位基准之间以及定位元件工作表面之间的位置精度。如图 7.9(b)所示,把定位的面接触改为线接触,减去了引起超定位的自由度 $\hat{y}$。

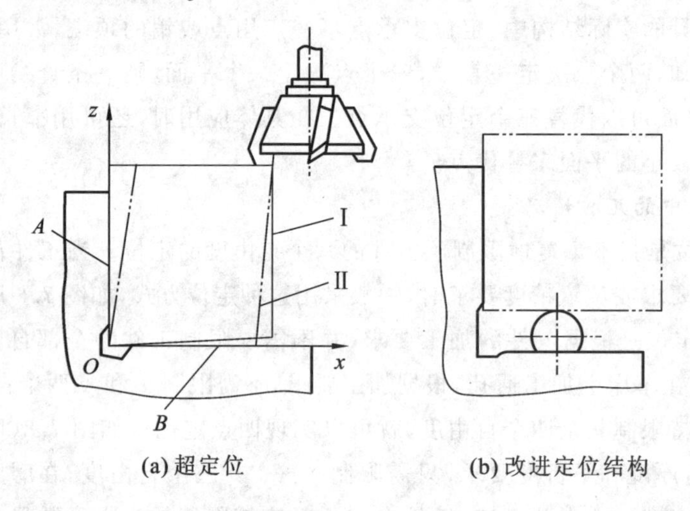

(a) 超定位　　(b) 改进定位结构

图 7.9　超定位及消除方法示例

3. 定位基准的选择

合理地选择定位基准,对保证加工精度、安排加工顺序和提高加工生产率有着十分重要的影响。从定位基准的作用来看,它主要是为了保证加工表面之间的相互位置精度。因此,在选择定位基准时,应该从有位置精度要求的表面中进行选择。

定位基准有粗基准和精基准之分。用没有经过加工的表面作定位基准称为粗基准。如毛坯加工时,第一道工序只能用毛坯表面定位,这种基准即为粗基准。用已加工表面作定位基准则称为精基准。

1) 粗基准的选择

选作粗基准的表面,应该保证零件上所有表面都有足够的加工余量,不加工表面对加工表面都具有一定的位置精度。在选择粗基准时应该考虑以下几点。

(1) 取工件上的不加工表面作粗基准。如图 7.10 所示是以不需要加工的外圆表面作为粗基准,这样可以保证各加工表面与外圆表面有较高的同轴度和垂直度。若几个表面均不需要加工,则应选择其中与加工表面间相互位置精度要求较高的表面作为粗基准。

(2) 取工件上加工余量和公差最小的表面作粗基准。当工件的每个表面均需加工时,如图 7.11 所示机床床身的加工,由于床身的导轨面耐磨性较好,希望在加工时只切去较薄而均匀的一层金属,使其表面层保留均匀的金相组织,有较好的耐磨性和较高的硬度,因此,应首先选择导轨面作为粗基准,加工床腿底平面,如图 7.11(a)所示。然后,以床腿的底平面为精基准,再加工导轨面,如图 7.11(b)所示。

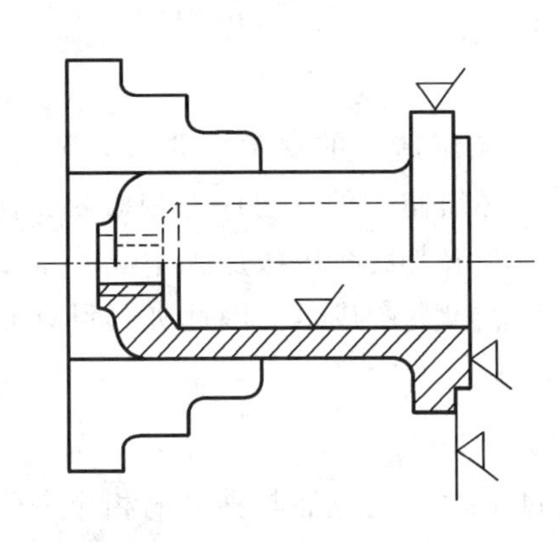

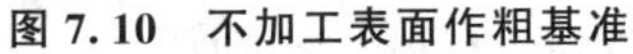

图 7.10 不加工表面作粗基准

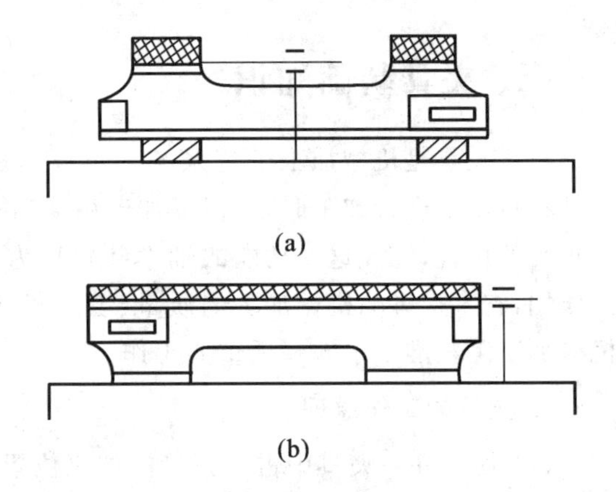

图 7.11 机床床身导轨面作粗基准

(3) 选择粗基准的表面应尽可能平整、光洁，不应有飞边、浇口、冒口或其他缺陷，并要有足够大的表面，使定位稳定、夹紧可靠。

(4) 应尽量避免重复使用。因为粗基准的表面精度很低，不能保证每次安装中位置一致，对于相互位置要求较高的表面，常常容易造成位置超差而使零件报废。因此，粗基准一般只使用一次，以后则应以加工过的表面作为定位基准。

2) 精基准的选择

选择精基准时，应保证工件的加工精度和装夹方便可靠。

(1) 尽可能选用设计基准为定位基准(基准重合原则)，这样可以避免因定位基准与设计基准不重合而引起的误差。如图 7.12(a)所示，尺寸 A 和 B 的设计基准是表面 1，表面 1 和 3 都是已加工表面。如图 7.12(b)所示为给一批工件加工表面 2，保证尺寸 B。现以表面 1 作为定位基准加工表面 2，则定位基准与设计基准重合，避免了基准不重合误差。此时，尺寸 B 的误差只与本身的加工误差有关，该误差只需控制在尺寸 B 的公差以内即可保证加工精度，但这样的定位和夹紧方法既不可靠，也不方便。实际上，不得不采用如图 9.30(c)所示的定位和夹紧方法，这样装夹方便可靠，但定位基准和设计基准不重合，尺寸 B 的误差除了本身的加工误差以外，还包括尺寸 A 的误差(即基准不重合误差，其最大值等于尺寸 A 的公差)。

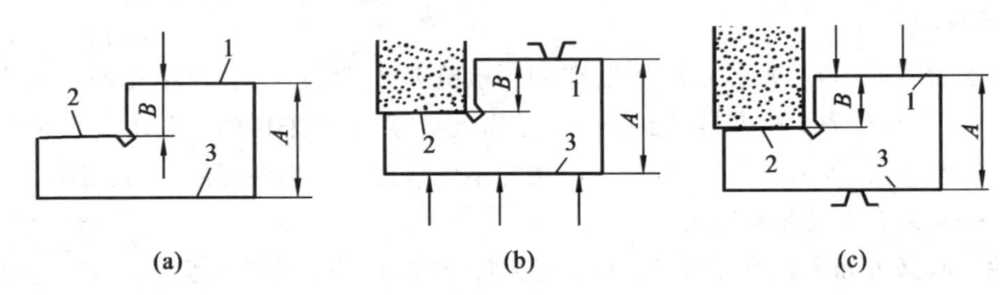

图 7.12 定位基准选择与基准不重合误差的关系

(2) 加工相互位置精度要求较高的某些表面时，应尽可能选用同一个精基准(即遵循基准统一原则)，这样就可以保证各表面之间具有较高的位置精度。

(3) 应选精度较高、安装稳定可靠的表面作精基准，而且所选的基准应使夹具结构简单，安装和加工工件方便。

在实际工作中，精基准的选择不一定能完全符合上述原则，因此，应根据具体情况进行分析，选出最有利的定位基准。

三、夹具基础知识

机床夹具是机械加工工艺系统的重要组成部分，是机械制造中的一项重要工艺装备。工件在机床上进行加工时，为保证加工精度和提高生产率，必须使工件在机床上相对刀具占有正确的位置，完成这一功能的辅助装置称为机床夹具。机床夹具在机械加工中起着重要的作用，它直接影响机械加工的质量、工人劳动强度、生产率和生产成本。因此夹具设计是机械加工工艺准备中的一项重要工作。

1. 夹具的工作原理

(1) 使工件在夹具中占有正确的加工位置。这是通过工件各定位面与夹具的相应定位元件的定位工作面(定位元件上起定位作用的表面)接触、配合或对准来实现的。

(2) 夹具对于机床应先保证有准确的相对位置，其结构又保证定位元件的定位工作面对夹具与机床相连接的表面之间的相对准确位置，这就保证了夹具定位工作面相对机床切削运动形成表面的准确几何位置，也就达到了工件加工面对定位基准的相互位置精度要求。

(3) 将与刀具相对有关的定位元件的定位工作面调整到准确位置，这就保证了刀具在工件上加工出的表面对工件定位基准的位置尺寸。

2. 夹具的作用

夹具是机械加工中不可缺少的一种工艺装备，应用十分广泛。它能起下列作用：

① 保证稳定可靠地达到各项加工精度要求；

② 缩短加工工时，提高劳动生产率；

③ 降低生产成本；

④ 减轻工人劳动强度；

⑤ 可由较低技术等级的工人进行加工；

⑥ 扩大机床工艺范围。

3. 夹具的分类

按工艺过程的不同，夹具可分为机床夹具、检验夹具、装配夹具、焊接夹具等；按机床种类的不同，夹具可分为车床夹具、铣床夹具、钻床夹具等；按所采用的夹紧动力源的不同，夹具可分为手动夹具、气动夹具等；按夹具结构与零件部件的通用性程度，夹具可分为通用夹具、随行夹具、组合夹具和专用夹具。

通用夹具又可分为通用可调夹具和成组夹具，它们的结构通用性很好，只要对夹具上的某些零部件进行更换和调整，便可适应多种相似零件的同种工序使用。

随行夹具是自动或半自动生产线上使用的夹具，虽然它只适用于某一种工件，但毛坯装上随行夹具后，可从生产线开始一直到生产线终端在各位置上进行各种不同工序的加工。根据这一点，随行夹具的结构也具有适用于各种不同工序加工的通用性。

组合夹具的零部件具有高度的通用性，可用来组装成各种不同的夹具，但一经组装成一个夹具以后，其结构是专用的，只适用于某个工件的某道工序的加工。组合夹具已开始出现向结构通用化方向发展的趋势。

专用夹具的结构和零件都没有通用性，专用夹具需专门设计、制造，夹具生产周期长。若产品改型，原有专用夹具就要报废，因此难以适应当前机械制造工业向多品种、中小批生产发展的方向，但其优点是工作精度高，能减轻工人操作夹具的劳动强度。

4. 夹具的组成

夹具的主要组成部分如下。

(1) 定位元件。如图 7.13 所示的支承板 2、支承钉 3 和 4，如图 7.14 所示的分度板 3 和定位心轴 5 都是定位元件。它们以定位工作面与工件的定位基准面相接触、配合或对准，使工件在夹具中占有准确位置，起到定位作用。

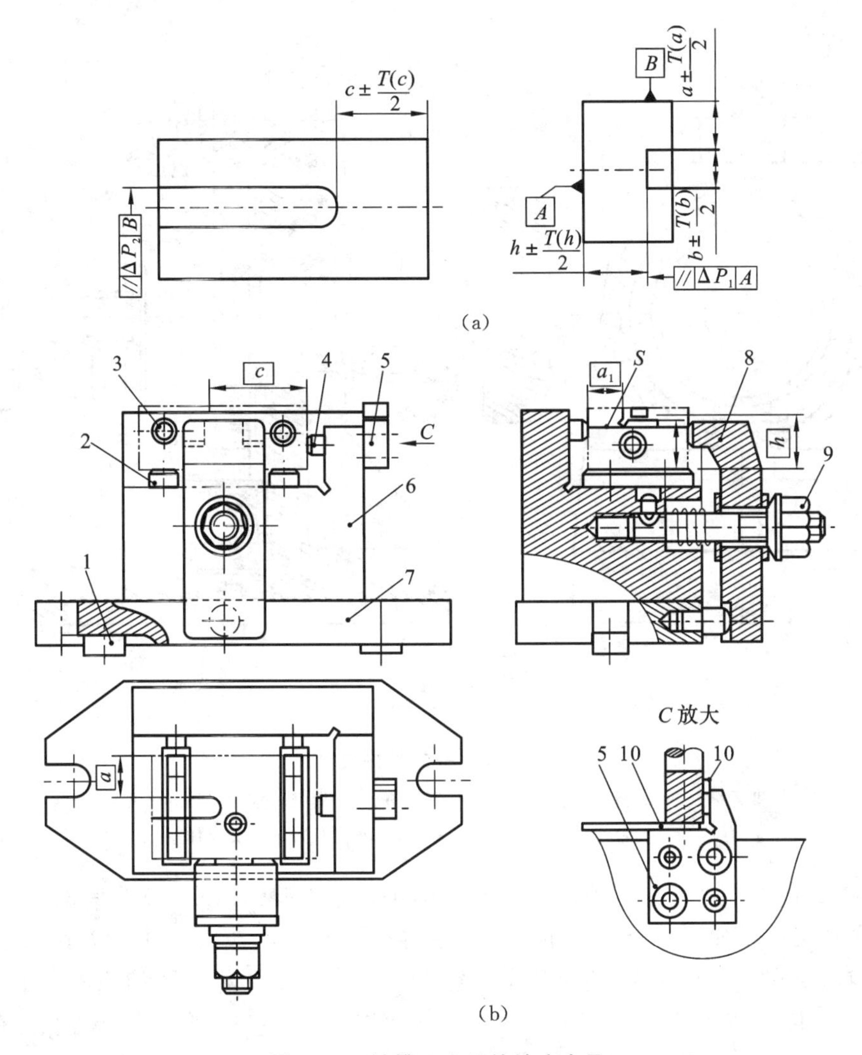

图 7.13 铣槽工序用的铣床夹具

1—定位键；2—支承板；3—齿纹顶支承钉；4—平头支承钉；5—对刀块；6—夹具底座；7—夹具底板；8—螺旋压板；9—夹紧螺母；10—对刀塞尺

(2) 夹紧装置。如图 7.13 所示的螺旋压板 8 和夹紧螺母 9 等组成的螺钉压板部件，图 7.14 所示的夹紧螺母 7 和开口垫圈 6 都是能将外力施加到工件上来克服困难切削力等外力作用，使工件保持在正确定位位置上不动的夹紧装置或夹紧元件。

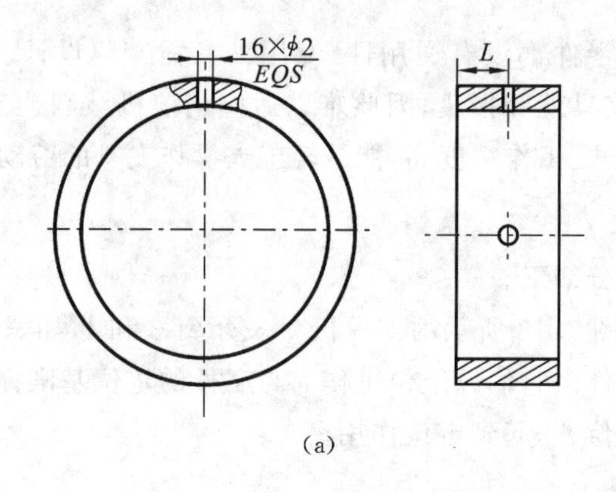

(a)

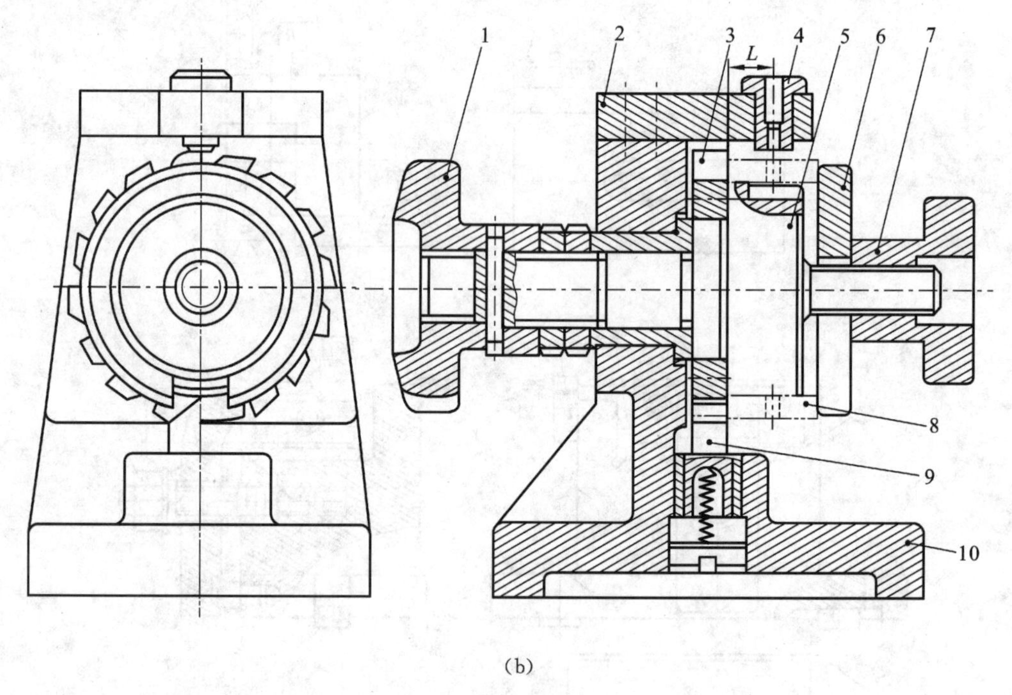

(b)

图 7.14　分度钻床夹具

1—分度操纵手柄;2—钻磨板;3—分度板(棘轮);4—钻套;5—定位心轴;6—开口垫圈;
7—夹紧螺母;8—工件;9—对定机构(棘爪);10—夹具体

(3) 对刀元件。如图 7.13 所示的对刀块 5,根据它来调整铣刀相对夹具的位置。

(4) 导引元件。如图 7.14 所示的钻套 4,它导引钻头加工,决定了刀具相对夹具的位置。

(5) 连接元件。图中 7.13 所示的定位键 1 与铣床工作台的 T 形槽相配合决定夹具在机床上的相对位置,它就是连接元件。图 7.13 与图 7.14 中,与机床工作台面接触的夹具体的底面则是连接表面。此外,图 7.13 所示夹具体两侧的 U 形耳座,可供 T 形螺柱穿过,并用螺母把夹具紧固,其 U 形槽面也属于连接表面。

(6) 夹具体。它是夹具的基础元件,夹具上其他各元件都分别装配在夹具体上形成一个夹具的整体,如图 7.13(b)所示由夹具底座和夹具底板焊接成的夹具体和图 7.14 所示的铸造夹具体 10。

(7) 其他装置。如图 7.14 中由棘爪 9 和棘轮 3 组成的分度装置,利用它进行分度加工。

7.3 零件生产工艺过程基本知识

各种类型的机械零件由于其结构形状、尺寸大小、技术要求等各不相同,在实际生产中常需要根据零件的具体要求,综合考虑生产设备、工人技术水平、生产类型等因素,采用不同的加工方法,合理安排加工顺序,保证加工质量,经过一定的工艺过程才能将零件制造出来。

一、生产过程与工艺过程

1. 生产过程

在进行机械制造时,将原材料(或半成品)转变为成品的各有关劳动过程的总和称为生产过程。对机械制造而言,全过程包括下列内容。

(1) 原材料、半成品和成品(产品)的运输和保管。

(2) 生产和技术准备工件,如产品的开发和设计、工艺设计、专用工艺装备的设计和制造、各种生产资料的准备以及生产组织等方面的准备工作。

(3) 毛坯制造,如铸造、锻造、冲压和焊接等。

(4) 零件的机械加工、热处理和其他表面处理等。

(5) 部件和产品的装配、调整、检验、试验、油漆和包装等。

2. 工艺过程

工艺就是制造产品的方法。工艺过程是改变生产对象的形状、尺寸、位置和性质等,使其成为成品零件的过程。它是生产过程的主要组成部分,在产品生产过程中占有最重要的地位。

采用机械加工的方法直接改变毛坯的状态(形状、尺寸和表面质量等),使其成为合格零件的过程称为机械加工工艺过程。机械加工工艺过程又可分为铸造、冲压、焊接、机械加工、装配等工艺过程。其他过程则称为辅助过程,例如运输、保管、动力供应、设备维修等。

一台结构相同,或者具有相同要求的机器零件,均可以采用几种不同的工艺过程完成,但其中总有一种工艺过程在某一特定条件下是最合理的。人们把合理工艺过程的有关内容写成工艺文件的形式,用以指导生产,这些工艺文件即称为工艺规程。工艺规程是进行生产准备、计划、调度、配备人员、制定定额、核算成本的依据,即组织和管理生产的依据。

二、机械加工工艺过程的组成

机械加工工艺过程是由一个或若干个顺序排列的工序组成的,而工序又可分为安装工位、工步和行程。毛坯依次通过这些工序就成为成品。

工序是组成加工工艺过程的基本单元。一个工序是指一个(或一组)工人,在一台机床(或一个工作地点),对同一工件(或同时对几个工件)所连续完成的那部分工艺过程。制定机械加工工艺过程,必须确定该工件要经过几道工序以及工序进行的先后顺序。仅列出主要工序名称及其加工顺序的简略工艺过程,称为工艺路线。

划分工序的依据主要有两个:一是看工作地点是否改变;二是看工作是否连续。工作地点改变或工作不连续都是不同的工序。工序是组成工艺过程的基本单元,也是生产计划的基本单元。

1. 安装

安装是指使工件在机床上占据应有的位置,并夹紧使之固定在这个位置上的工作。安装包括定位和夹紧两方面的内容。在一个工序中,可以用一次安装或几次安装来进行加工。

工件在一个工序中进行多次安装,往往会降低加工质量,而且还要花费很多装夹时间,因此,当工件必须在不同的位置上加工时,常利用夹具来改变工件的位置。

2. 工位

工位是指工件在一次装夹后,在机床上所占据的各个位置。

3. 工步

工步是指在加工表面不变、加工工具不变、切削用量不变的条件下所连续完成的那部分工序。一道工序又可分为若干个工步。

为提高生产率,常常将几个工步合并成为一个复合工步,这种复合工步的特点是用几个工具同时加工几个表面。在多刀、多轴机床上加工时,主要是利用这一特点来提高劳动生产率的。

4. 工作行程

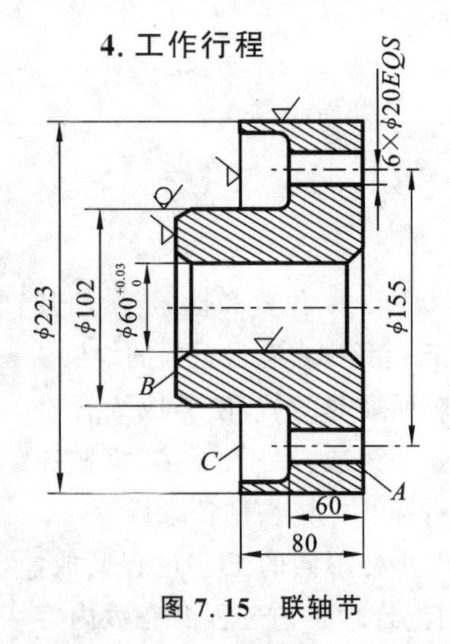

图 7.15 联轴节

工作行程也称为进给,是加工工具在加工表面上加工一次所完成的工步。

行程有工作行程和空行程之分。工作行程是指加工工具以加工进给速度相对工件所完成一次进给运动的那部分工作(或工步);空行程是指加工工具以非加工进给速度相对工件所完成一次进给运动的那部分工作(或工步)。

如图 7.15 所示为联轴节零件简图,其机械加工工艺过程可分为三个工序,如表 7.5 所示。

工序 1 在车床上车外圆、车端面、镗孔以及内孔倒角。

工序 2 在钳工平台上画 6 个 φ20 的小孔位置线。

工序 3 在钻床上钻出 6 个 φ20 的小孔。

工序 1 中可分为粗车外圆、粗车端面、粗镗孔,半精车外圆、半精车端面等若干工步。

表 7.5 联轴节的加工工序

工序号	工序名称	工序内容		工作地点
1	车	安装 1	(1) 车削端面 *A*　(2) 镗内孔 φ60 (3) 内孔倒角　(4) 车外圆 φ223	车床
		安装 2	(1) 调头车端面 *B*　(2) 内孔倒角 (3) 车端面 *C*	
2	画线	画 6 个 φ20 孔的位置		钳工平台
3	钻	钻 6 个 φ20 孔		钻床

图 7.16 所示零件的加工过程如下：车外圆 1，车端面 2，倒角 3，切槽 4。每一项加工内容为一个工步，共分四个工步。

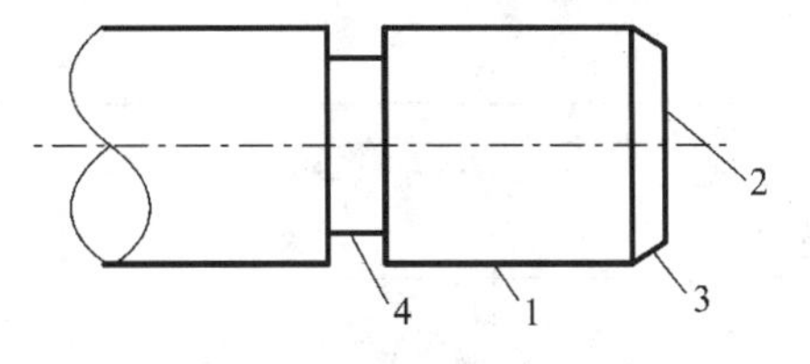

图 7.16 工步示意图

三、生产纲领与生产类型

1. 生产纲领

生产纲领（N）是指企业在计划期内应当生产的产品数量和进度计划。计划期常定为一年，所以生产纲领也就是产品的年生产量。

$$N=Qn(1+a\%)(1+b\%) \tag{7-1}$$

式中：N——零件的年生产纲领（件/年）；

Q——产品的年生产量（台/年）；

n——每台产品中该零件的数量（件/台）；

$a\%$——备品率；

$b\%$——废品率。

2. 生产类型

生产类型是指企业（或车间、工段、班组、工作地）生产专业化程度的分类。生产类型的划分依据是产品或零件的年生产纲领，一般分为大批量生产、批量生产和单件生产三类。

大批量生产——产品的产量很大，大多数工作按照一定的生产节拍（即在流水线生产中，相继完成两件制品之间的时间间隔）进行某种零件的某道工序的重复加工。例如，汽车、手表的轴承等都是以大批量生产的方式进行的。

批量生产——一年中轮翻周期地制造几种不同的产品，每种产品均有一定的数量，工作地的加工对象周期性地重复。例如，机床、电机等就属于批量生产。

单件生产——单个地点生产不同的产品，很少重复。其生产特点是品种多、产量小且不重复生产。

出于对生产率、成本、质量等方面的考虑，单件、小批量生产与大批量生产可能有不同的工艺过程。生产类型不同，工艺规程制定的要求也不同。对单件小批量生产，可能只要制定一个简单的工艺路线就行了；对于大批量生产，应该制定一个详细的工艺规程，对每个工序、工步和工作行程都要进行设计，详细地给出各种工艺参数。

各种生产类型的工艺过程的主要特点如表 7.6 所示。

表 7.6 各种生产类型的工艺过程的主要特点

工艺过程特点 \ 生产类型	单件生产	成批生产	大批量生产
工件的互换性	一般是配对制造，没有互换性，广泛用钳工修配	大部分有互换性，少数用钳工修配	全部有互换性。某些精度较高的配合件用分组选择装配法

续表

工艺过程特点 \ 生产类型	单件生产	成批生产	大批量生产
毛坯的制造方法及加工余量	铸件用木模手工造型;锻件用自由锻。毛坯精度低,加工余量大	部分铸件用金属模;部分锻件用模锻。毛坯精度中等,加工余量中等	铸件广泛采用金属模机器造型,锻件广泛采用模锻,以及其他高生产率的毛坯制造方法。毛坯精度高,加工余量小
机床设备	通用机床或数控机床,或加工中心	数控机床、加工中心或柔性制造单元。设备条件不够时,也采用部分通用机床、部分专用机床	专用生产线、自动生产线、柔性制造生产线或数控机床
夹具	多用标准附件,极少数用夹具,靠划线及试切法达到精度要求	广泛采用夹具或组合夹具,部分靠加工中心一次安装	广泛采用高生产率夹具,靠夹具及调整法达到精度要求
刀具与量具	采用通用刀具的万能量具	可以采用专用刀具及专用量具或三坐标测量机	广泛采用高生产率刀具和量具,或采用统计分析法保证质量
对工人的要求	需要技术熟练的工作	需要一定熟练程度的工人和编程技术人员	对操作工人的技术要求较低,对生产线维护人员要求有高的素质

3. 生产纲领与生产类型的关系

生产纲领与生产类型的关系见表7.7。

表7.7 生产纲领与生产类型的关系

生产类型	零件年生产纲领/(件/年)		
	重型零件	中型零件	小型零件
单件生产	<5	<10	<100
批量生产	5～300	10～500	100～5000
大批量生产	>300	>500	>5000

7.4 常用表面的加工方法

机械零件的结构从形体上分析,都是由外圆面、内圆面、平面和成形面等基本表面组成的。每一种基本表面的成形有多种不同的加工方法。采用什么样的方法进行加工,需要根据表面加工精度、表面粗糙度的要求来决定。

一、外圆表面的加工方法

具有外圆表面的典型零件为轴类、套筒类和圆盘类零件。外圆表面的主要技术要求包括：表面尺寸精度、形状精度、位置精度和表面粗糙度等。外圆表面的加工方法以车削、磨削及光整加工的使用较广。

1. 外圆表面车削加工

车削加工是在车床上利用工件的旋转运动和刀具的移动来加工工件的。

1）工件的装夹

车削加工中常见的工件装夹方法及应用见表7.8。

表7.8 车削加工中常见的工件装夹方法及应用

名称	装夹简图	装夹特点	应用
三爪自定心卡盘	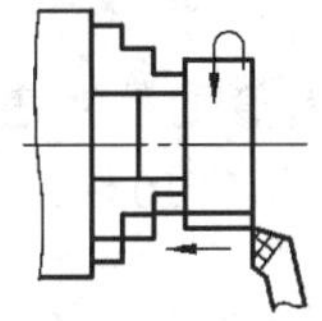	三个卡爪同时移动，自动对中	长径比小于4，截面为圆形，六方形的中、小型工件的加工
四爪单动卡盘	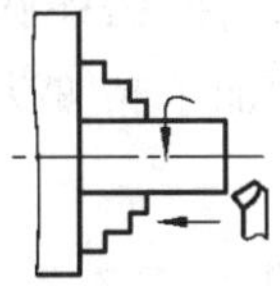	卡爪独立移动，安装工件需找正	长径比小于4，截面为方形、长方形的椭圆形工件的中、小型加工
花盘	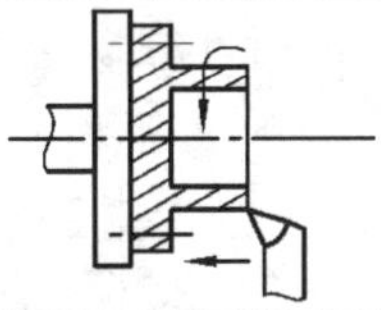	盘面上多通槽和T形槽，使用螺钉、压板装夹，装夹前需找正	形状不规则工件、孔或外圆与定位基面垂直的工件的加工
双顶尖	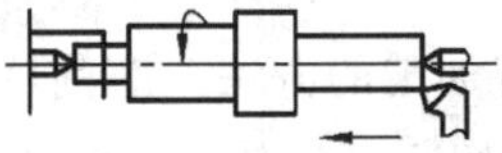	定心准确，装夹稳定	长径比为4～20的实心轴类的零件
双顶尖中心架	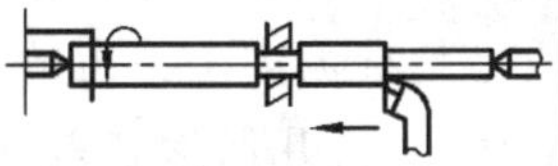	支爪可调，增加工件刚性	长径比大于15的细长轴工件粗加工
一夹一顶跟刀架	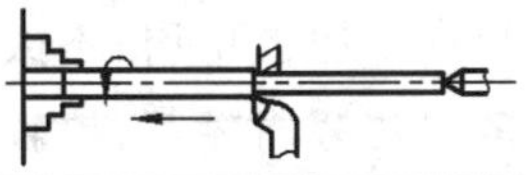	支爪随刀具一起运动，无接刀痕	长径比大于15的细长轴工件半精加工、精加工

2）外圆车刀的种类和装夹

外圆车刀有直头和弯头两种，直头车刀主要用于车削没有台阶或台阶要求不太严格的外圆，常采用高速钢制成。弯头车刀常用硬质合金制成，主偏角有45°、75°、90°等。

车刀在刀架上的安装高度，一般应使刀尖在与工件旋转轴线等高的地方。安装时可用尾架顶尖作为标准，或先在工件端面上车一印痕，就可以知道轴线的位置，然后把车刀调整安装好。

车刀在刀架上的位置，一般应垂直于工件旋转的轴线，否则会引起主偏角的变化，还可能使刀尖扎入已加工表面或影响工件表面的质量。

3) 车削外圆的形式和加工精度

车削外圆的主要形式如图7.17所示,一般分为粗车、半精车、精车和精细车。

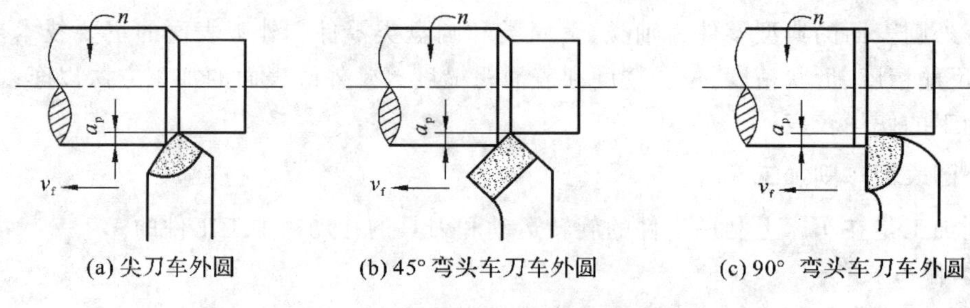

(a) 尖刀车外圆　(b) 45°弯头车刀车外圆　(c) 90°弯头车刀车外圆

图7.17　车削外圆的形成

(1)粗车。粗车属于低精度外圆表面加工,其目的主要是迅速地切去毛坯的硬皮和大部分加工余量。为此,必须充分发挥刀具和机床的切削能力以利于生产率的提高。粗车加工精度为IT13~IT11,表面粗糙度Ra为12.5~50 μm。

(2)半精车。半精车在粗车的基础上进行,属于中等精度的外圆表面加工,对加工表面一般需二次加工才能达到精度要求。半精车的加工精度为IT10~IT9,表面粗糙度Ra为3.2~6.3 μm。

(3)精车。精车是在半精车的基础上进行的,属于较高精度的外圆表面加工。精车时一般取较大的切削速度和较小的进给量与背吃刀量。精车的加工精度为IT7~IT6,表面粗糙度Ra为0.8~1.6 μm。

(4)精细车。精细车是用高精密车床,在高切削速度、小进给量及小背吃刀量的条件下,用经过仔细刃磨的人造金刚石或细颗粒硬质合金车刀进行车削。精细车的加工精度为IT6~IT5,表面粗糙度Ra为0.2~0.4 μm。

2. 外圆表面磨削加工

1) 磨削及其刀具

磨削是指用磨具以较高的线速度对工件表面进行加工的方法。磨削属于精加工。

磨削加工所用的切削刀具是砂轮,磨削也是一种切削。砂轮表面上的每一颗磨粒的单独工作可以与一把车刀相比较。而整个砂轮可以看成是具有极多个刀齿的铣刀。刀齿是由许多分散的尖棱组成。这些尖棱均随机排列在砂轮表面上,且几何形状差别不大,其中较锋利和凸出的磨粒可以获得较大的切削厚度,能起到切削作用切出切屑;不太凸出或磨钝的磨粒只能在工件表面上刻划出细小的沟纹,将工件材料挤向两旁而隆起;比较凹下的磨粒既不切削也不刻划工件,只是在工件表面上产生滑擦。由此可见,砂轮的磨削过程实际上是切削、刻划和滑擦三种作用的综合,如图7.18所示。

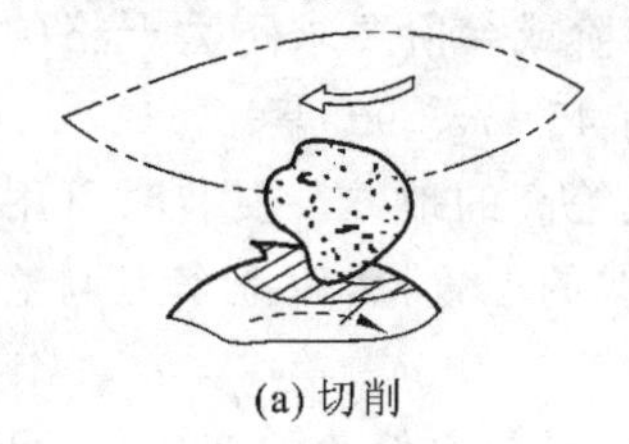

(a) 切削

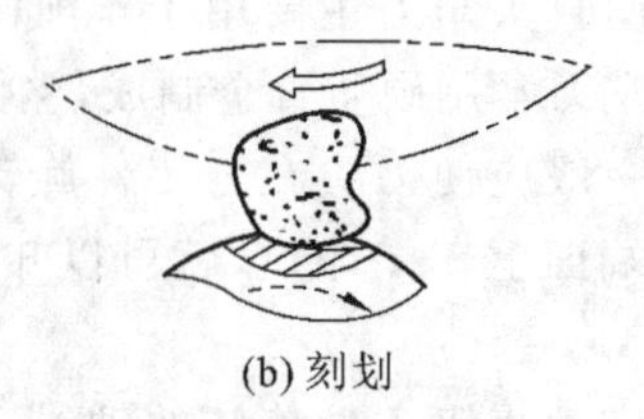

(b) 刻划

(c) 滑擦

图7.18　磨粒的磨削状态

2) 磨削的工艺特点

(1) 背向磨削力 F_p 大。由于多数磨粒切削刃具有极大的负前角和较大的刃口钝圆半径，致使背向磨削力远大于切向磨削力 F_c，如图 7.19 所示，加剧工艺系统变形，造成实际磨削背吃刀量常小于名义磨削背吃刀量，影响加工精度和磨削过程的稳定性。

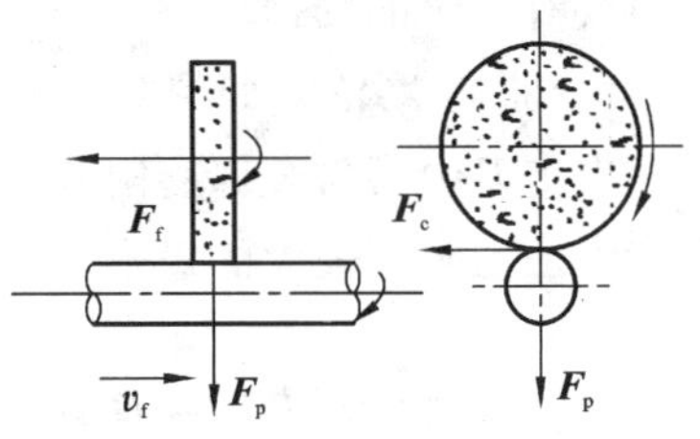

图 7.19 磨削的切削分力

(2) 磨削温度高。磨削的速度都很快，一般在 30～50 m/s，是车、铣削速度的 10～20 倍，因此，磨削温度很高，瞬时温度可达 1000℃，将引起加工表面物理力学性能改变，甚至产生烧伤和裂纹。

(3) 冷硬程度大、能量消耗大。磨粒的切削刃和前、后面的形状极不规则，顶角在 105°左右，前角为很大负值，且后角很小，会使工件表层材料经受强烈挤压变形。特别是磨粒磨钝后和进给量很小时，金属变形更为严重。因此，磨削单位截面积所消耗的能量较一般切削加工高得多，冷硬程度也大。

(4) 磨粒有自锐作用。磨粒在磨削力的作用下，会产生开裂和脱落，形成新的锐利刃，称为磨粒的自锐作用，有利于磨削的进行。

(5) 精度高、表面粗糙度小。磨削时，砂轮表面有切削刃，并且较锋利，能够切下一层很薄的金属，切削厚度可小到数微米；同时磨床具有精度高、刚性好的特点，因此磨削可以达到高的精度和小的表面粗糙度，一般精度可达到 IT7～IT6，表面粗糙度 Ra 为 0.2～0.8 μm。

3) 常见的磨削方法

外圆柱面通常作为半精车后的精加工，在外圆磨床或万能外圆磨床上进行。

(1) 纵磨法。如图 7.20(a)所示，砂轮高速旋转作主运动，工件旋转并和工作台一起作纵向进给运动，完成圆周和纵向进给运动。工作台每往复一次，砂轮沿磨削深度方向完成一次横向进给，每次磨削深度较小，通过多次往复行程将余量全部磨去。纵磨法的磨削深度小、磨削力小、温度低、加工精度高，但加工时间长、生产率低，适于单件小批量生产和加工细长工件。

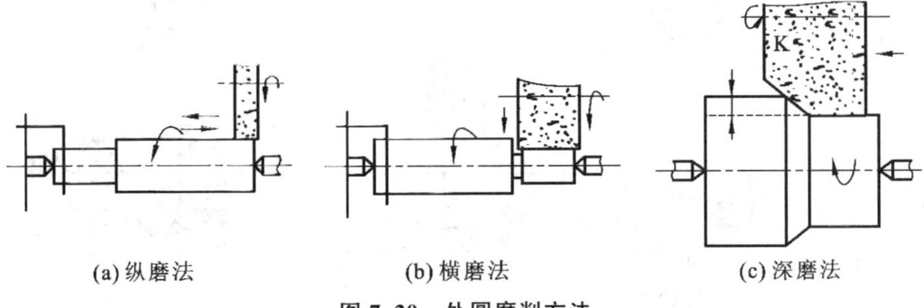

(a) 纵磨法　　(b) 横磨法　　(c) 深磨法

图 7.20 外圆磨削方法

(2) 横磨法。横磨法又称切入法，当工件被磨削长度小于砂轮宽度时，砂轮以很慢的速度连续地作横向进给运动，直到磨去全部磨削余量，如图 7.20(b)所示。横磨法充分发挥了砂轮所有磨粒的切削作用，生产率高，但磨削时径向力较大，容易使工件产生弯曲变形。由于无纵向进给运动，砂轮表面的修整精度和磨削情况将直接复印在工件表面上，会影响加工表面的质量，因此，加工精度较低。横磨法主要用于磨削刚性较好、长度较短的工件外圆表面及有台阶的轴颈。

(3) 深磨法。如图 7.20(c)所示,磨削时用较小的纵向进给量(一般取 1～2 mm/r),在一次走刀中磨去全部磨削余量(一般为 0.3 mm),是一种比较先进的方法,适用于大批量生产中加工刚度较大的短轴。

二、孔的加工方法

孔是盘套类、支架箱体类零件的主要组成表面,其主要技术要求与外圆表面基本相同。但是与外圆相比,孔的加工条件较差,如所用的刀具尺寸(直径、长度)受到被加工孔本身尺寸的限制,孔内排屑、散热、冷却、润滑等条件都较差。因此,要达到与外圆表面同样的技术要求需要更多的工序。

零件上常见的孔有以下几种:①紧固孔,如螺钉、螺栓孔等;②回转体零件上的孔,如套筒、法兰盘及齿轮上的孔等;③箱体零件上的孔,如床头箱体上主轴及传动轴的轴承孔等;④深孔,一般 $L/D\geqslant10$ 的孔,如炮筒、空心轴孔等;⑤圆锥孔,此类零件常用来保证零件间配合的准确性,如机床的锥孔等。

选择孔的加工方法时,应考虑孔径的大小、深度、精度、工件形状、尺寸、重量、材料、生产批量及设备等具体条件。常见的孔的加工方法有钻孔、扩孔、铰孔、镗孔、拉孔和磨孔等,如图 7.21 所示。

1. 钻削

在钻床上进行切削加工的工艺过程称为钻削加工。钻削所用的刀具有钻头及铰刀等,常用的钻床有台式钻床、立式钻床和摇臂钻床等。

1) 钻孔

单件生产时,先在工件上划线,打样冲眼确定孔的中心位置,然后将工件装夹在虎钳上或直接装夹在工作台上。大批生产时,通常采用钻床夹具,即钻模装夹工作,利用夹具上的导向套引导钻头在正确位置上钻孔,以提高效率,如图 7.22 所示。

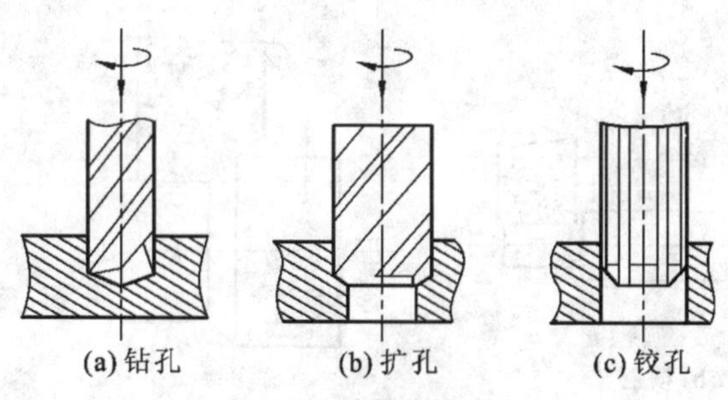

(a) 钻孔　(b) 扩孔　(c) 铰孔

图 7.21　孔的加工方法

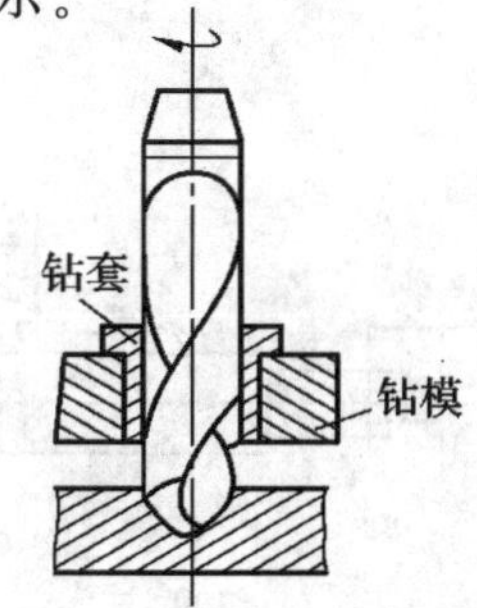

图 7.22　利用钻模钻孔

钻孔用的主要刀具是钻头,麻花钻是应用最广的钻头。钻削时,加工过程是半封闭的,切削量大、孔径小、冷却条件差、切削温度高,从而限制了切削速度,影响生产率的提高。

钻削时,钻孔切屑较宽,而容屑槽尺寸受限,故排屑困难,常出现切屑与孔壁的挤压摩擦,孔的表面常被划伤,使工件表面粗糙度增大。

钻孔属粗加工,精度只能达到 IT13～IT11,表面粗糙度 Ra 为 12.5～32.5 μm。对要求精度高、粗糙度小的孔,还要在钻孔后进行扩孔、铰孔或镗孔。

2) 扩孔

扩孔是用扩孔钻对工件上已有的孔进行扩大加工，可以校正孔的轴线偏差，使其获得较正确的几何形状与较小的表面粗糙度。

扩孔是铰孔前的预加工，也可以是钻孔加工的最后工序。

扩孔用的刀具是扩孔钻，它与麻花钻相似，如图7.21(b)所示，通常有3～4个切削刃，没有横刃，钻芯大，刚度好。

3) 铰孔

铰孔是应用较普遍的孔的精加工方法之一，常用作孔的最后工序，如图7.23所示。手用铰刀切削部分较长，导向作用较好，手铰孔径一般为ϕ(1～50) mm。机用铰刀多为锥柄，装在钻床或车床上进行铰孔，其直径范围为ϕ(10～80) mm。

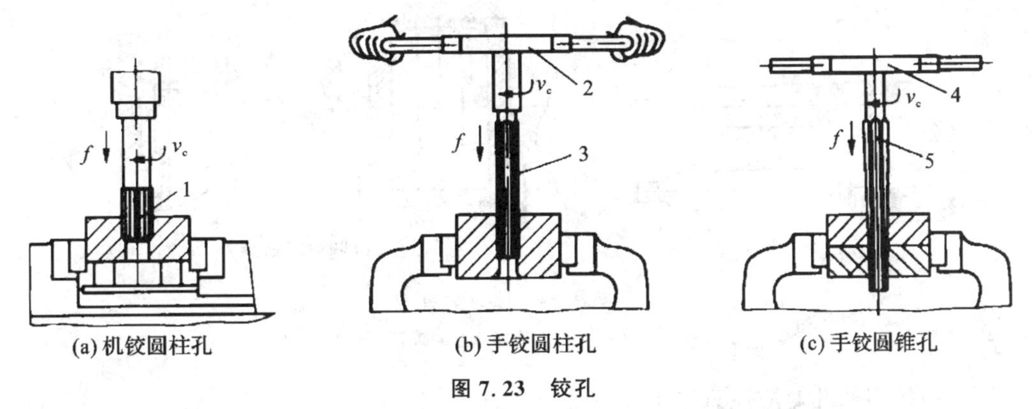

图7.23 铰孔

1—机用铰刀；2、4—铰杠；3—手用铰刀；5—1∶50锥度铰刀

铰孔时应注意的事项如下。

(1) 用铰刀加工出的孔的直径不等于铰刀的实际尺寸，用高速钢铰刀时，铰出的工件孔径比铰刀的实际直径稍大。

(2) 铰削的功能是提高孔的尺寸精度和表面质量，而不能提高孔的位置精度。

(3) 为提高铰孔质量，需施加润滑效果好的切削液，不宜干切削。铰钢件时，用浓度较高的乳化液；铰铸件、铁件时，则以煤油为好。

(4) 铰孔广泛用于直径不很大的未淬火工件上孔的精加工。

(5) 铰削时，铰刀不可倒转，以免崩刃。

2. 镗削

镗孔是镗刀在已加工孔的工件上使孔径扩大并达到精度、表面粗糙度要求的加工方法。

镗孔可以在多种机床上进行，回转体零件上的孔，多用车床加工；而箱体零件上的孔或孔系(即要求相互平行或垂直的若干孔)，则常在镗床上加工。

镗孔的一般加工精度为IT9～IT8，表面粗糙度Ra为1.6～3.2 μm，镗孔能较好地修正前工序加工所造成的几何形状误差和相互位置误差。

1) 镗床的主要工艺范围

镗刀的刀尖相对于工件的进给运动形成直线母线，刀具相对于工件的回转主运动使直线母线沿圆周运动形成内圆表面。镗床的主要工艺范围有镗孔、镗同轴孔、镗大孔、镗平行孔和镗垂直孔。

2）镗削的工艺特点与应用

镗削的加工精度、生产率和生产成本较低、适应性好，主要用于机架、箱体等结构复杂零件的孔系加工，特别是大孔的加工。镗削加工质量主要取决于镗床的精度。

3）镗刀的类型

(1) 单刃镗刀。

单刃镗刀是将与车刀相似的小刀（刀头）装夹于刀杆中，根据孔径大小，用螺钉固定其位置而组成的镗杆镗刀，如图 7.24(a)所示。小刀齿的横截面有圆形和方形两种，用它可进行粗加工，也可用来半精加工或精加工。镗孔时，可以校正预加工孔轴线歪斜或小的位置偏差，但由于单刃镗刀刚性较低，只能用较小的切削用量，生产率较扩孔或铰孔低。

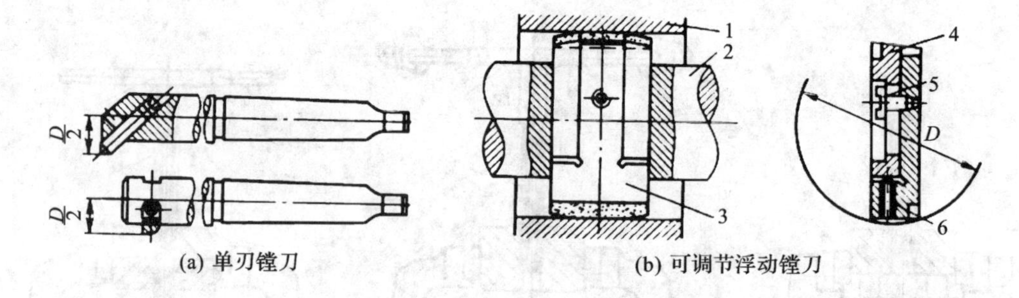

图 7.24　镗刀结构

1—工件；2—镗杆；3、4—刀片；5—紧固螺钉；6—调节螺钉

用单刃镗刀镗孔时应注意以下几点：

① 刀头镗杆上的悬伸量不宜过大，以免刚度不足；

② 应注意要有足够的容屑空间；

③ 刀头在镗杆上的安装位置有两种：一种是刀头垂直于镗杆安装，只能用于加工通孔；另一种是刀头倾斜安装，可用来加工不通孔。

(2) 多刃镗刀。

如图 7.24(b)所示多刃镗刀为一种可调节浮动镗刀。由于镗刀片在加工过程中浮动，可抵偿刀具安装或镗杆偏摆误差，能提高加工精度，公差等级为 IT7～IT6，表面粗糙度 Ra 为 0.2～0.8 μm，而且其生产率较单刃镗刀要高，但结构较复杂，刃磨要求高，不能加工孔径 20 mm 以下的孔。浮动镗刀加工时与铰孔一样，不能纠正孔的直线度误差和位置偏差，所以要求的加工孔的直线度误差要小。

多刃镗刀主要用于批量生产、精加工箱体零件上直径较大的孔。

3. 拉削

在拉床上用拉刀可以加工各种型孔，如图 7.25 所示。此外，拉削还可以加工平面、半圆弧面和其他组合表面。

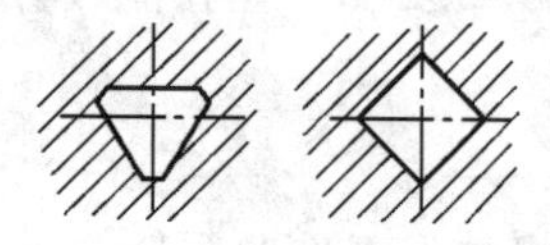
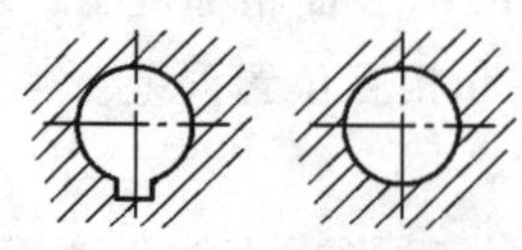
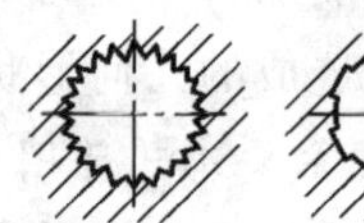
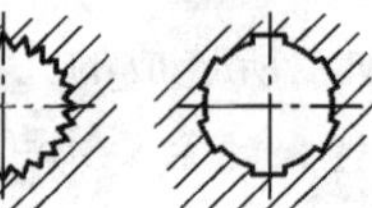

图 7.25　适于拉削的型孔

拉孔时工件一般不需夹紧，只以工件的端面支承。因此，孔的轴线与端面之间应有一定的垂直度要求。如果垂直度误差太大，则需将工件的端面贴紧在一个球面垫圈上，如图7.26所示。

拉削加工的孔径通常为 10～100 mm，孔的深度与直径之比不应超过 5。被拉削的圆孔一般不需精确的预加工，在钻削或粗镗后就可以进行拉削加工。

拉削加工生产率高，拉刀一次行程中就能切除加工表面的全部余量，并能完成校准和修光加工表面的工作。但拉刀结构复杂，制造成本高，主要用于大批量生产中。

对于薄壁孔，因为拉削力大、易变形，一般不用拉削加工。

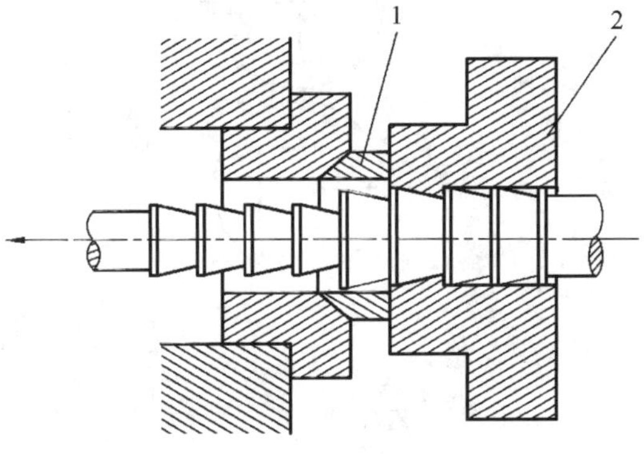

图 7.26 拉圆孔方法

1—球面垫圈；2—工件

4. 内圆磨削

内圆磨床常用的是卡盘式的。与外圆磨削相比，内圆磨削加工比较困难，其主要原因有以下几点。

(1) 砂轮直径受工件孔的限制，一般较小。磨头的转速不能太高。

(2) 砂轮轴的直径小、悬伸长、刚性差，易产生弯曲变形。因而，内圆磨削的精度低于外圆磨削，一般为 IT8～IT6。

(3) 砂轮直径小、磨损快、易堵塞，需要经常修整和更换，增加了辅助时间，降低了生产率。

内圆磨削主要用于淬硬工件孔的精加工，磨孔的适应性较好，使用同一砂轮，可加工一定范围内不同孔径的工件，在单件、小批量生产中应用较多。

三、平面的加工方法

平面是基体类零件(如床身、工作台、立柱、横梁、箱体及支架等)的主要表面，也是回转零件的重要表面(如端面、台肩面等)之一。平面的加工方法有刨削、铣削、端面车削、拉削、磨削及平面研磨等。刨削和铣削是加工平面的主要方法，通过磨削、研磨等加工方法可以进一步提高平面的加工质量。

1. 刨削加工

刨削是指在刨床上用刨刀对工件作直线往复运动的切削加工方法。

1) 常见的刨床种类及应用

常见的刨床类机床有牛头刨床和龙门刨床等，前者用于中小型工件加工，后者用于大型工件加工。

刨床的结构比车床、铣床简单，制造、刃磨和安装比较方便，所以刨削特别适合单件、小批量生产，在维修车间和模具车间应用较多。

插床是一种立式刨床，插削和刨削的切削方式相同，只是插削是在铅直方向进行切削的。插削主要用于单件、小件生产中加工零件上的某些表面，如孔内键槽、方孔、多边形和花键孔等,如图 7.27 所示。

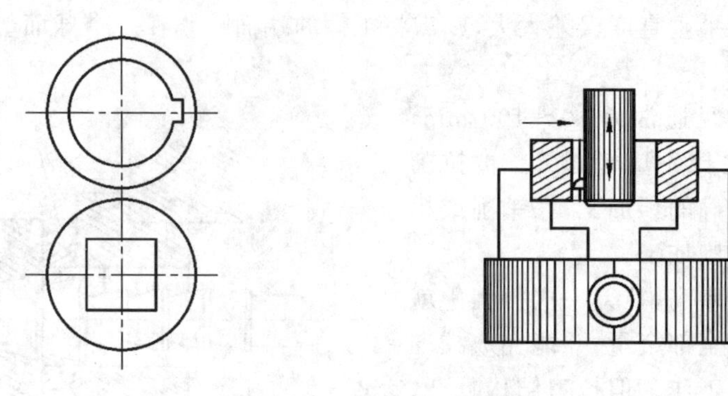

图 7.27 插床的工件原理

2)刨削的工艺特点

在牛头刨床上刨削时,刨刀移动为主运动,工件移动为进给运动;在龙门刨床上刨削时,工件移动为主运动,刨刀移动为进给运动。在以上两种情况下,进给运动均由刨刀担任。

刨削加工时,主运动均为往复直线运动。由于反向时刀具受惯性力的影响,加之刀具切入和切出时有冲击,因此限制了切削速度和空行程速度的提高;同时,还存在空行程所造成的损失,所以刨削的生产率一般较低,在大批量生产中常被铣削代替。但在加工狭长表面(如导轨、长槽等)以及在龙门刨床上进行多件或多刀加工时,其生产率可能高于铣削。

一般的刨削精度可达 IT9~IT7,表面粗糙度 Ra 达 1.6~6.3 μm,加工成本低、生产率低。

2. 铣削加工

铣削是平面加工的主要方法之一。铣削是指由铣刀旋转作主运动,由工件作进给运动的切削加工方法。铣削加工以回转运动代替了刨削加工的直线往复运动,以连续进给代替间歇进给,以多齿铣刀代替刨刀。所以,铣削加工范围广,生产率高。它可以加工水平面、垂直面、斜面、沟槽、成形表面、螺纹和齿轮等,也可以用来切断材料,如图 7.28 所示。

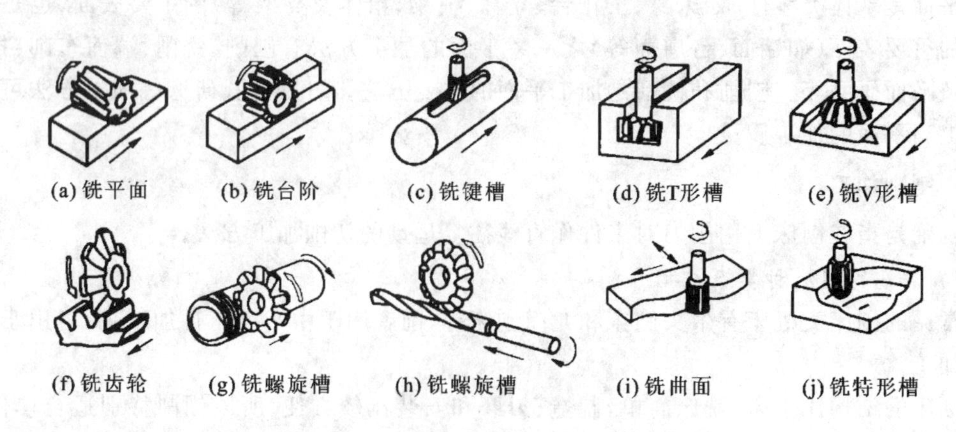

图 7.28 铣床上进行的各种加工

常用的铣床是升降台卧式铣床和立式铣床。

1）铣削的加工特点

(1) 生产率较高。铣刀是典型的多齿刀具，铣削有几个刀齿同时参加工作，总的切削宽度较大。

(2) 刀齿散热条件好。铣刀刀齿在切离工件的一段时间内，可以得到一定的冷却，散热条件较好。但是在切入和切出时，切削热和力的冲击会加速刀具的磨损，甚至可能引起硬质合金刀片的碎裂。

(3) 铣削过程不平稳。由于铣刀的刀齿在切入和切出时产生冲击，使工作的刀齿数有增有减，同时每个刀齿的切削厚度也是变化的，这就引起切削面积和切削力的变化，因此，铣削过程不平稳，容易产生振动。

2）铣削的方式

(1) 周铣法。

用圆柱形铣刀的刀齿加工平面的方法，称为周铣法。如图 7.29 所示，周铣可分为逆铣和顺铣。铣刀旋转方向和工件的进给方向相反时，称为逆铣；反之，称为顺铣。

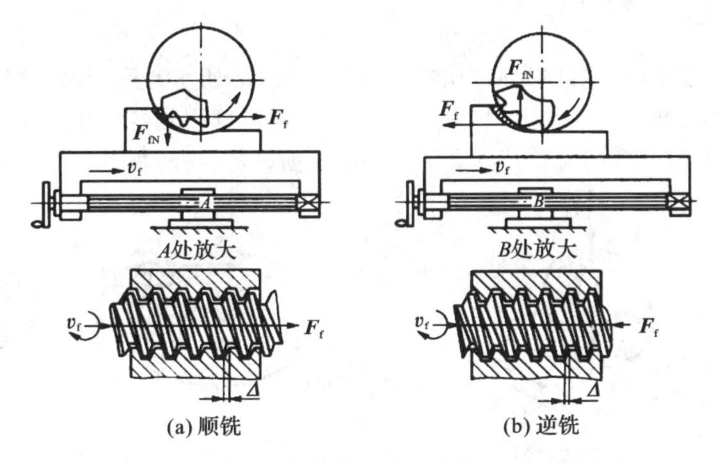

图 7.29 顺铣和逆铣及其对进给机构的影响

顺铣时铣削力的水平分力与进给方向相同，当水平分力大于工作台的摩擦阻力时，由于进给丝杠与螺母之间有间隙，如图 7.29(a)所示，它会使工作台窜动。窜动的大小随切削力的变化时大时小、时有时无，造成进刀不平稳，影响工件表面粗糙度，严重时会引起啃刀、打刀事故；但顺铣时刀齿对工件的切削分力是向下的，有利于工件夹紧，因而铣削过程稳定；另外，在切削时，每齿切削厚度由最大到零，刀具易于切入工件，刀具的耐用度较高。

逆铣时铣削力的水平分力与进给运动方向相反，使得铣床上的进给丝杠和螺母之间的接触面始终压紧，因而进给平稳，无窜动现象，有利于提高表面质量及防止打刀，如图 7.29(b)所示；但是刀齿对工件的切削分力垂直向上，有将工件抬离工作台的趋势，使机床工作台和导轨之间形成间隙，易引起振动，影响铣削过程的稳定性；铣刀刀刃在开始时不能立刻切入工件，而是在冷硬了的加工表面上滑行一小段距离后才能切入工件，不仅使加工表面质量下降，而且会加剧刀具磨损，刀具的耐用度下降。

(2) 端铣法。

用端铣刀的端面刀齿加工平面的方法，称为端铣法。此时铣刀的回转轴线与被加工表面垂直。

用端铣刀加工平面较圆柱铣刀为优。因为端铣刀直接装夹在刚性很高的主轴上工作，因此，铣刀可用较大的切削用量；同时在端铣时，刀齿切入工件时的切削厚度不等于零，不存在加剧刀具磨损的滑行现象，其刀齿带有可用作修光表面的过渡刃和副刀刃，当主刀刃略有磨损时，一时也不会使加工表面恶化。因此，端铣已成为加工平面的主要方式之一。

3）铣削加工的工艺特点

铣削加工质量同刨削加工相当，精铣后，尺寸公差等级可达IT9～IT7，表面粗糙度 Ra 达1.6～6.3 μm。但铣床结构复杂，铣刀的制造和刃磨困难，因而铣削加工成本高于刨削加工。

3. 平面磨削加工

平面磨削是在平面磨床上进行平面加工的，一般都作为铣削和刨削后的精加工工序。对于形状简单的铁磁性材料工件，采用电磁吸盘装夹；对于形状复杂或非磁性材料的工件，可采用精密虎钳或专用夹具装夹。

平面磨削的方式有以下两种。

1）周边磨削

用砂轮的周边进行磨削称为周边磨削，如图7.30(a)所示。磨削时，砂轮与工件的接触面积小、磨削力小、磨削热少、冷却和排屑条件好、砂轮的磨损均匀。生产中经常采用卧轴矩台平面磨削，主要用于磨削齿轮等盘套类零件的端面，以及各种板条状中、小型零件。

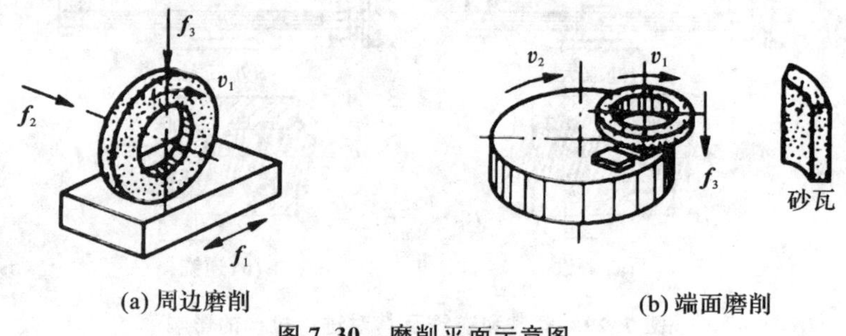

图7.30　磨削平面示意图

2）端面磨削

用砂轮的端面进行磨削称为端面磨削，如图7.30(b)所示。磨削时，砂轮与工件的接触面积大、磨削力大、磨削热多、冷却和排屑条件也较差、工件受热变形大。此外，砂轮端面径向各点的圆周速度也不相等，砂轮的磨损不均匀，因此，加工精度不高。一般用于磨削加工精度要求不高的平面，也可用于代替刨削和铣削加工。

生产中常采用立轴圆台平面磨床。这种磨床的砂轮轴悬伸长度短，刚性好，可采用较大的磨削用量，生产效率高，一般适用于粗加工。

四、圆柱齿轮齿形的加工方法

齿轮在各种机械和仪表中广泛应用，它是传递运动和动力的重要零件，机械产品的工作性能、承载能力、使用寿命及工作精度等，都与齿轮本身的质量有着密切的关系。常用的齿轮有圆柱齿轮、圆锥齿轮及蜗轮等，而以圆柱齿轮应用最广。

齿轮齿形曲线有渐开线、摆线、圆弧等，其中最常用的是渐开线。

齿形加工的方法很多，按加工过程中有无切屑，可分为有切屑加工和无切屑加工。无切屑加工是近年来发展起来的一种新工艺，具有广阔的发展前景。目前有切屑加工仍是齿形加工的主要方法。根据加工原理，齿形加工又可分为仿（成）形法和范（展）成法两种。仿（成）形法是在卧式铣床上利用刀刃形状和齿槽形状相同的齿轮铣刀来切制齿形；范（展）成法（滚齿、插齿、剃齿、珩齿）是根据齿轮啮合原理，在专用机床上利用刀具和工件间具有严格的传动比的相对运动来切制齿形。

渐开线圆柱齿轮的加工精度共有12个等级，其中IT1精度最高，IT12精度最低，应用最多的是IT9～IT6。

1. 铣齿

1）铣齿加工的原理

铣齿是利用成形齿轮铣刀在万能铣床上加工齿轮的方法。当齿轮模数 $m<8$ 时，一般在卧式铣床上用盘状铣刀铣削，如图7.31(a)所示；当齿轮模数 $m\geqslant 8$ 时，用指状铣刀在立式铣床上铣削，如图7.31(b)所示。

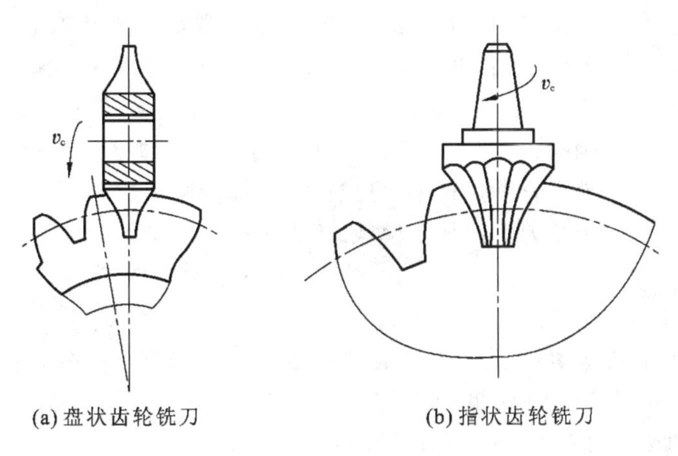

(a) 盘状齿轮铣刀　　(b) 指状齿轮铣刀

图7.31　成形法铣削齿轮

铣削时，均将工件安装在铣床的分度头上，齿轮铣刀作旋转主运动，工作台作直线进给运动。当加工完一个齿间后，退出刀具，按齿数 z 进行分度，再铣下一个齿间。这样逐齿进行铣削，直至铣完全部齿间。

为减少同一模数铣刀的数量，在实际生产中，将同一模数的铣刀按渐开线齿形的弯曲度相近的齿数，一般只做出8把或15把。对标准模数铣刀，当模数 $m<8$ 时，每种模数由8把（8个刀号）组成一套；当 $m\geqslant 8$ 时，则由15把组成一套，每把刀号的铣刀用于加工一定范围齿数的齿轮。齿轮铣刀号如表7.9所示。

表7.9　齿轮铣刀号

铣刀号		1	$1\frac{1}{2}$	2	$2\frac{1}{2}$	3	$3\frac{1}{2}$	4	$4\frac{1}{2}$	5	$5\frac{1}{2}$	6	$6\frac{1}{2}$	7	$7\frac{1}{2}$	8
加工齿数	8把一套	12～13	—	14～16	—	17～20	—	21～25	—	26～34	—	35～54	—	55～134	—	≥135
	15把一套	12	13	14	15～16	17～18	19～20	21～22	23～25	26～29	30～34	35～41	42～54	55～79	80～134	≥135

2) 铣齿加工的特点

(1) 生产成本低。在普通铣床上即可完成齿形加工;齿轮铣刀结构简单,制造容易,因此生产成本低。

(2) 加工精度低。铣齿时,由于一把铣刀要加工几种不同齿数的齿轮,因此有齿形误差,而且加工时有分度误差,所以加工精度低。

(3) 生产率低。铣齿时,由于每铣一个齿间都要重复进行切入、切出、退出和分度的工作,辅助时间和基本工艺时间增加,因此生产率低。

3) 铣齿加工的适用范围

铣齿加工常用于单件小批量生产和修配精度要求不高的齿轮加工。

2. 滚齿

1) 滚齿加工的原理

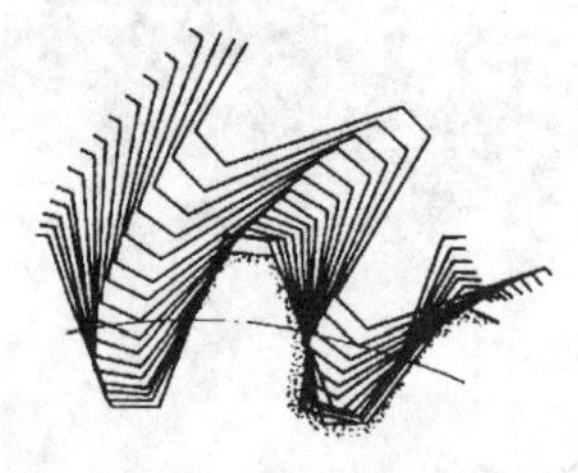

图7.32 滚齿原理

滚齿是根据展成法原理,用齿轮滚刀加工齿形的一种方法。齿轮滚刀的形状与蜗杆相似,它是在蜗杆的基础上开槽,铲齿后形成刀齿的,并将每个刀齿都磨成一定的前角和后角,经淬硬后形成具有切削刃的刀具。齿条与同模数的任何齿数的渐开线齿轮都能正确啮合,即滚刀刀齿侧面运动轨迹的包络线为渐开线齿形,在与工件啮合的过程中,形成齿面。滚齿原理如图7.32所示。因此,同一把滚刀可以加工模数、压力角相同而齿数不同的齿轮。

2) 滚齿运动

(1) 主运动。滚刀的旋转运动。

(2) 分齿运动(展成运动)。滚刀与齿坯之间的啮合运动;若工件的齿数为 z,则当单头滚刀转一圈时,被切工件应转 $1/z$ 圈;头数为 k 的多头滚刀转一圈时,被切工件应转 k/z 圈。滚刀与工件之间的速比关系由机床传动来保证。

(3) 轴向进给运动。滚刀沿被切工件的轴向作直线进给运动。

3) 滚齿的工艺特点

滚齿为连续分齿切削,同时在切削过程中无空回程,所以在一般情况下滚齿生产率都高于铣齿和插齿,其加工精度一般可达IT10~IT6,常用于加工直齿、斜齿圆柱齿轮及蜗轮,但不能加工内齿轮以齿轮间距太近的多联齿轮。

3. 插齿

1) 插齿加工的原理

插齿是利用插齿刀在插齿机上加工内、外齿轮或齿条等齿面的方法。

插齿是按一对圆柱齿轮相啮合的原理进行加工的,插齿刀相当于一个在轮齿上磨出前角和后角、具有切削刃的齿轮,而齿轮坯则作为另一个齿轮。工作时,就是利用刀具上的切削刃来进行切削的。插齿原理如图7.33所示。

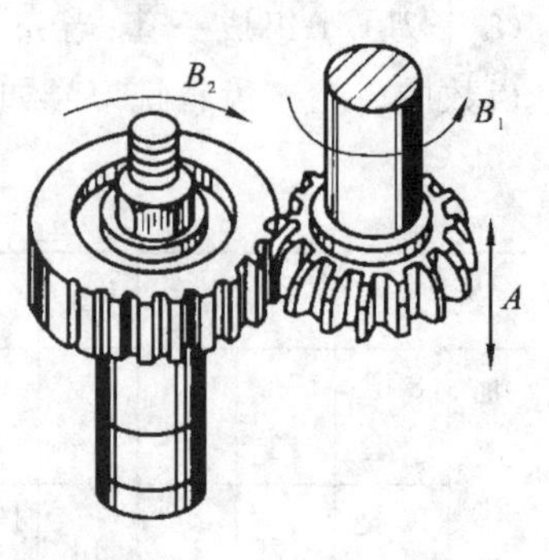

图7.33 插齿原理

2) 插齿运动

(1) 主运动。插齿刀的上下往复运动 A。

(2) 分齿运动。插齿刀与工件齿坯之间强制严格保持一对齿轮副的啮合运动关系(即插齿刀以 B_1、工件以 B_2 的相对运动关系转动)。

(3) 径向进给运动。为了使插齿刀逐渐切至全齿深,插齿刀每上下往复一次应具有向工件中心的径向进给运动。

(4) 让刀运动。为了避免插齿刀向上返回退刀时,造成后刀面的磨损和擦伤已加工表面,工件应离开刀具作让刀运动;当插齿刀向下切削加工时,工件应恢复原位。

3) 插齿的工艺特点

插齿刀的制造、刃磨和检验均较滚刀简便,易保证制造精度,加工精度略高于滚齿,可达IT9～IT7;同一模数的插齿刀可以加工各种齿数的齿轮,生产效率高于铣齿而低于滚齿。

在单件、小批量生产和大量生产中,广泛采用插齿来加工各种未淬火齿轮,尤其是内齿轮和多联齿轮,加上附件还可以加工齿条及斜齿轮。

4. 剃齿

剃齿是剃齿刀在专用剃齿机上对齿轮齿形进行精加工的一种方法,专门用来加工未经淬火(35 HRC 以下)的圆柱齿轮。剃齿加工精度可达 IT7～IT6,齿形表面粗糙度 Ra 可达 0.4～0.8 μm。

剃齿加工主要用于提高齿形精度和齿向精度,降低齿面的表面粗糙度。剃齿多用于成批、大量加工。

5. 珩齿

当工件硬度超过 35 HRC 时,使用珩齿代替剃齿。珩齿与剃齿的原理完全相同,是用珩磨轮在珩齿机上对齿轮进行精加工的一种方法。

珩磨轮是用金刚砂轮及环氧树脂等浇注或热压而成,它的硬度极高,能除去剃齿刀刮不动的淬火齿面氧化皮。珩磨过程具有磨、剃、抛光等几种精加工的综合作用。

珩齿对齿形精度改善不大,主要用于改善热处理后的轮齿表面粗糙度。

6. 磨齿

磨齿是齿轮的一种精加工方法。磨齿对齿轮误差或热处理变形具有较强的修正能力。齿轮表面加工精度可达 IT7～IT3。

随着技术的发展,齿形加工也出现了一些新工艺,例如,精冲或电解加工微型齿轮、热轧中型圆柱齿轮、精锻圆柱齿轮、粉末冶金法制造齿轮、电解磨削精度较高的齿轮等。

五、螺纹的加工方法

螺纹面是零件常见的表面之一。按螺纹形式可将螺纹分为圆柱螺纹和圆锥螺纹;按用途可分为传动螺纹和紧固螺纹。传动螺纹多用于传递力、运动和位移,如丝杆和测微螺杆的螺纹,其牙型多为梯形或锯齿形;紧固螺纹用于零件的固定连接,常用的有普通螺纹和管螺纹等,牙型多为三角形。

螺纹的加工方法很多,工作中应根据生产批量、形状、用途、精度等不同要求合理选择。

1. 车螺纹

车螺纹是螺纹加工的基本方法,它可以使用通用设备,刀具简单,适应性广。

螺纹车削是成形车削的一种,刀具形状应和螺纹牙型槽相同,车刀刀尖必须与工件中心

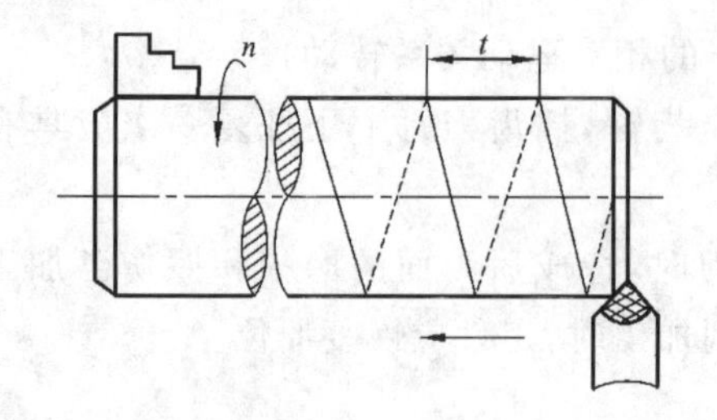

图 7.34　车螺纹时刀具与工件的关系

等高，车刀刀尖角的等分线必须垂直于工件回转中心线。在车床上车削螺纹时，工件每转一周，刀具应准确而均匀地进给一个导程，如图 7.34所示。

车螺纹的生产率较低，加工质量取决于工人的技术水平以及机床、刀具本身的精度，所以主要用于单件、小批量生产。当生产批量较大时，为了提高生产率，常用螺纹梳刀进行车削。螺纹梳刀实质上是一种多齿形的螺纹车刀，只要走刀一次就能切出螺纹，所以生产率高。但是，一般螺纹梳刀加工精度不高，不能加工精密螺纹。此外，螺纹附近有轴肩的工件，也不能用螺纹梳刀加工。螺纹梳刀如图 7.35 所示。

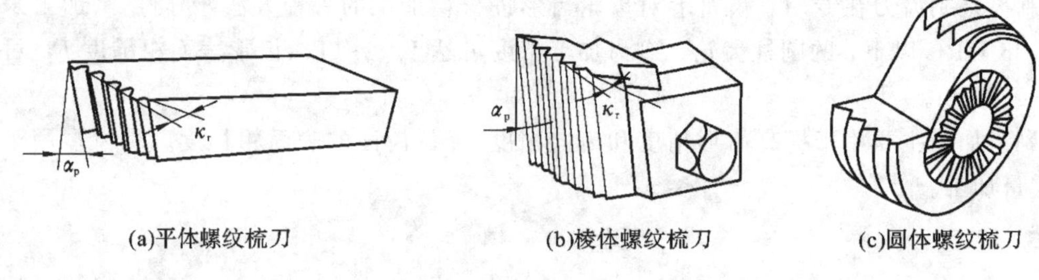

(a)平体螺纹梳刀　(b)棱体螺纹梳刀　(c)圆体螺纹梳刀

图 7.35　螺纹梳刀

2. 铣螺纹

在铣床上铣削螺纹与车螺纹原理基本相同。铣螺纹刀具有单排螺纹铣刀和多排螺纹铣刀(又称梳形螺纹铣刀)。

单排螺纹铣刀如图 7.36(a)所示。铣刀上有一排环形刀齿，铣刀倾斜安装，倾斜角大小等于螺旋角。开始，在工件不动的情况下，铣刀向工件作径向进给至螺纹全深；然后，工件慢速回转，铣刀作纵向运动，直至切完螺纹长度。可以一次铣至螺纹深度，也可以分粗铣和精铣。此法多用于大导程或多头螺纹加工。

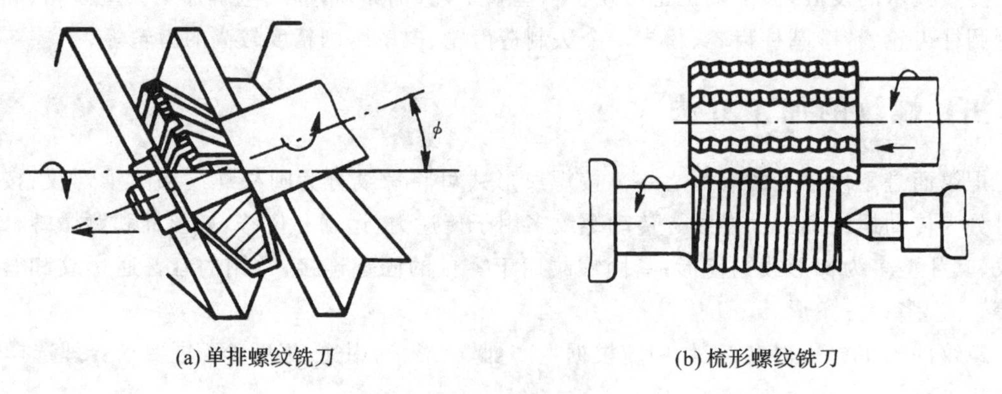

(a) 单排螺纹铣刀　(b) 梳形螺纹铣刀

图 7.36　螺纹铣刀

梳形螺纹铣刀有几排环形刀齿，是在专用的螺纹铣床上进行的，如图 7.36(b)所示。刀齿垂直于轴线，梳刀宽度稍大于螺纹长度，并与工件轴线平行。在工件不转动时，铣刀向工件进给到螺纹全深，然后工件缓慢转动1.25周，同时回转的梳刀纵向移动1.25个导程，即可加工完毕。梳刀主要适用于大直径、小螺距的短螺纹加工。

3. 磨螺纹

高精度的螺纹及淬硬螺纹通常采用磨削加工。一般采用的磨削方法有以下几种。

(1) 用成形砂轮轴向进给磨削。此法相当于车螺纹，只是用成形砂轮代替了螺纹车刀。

(2) 用梳刀形砂轮径向进给磨削。此法与梳形螺纹铣刀铣螺纹相似。

(3) 无心磨削。主要用于加工无头螺纹，因为无头螺纹没有中心孔定位，也没有地方用卡盘装夹，所以用无心磨削方法加工最为合适。

4. 攻丝与套丝

攻丝与套丝是应用较广泛的螺纹加工方法。用丝锥在工件内表面上加工出内螺纹的工序称为攻丝。对于小尺寸的内螺纹，攻丝几乎是唯一有效的加工方法，如图7.37(a)所示。单件小批量生产中，可以使用手用丝锥手工攻螺纹；当批量较大时，则应在车床、钻床或攻丝机上使用机丝锥加工。

用板牙在圆杆上切出外螺纹的工序称为套丝，如图7.37(b)所示，套丝的螺纹直径不超过16 mm，也可在机床上进行。在攻丝和套丝时，每转过1～1.5周后，均应适当反转倒退，以免切屑挤塞，造成工件螺纹的破坏。

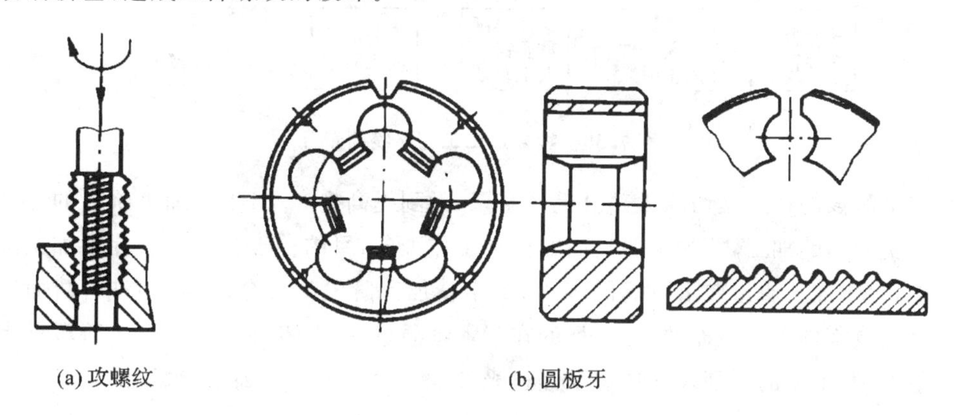

(a) 攻螺纹　　(b) 圆板牙

图7.37　螺纹攻丝与套丝

攻丝和套丝的加工精度较低，主要用于加工精度要求不高的普通螺纹。

六、典型零件加工工艺路线

1. 工艺路线与工艺阶段

1) 加工工艺路线制定的原则

根据工件的技术要求和生产实际条件，需要对不同的加工方法进行合理的组合、分工与安排，制定出正确的加工工艺路线，这样才能保证工件的加工质量，提高生产率，降低加工成本。

(1) 基准先行的原则。前道工序必须为后道工序准备好定位基准。轴类零件在车削和磨削之前都要先加工中心孔。支架和箱体类零件一般都要先加工平面,再以平面作为孔加工的定位基准,这样便于安装和保证孔与平面之间的位置精度要求。短套筒类零件应先加工孔后加工外圆,在加工外圆时以孔作为定位基准,安装在心轴上。长套筒类零件应先加工外圆后加工孔,因为此时不便使用细长的心轴。

(2)粗精分开的原则。加工误差需要一步一步减小。粗加工时由于切除的余量较大,切削力和切削热所引起的变形也较大,对于零件上具有较高精度要求的表面,在全部精加工完成后再进行精加工才能保证质量。

2)工艺阶段的划分

对于加工质量要求较高的零件,为了保证加工质量,便于组织生产,合理安排人力物力、使用设备、安排热处理工序,需要将零件加工的工艺路线划分成若干阶段,如图7.38所示。

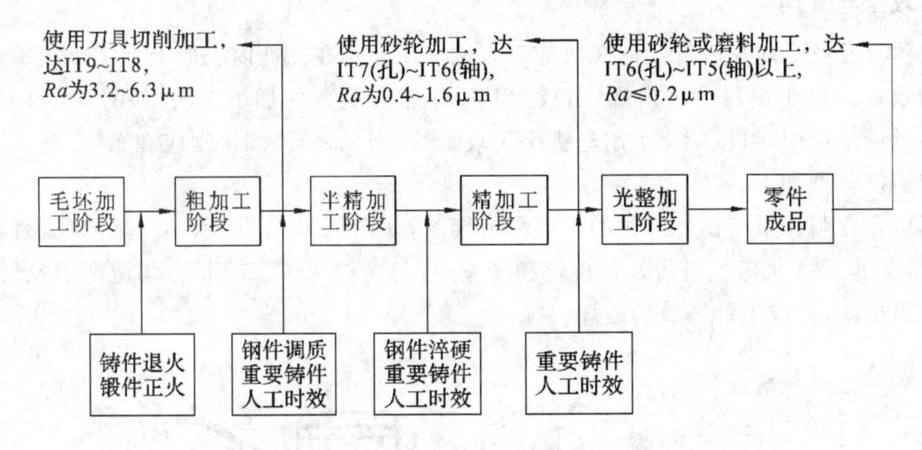

图7.38 零件加工工艺路线的划分

粗加工阶段的任务是切除大部分毛坯余量,做到提高生产率;半精加工阶段的任务是完成零件次要表面的加工,并为主要表面的精加工作准备,目的在于为主要表面精加工准备好定位基准,对于加工质量要求不高的零件,到半精加工阶段就可全部加工完毕;精加工阶段的任务是完成零件主要表面的加工,目的在于保证质量,一般零件的加工到此阶段结束。只有精密零件,其上面的个别表面还需要经过光整加工阶段才能达到技术要求。

3)辅助工序安排

辅助工序是指检验、去毛刺、清洗等。

为了及时发现废品,工件在粗加工后,从一个车间转入到另一个车间之前,或重要加工工序之后或成品入库之前,一般都要安排检验工序。目的在于查明废品或次品产生的原因和保证获得质量合格的产品。

2. 典型零件加工方案分析

1)外圆表面加工方案分析

对于一般的钢铁零件,外圆表面加工的主要方法是车削和磨削。要求精度高、粗糙度小时,往往还要进行研磨、超级光磨等光整加工。对于精度要求不高、仅要求光亮的表面,可以通过抛光来获得,但在抛光前要达到较小的粗糙度。对于塑性较大的有色金属(如铜、铝合金等)零件,由于其精加工不宜用磨削,则采用精细车削。外圆表面加工方案如表7.10

所示。

表 7.10 外圆的加工方案

序号	加工方案	尺寸公差等级	表面粗糙度 Ra/μm	适用范围
1	粗车	IT13～IT11	12.5～50	适用于各种金属（经过淬火的钢材除外）
2	粗车→半精车	IT10～IT9	3.2～6.3	
3	粗车→半精车→精车	IT7～IT6	0.8～1.6	
4	粗车→半精车→磨削	IT7～IT6	0.4～0.8	适用于淬火钢、未淬火钢、铸铁等，不宜加工韧度大的有色金属
5	粗车→半精车→粗磨→精磨	IT6～IT5	0.2～0.4	
6	粗车→半精车→粗磨→精磨→高精度磨	IT5～IT3	0.008～0.1	
7	粗车→半精车→粗磨→精磨→研磨	IT5～IT3	0.008～0.1	
8	粗车→半精车→精车→研磨	IT6～IT5	0.025～0.4	适用于有色金属

2）内圆表面加工方案分析

孔加工与外圆加工相比，孔加工刀具的尺寸受到加工孔的限制，一般呈细长状，刚性差。加工孔时，散热条件差，切屑不易排除，切削液难以进入切削区。因此，加工同样精度和表面粗糙度的孔，要比加工外圆表面困难得多，成本也高得多。内圆表面加工方案如表7.11所示。

表 7.11 内圆表面加工方案

序号	加工方案	尺寸公差等级	表面粗糙度 Ra/μm	适用范围
1	钻	IT13～IT11	12.5	用于加工除淬火钢以外的各种金属的实心工件
2	钻→铰	IT9	1.6～3.2	同上，但孔径 $D<10$ mm
3	钻→扩→铰	IT9～IT8	1.6～3.2	同上，但孔径 $D=\phi10\sim\phi80$ mm
4	钻→扩→粗铰→精铰	IT7	0.4～1.6	
5	钻→拉	IT9～IT7	0.4～1.6	用于大批、大量生产
6	（钻）→粗镗→半精镗	IT10～IT9	3.2～6.3	用于除淬火钢以外的各种材料
7	（钻）→粗镗→半精镗→精镗	IT8～IT7	0.8～1.6	
8	（钻）→粗镗→半精镗→磨	IT8～IT7	0.4～0.8	用于淬火钢、不淬火钢和铸铁件，但不宜加工硬度低、韧度大的有色金属
9	（钻）→粗镗→半精镗→粗磨→精磨	IT7～IT6	0.2～0.4	
10	粗镗→半精镗→精镗→珩磨	IT7～IT6	0.025～0.4	
11	粗镗→半精镗→精镗→研磨	IT7～IT6	0.025～0.4	用于加工钢件、铸件和有色金属

3）平面加工方案分析

平面可采用车、铣、刨、磨、拉等方法加工，要求更高的精密加工，可以用刮研、研磨等进行光整加工。回转体表面的端面,可采用车削和磨削加工。其他类型的平面,以铣削或刨削为主,但淬硬的平面则必用磨削加工。平面加工方案如表7.12所示。

表7.12 平面加工方案

序号	加工方案	尺寸公差等级	表面粗糙度 $Ra/\mu m$	适用范围
1	粗车→半精车	IT10~IT9	3.2~6.3	用于加工回转体零件的端面
2	粗车→半精车→精车	IT7~IT6	0.8~1.6	
3	粗车→半精车→磨削	IT9~IT7	0.2~0.8	
4	粗铣(粗刨)→精铣(精刨)	IT9~IT7	1.6~6.3	用于加工不淬火钢、铸铁、有色金属等材料
5	粗铣(粗刨)→精铣(精刨)→刮研	IT6~IT5	0.1~0.8	
6	粗铣(粗刨)→精铣(精刨)→宽刀细刨	IT6	0.2~0.8	
7	粗铣(粗刨)→精铣(精刨)→磨削	IT6	0.2~0.8	用于加工不淬火钢、铸铁、有色金属等材料
8	粗铣(粗刨)→精铣(精刨)→粗磨→精磨	IT6~IT5	0.1~0.4	
9	粗铣→精铣→磨削→研磨	IT5~IT4	0.025~0.4	
10	拉削	IT9~IT6	0.2~0.8	用于大批、大量生产除淬火钢以外的各种金属材料

7.5 先进制造技术简介

一、精密加工与特种加工

1. 精密加工

精密加工和超精密加工在现代制造业中已占有越来越重要的地位。精密加工是指在一定的发展时期,加工精度和表面质量达到较高程度的加工工艺。超精密加工是指加工精度和表面质量达到最高程度的精密加工工艺。精密加工和超精密加工的精度将随着科学技术的进步而逐渐提高。

超精密加工的方法有金刚石精密切削、超精密磨料加工(包括分离加工、沉积和结合加工、变形加工等)。

1)超精密车削

在生产实际中普遍认为,凡加工精度超过当前实行的公差标准中最高一级的加工,就属超精密切削加工的范畴。目前通常以GB/T 1800.2—2009公差标准中的最高级IT01所规定的标准值为界限。超精密加工的精度正从微米($1\sim10^{-2}\ \mu m$)工艺向纳米($10^{-2}\sim10^{-3}\ \mu m$)工艺提高。一般将达到IT6~IT5的尺寸精度及粗糙度 Ra 为0.025~0.8 μm的加工称为精密加工。

超精密车削是在超稳定的状态下,用极为锋利的切削刀具,如金刚石车刀,从加工表面上切下一层非常薄的切屑(<0.1 μm)的一种超微量切削技术。经超精密切削的表面可以

获得镜面状的光洁、极薄极轻微的冷硬层、极小的残余应力和极好的抗腐蚀性能。金刚石刀具适用于铝、铜等有色金属及其合金的超精密切削。

2）超精密磨削

通常将能获得加工精度为 0.1 μm 级及表面粗糙度 Ra＜0.025 μm 的磨削加工称为超精密磨削；而将能获得表面粗糙度 Ra＜0.01 μm 的磨削加工称为镜面磨削。

对于以铁族等黑色金属为材质的工件，采用超精密磨削和镜面磨削的加工方法能得到很高的表面质量，同时还可得到高的加工精度。

3）光整加工

光整加工是采用颗粒很细的磨料对加工表面作微量切削的挤压、擦研、抛光的工艺加工方法。光整加工要求磨具与工件之间相对运动越复杂越好，这样能使每颗磨粒不走重复的运动轨迹，使工件表面上凸出的高点与磨粒随机性接触，相互修整，以逐步均化和消除误差，从而获得非常光洁的表面及比磨具原始精度还高的加工精度。

光整加工的方法主要有研磨、珩磨、超精加工等。研磨适用于各种形状的表面，也可用于高精度丝杠的最后精加工。珩磨加工生产率较高，广泛用于孔的小批量生产至大批量生产加工。超精加工的生产率比较高，适用于各种表面。

4）振动切削

振动切削是在传统切削的基础上，沿着切削的方向，给刀具（或工件）以有规则、可控的振动，使切削用量各参数可按某种规律变化，来改变刀具与工件之间原有的相对位置和相对速度，从而改变了传统切削加工的机理，以改善切削效果（减小了切削力及切削热）的一种新的切削加工方法。

2. 特种加工

1）特种加工的内涵及适用范围

特种加工是指利用电能、化学能、声能或热能来去除工件金属余量的一些加工方法。也可以与机械能相结合来进行加工，国外又称其为非传统加工工艺。

特种加工可适应普通切削方法难以切削的具有高强度、高硬度、耐高温、耐低温、耐高压等特殊性能的材料加工，以及工件形状复杂、一般加工方法难以完成的形面加工。具体适用于各种高强度合金钢、耐热钢、钛合金、硬质合金等难切削材料，陶瓷、玻璃、人造金刚石、半导体硅片等非金属材料，复杂型面、薄壁、小孔、窄缝等特殊形状工件的加工。

2）特种加工的分类

特种加工的分类方法有几种，按所利用的能量形式分为：

机械特种加工——磨料喷射加工、磨料流加工、液力喷射加工等；

声能特种加工——超声波加工；

电气特种加工——电解加工、电解磨削、电解挤磨、电解抛光等；

热特种加工——电火花成形加工、电火花切割、电火花磨削、激光束加工、电子束加工、离子束加工等；

化学特种加工——化学抛光、化学加工等。

3）特种加工的举例

（1）电火花加工。电火花加工是指在一定介质中，通过工具电极和工件电极之间脉冲放电的电蚀作用，对工件进行加工的方法，又称电蚀加工。

电火花加工的适应性强,可以加工任何硬、脆、韧、软、高熔点的导电材料,加工时"无切削力",装夹方便,可以提高加工后的表面质量。适用于加工圆孔、方孔、多边形孔、异形孔等孔型,加工各类锻模、压铸模、复合模等型腔,加工叶轮、叶片等各种曲面,可以切割各类复杂工件,还可以进行工件表面强化、表面涂覆特殊材料等。

(2) 电解加工。电解加工是利用金属工件在电解液中所产生的阳极溶解作用而进行的加工方法。

电解加工的生产率高,表面质量好,工具阴极理论上无损耗,可长期使用;电解加工的设备投资较大,加工耗电量大,电解产物有污染,需要对机床采取防腐、防污染措施。

电解加工可加工任何导电材料,不受材料的强度、硬度、脆性、韧性、熔点等的限制,对高温合金、钛合金、不锈钢及硬质合金等均能进行加工。电解加工主要用于加工各种形状复杂的型面,如汽轮机、航空发动机叶片;各种型腔模具,如锻模、冲压模;各种型孔、深孔,如炮管、枪管内的来复线等。电解加工适用于成批和大量生产,多用于粗加工和半精加工。

(3) 超声波加工。超声波加工是利用工具作超声波振动,带动工件和工具间的磨料悬浮液冲击和抛磨工件被加工部位,使工件局部材料破碎成粉末,以进行穿孔、切割和研磨等加工的方法。超声波是指频率超过 16 kHz 的振动波,其能量远比普通声波大。

超声波加工精度较高,质量优于电解加工和电火花加工,而且被加工表面也无残余应力、组织改变及烧伤等现象。另外,超声波加工所用机床结构比较简单,操作与维修方便,但生产效率较低。

(4) 激光加工。激光是一种能量高度集中、亮度高、方向性好、单色性好的相干光。激光加工是利用能量密度极高的激光束照射工件被加工部位,使材料瞬间熔化或蒸发,并在冲击波作用下将熔融物质喷射出去,从而实现对工件进行穿孔、蚀刻和切割;或采用较小的能量密度,使加工区域的材料熔融黏合,对工件进行焊接的加工方法。

激光加工不受工件材料性能和加工形状的限制,能加工所有的金属材料和非金属材料,特别是能在坚硬材料或难熔材料上加工出各种微孔(直径为 0.01～1 mm)、深孔(长径比为 50～100)、窄缝等,并且适合于精密加工。激光加工具有速度快、效率高、热影响区小、工件几乎无变形的特点。

(5) 电子束加工。电子束加工是在真空条件下,使电子枪中产生的电子经过加速、聚集,形成高能量大密度的电子束并轰击工件被加工部位,并使该部位的材料熔化和蒸发,从而进行加工,或利用电子束照射引起的化学变化而进行加工的方法。

电子束加工主要依靠瞬时蒸发过程进行加工,工件很少产生应力和变形,并且加工是在真空内进行的,熔化时没有空气的氧化作用,所以加工点上化学纯度高。电子束加工的适应范围广,各种金属和非金属都可以采用此方法进行加工,常用于加工精微深孔和窄缝,还用于焊接、切割、热处理、蚀刻等方面。

(6) 电铸加工。电铸加工是指原模上电解沉积金属,然后分离,以制造或复制金属制品的加工方法。

电铸加工能获得尺寸精度高、表面粗糙度参数值小的产品,如表面粗糙度标准样块。此外,电铸加工还能获得高纯度的金属制品,可以制造多层结构的构件,并能把多种金属、非金属电铸成一个整体,而且同一原模生产的电铸件一致性较好。电铸加工的缺点是生产周期长,尖角或凹槽部分铸层不均匀,铸层存在一定的内应力,原模上的伤痕会带到产品上。

二、机械制造自动化

1. 制造自动化技术的内涵

在“狭义制造”概念下，制造自动化的含义是生产车间内产品的机械加工和装配检验过程的自动化，包括切削加工自动化、工件装卸自动化、工件储运自动化、零件与产品清洁及检验自动化、断屑与排屑自动化、装配自动化、机器故障诊断自动化等。

在“广义制造”概念下，制造自动化的含义是包含产品设计自动化、企业管理自动化、加工过程自动化和质量控制自动化等产品制造全过程以及各个环节综合集成自动化，以使产品制造过程实现高效、优质、低耗、及时、洁净的目标。

制造自动化促使制造业逐渐由劳动密集型产业向技术密集型和知识密集型产业转变。制造自动化技术是制造业发展的重要标志，代表着先进制造技术的水平，也体现了一个国家科技水平的高低。采用制造自动化技术不仅显著地提高劳动生产率、大幅度提高产品质量、降低制造成本、提高经济效益，还有效地改善劳动条件、提高劳动者的素质，有利于产品更新，带动相关技术的发展，大大提高企业的市场竞争能力。

2. 几种典型的制造自动化技术

1) 数字控制技术

(1) 数字控制技术的概念。

数控技术是指用数字化信号(记录在媒介上的数字信息及数字指令) 对设备运行及其加工过程进行控制的一种自动化技术。它是一种可编程的自动控制方式，它所控制的量一般是位置、角度、速度等机械量，也有温度、压力、流量、颜色等物理量，这些量的大小不仅可用数字表示，而且是可测的。如果一台装置(如切削机床、锻压机械、切割机、绘图机) 实现其自动工作的命令是以数字形式来描述的，则称其为数控装置。数控机床就是采用了数控技术的机床，或者说是装备了数控系统的机床。

数控技术是机械、电子、自动控制理论、计算机和检测技术密切结合的机电一体化高新技术，它能把机械装备的功能、可靠性、效率和产品质量提高到一个新的水平，使机械电子行业发生深刻的变化。可以说，数控技术是实现制造过程自动化的基础，是自动化柔性系统的核心，数控技术是现代集成制造系统的重要组成部分。

(2) 数控装置的组成。

图 7.39 所示是数控装置的基本组成框图。

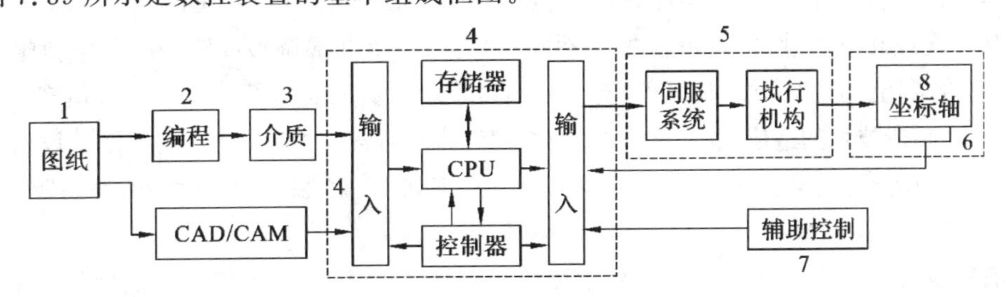

图 7.39 数控装置的基本组成框图

1—加工零件图样；2—程序编制部分；3—控制介质；4—数控系统；5—伺服驱动系统；6—坐标轴或执行机构的测量装置；7—辅助控制单位；8—坐标轴

(3) 数控系统的分类。

① 按数控装置类型可分为硬件式NC(numerical control)系统和软件式CNC系统。

② 按功能水平分为高档、中档、低档数控系统三类。

③ 按用途分为金属切削类数控机床、金属成形类数控机床和数控特种加工机床三类。

④ 按运行方式分为点位控制系统、点位直线控制系统和轮廓控制系统三类。

⑤ 按控制方式分为开环控制系统、半闭环控制系统、闭环控制系统。

2) 工业机器人

(1) 工业机器人的概念。

机器人学是关于设计、制造和应用机器人的一门正在发展中的新兴学科。工业机器人技术涉及机构学、控制理论和技术、计算机、传感技术、人工智能、仿生学等诸领域,是一门多学科的综合性高新技术,是当代研究十分活跃、应用日益广泛的领域,机器人的应用情况也标志着一个国家制造业及其工业自动化的发展水平。

工业机器人是一种可重复编程的多自由度的自动控制操作机,由计算机进行控制,是无人参与的自主自动化控制系统,是可编程、具有柔性的自动化系统,可以允许进行人机联系。工业机器人已成为FMS和CIMS等自动化制造系统中的重要设备。

(2) 机器人的分类。

① 按自动化功能层次分为专用机器人、通用机器人、示教再现机器人和智能机器人;

② 按驱动方式分为气压传动机器人、电气传动机器人、液压传动机器人以及复合传动机器人;

③ 按控制方式分为固定程序控制机器人、可编程控制机器人及传感器控制、非自适应控制、自适应控制、智能控制等类型的机器人。

3) 柔性制造技术

(1) 柔性制造技术的概念。

柔性制造技术(flexible manufacturing technology,FMT)是集数控技术、计算机技术、机器人技术以及现代管理技术为一体的现代制造技术,是一种主要用于多品种中小批量或变批量生产的制造自动化技术,是对各种不同形状的加工对象进行有效地且适应性转化为成品的各种制造技术的总称。柔性制造技术的特点是"柔性",即制造系统(企业)对系统内部或外部环境的一种适应能力,也是制造系统(企业)能够适应产品变化的能力。

(2) 柔性制造技术的特点与适用范围。

① 柔性制造技术的特点。柔性高,适应多品种中、小批量生产;系统内的机床在工艺能力上是相互补充或相互替代的;可混流加工不同的零件;系统局部调整或维修时不中断整个系统的运行;递阶结构的计算机控制,可以与上层计算机联网通信;可进行第三班无人值守生产。

② 柔性制造技术的适用范围。若按系统规模和投资强度,可将柔性自动化制造设备分为五个层次:柔性制造模块、柔性制造单元、柔性制造系统(FMS)、柔性制造生产线、柔性制造工厂。

4) 智能制造技术简介

随着专家系统、人工神经网络等智能技术在制造系统及其各环节的广泛应用,制造知识的获取、表示、存储和推理成为可能,出现了制造智能与制造技术的智能化。制造智能主要表现在智能设计、智能加工、机器人、智能控制、智能工艺规划、智能调度以及测量和诊断等方面。智能制造技术集成了传统制造技术、计算机技术、自动化科学及人工智能技术。

智能制造技术旨在将人工智能融入制造过程的各个环节(即产品整个生命周期的所有环节)，通过模拟专家的智能活动，对制造问题进行分析、判断、推理、构思和决策，旨在取代或延伸制造环境中人的部分脑力劳动；并对人类专家的制造智能进行收集、存储、完善、共享、继承和发展；从而在制造过程中，系统能自动监测其运行状态，在受外界或内部激励时能够自动调整其参数，以期达到最佳状态，具有自组织能力。

智能制造的主要研究开发目标是整个制造工作的全面智能化，在实际制造系统中以机器智能取代人的部分脑力劳动作为主要目标，强调整个企业生产经营过程大范围的自组织能力，信息和制造智能的集成与共享，强调智能型的集成自动化。

习题

一、简答题

1. 同类机床按其工艺范围可分为哪几类？各适合于哪些场合？
2. 试举例说明从机床的型号中可获得哪些有关机床产品的信息？
3. 机床有哪些主要组成部分？
4. 工件在机床上的安装方式有哪些？其原理是什么？
5. 什么是随行夹具？它适用于什么场合？设计随行夹具主要考虑哪些问题？
6. 什么是生产过程、工艺过程和工艺规程？工艺规程在生产中有何作用？
7. 零件由哪些基本表面组成？其成形方法有哪些？
8. 粗车、半精车、精车的目的是什么？
9. 常用哪些方法实现孔的加工？各有什么特点？
10. 外圆柱面的磨削方法有哪些？各适用于哪些零件？
11. 平面加工有哪些方法？
12. 试比较刨削与铣削平面的工艺特点和应用场合。
13. 圆柱齿轮齿形的加工有哪些方法？
14. 比较滚齿与插齿的加工特点和应用场合。

二、应用题

什么是基准？试分析图 7.40 所示零件的有关基准。

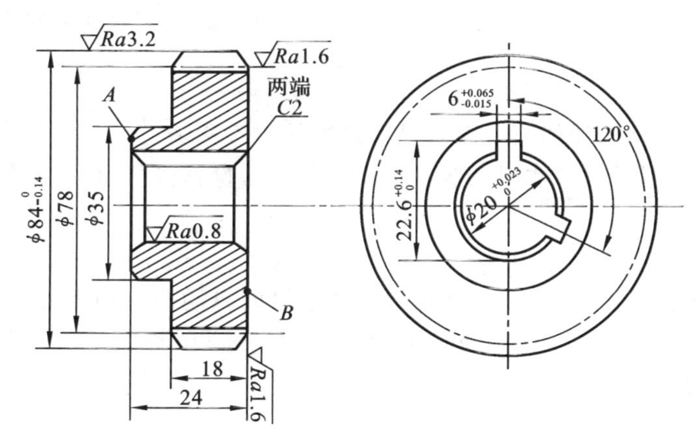

图 7.40

第8章

机械制造工艺规程设计

8.1 机械加工工艺规程概述

一、获得加工精度的方法

1. 获得尺寸精度的方法

1）试切法

通过试切出一小段→测量→调刀，反复进行，直到达到规定尺寸的一种加工方法称为试切法。图8.1所示是一个车削的试切法例子。试切法的生产率低，加工精度取决于工人的技术水平，故常用于单件小批生产。

2）调整法

先调整好刀具的位置，然后以不变的位置加工一批零件的方法称为调整法。图8.2所示是用对刀块和厚薄规调整铣刀位置的方法。调整法加工生产率较高，精度较稳定，常用于批量、大量生产。

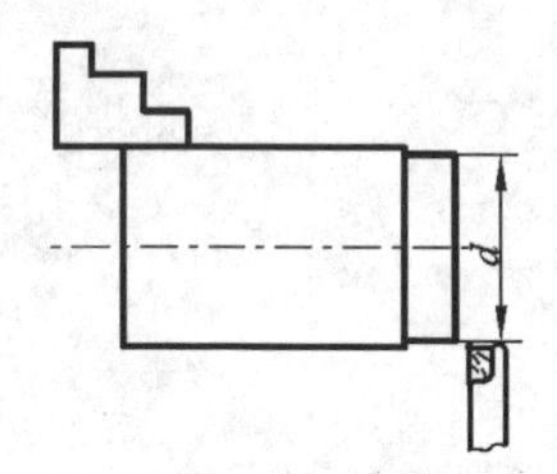

图8.1 试切法

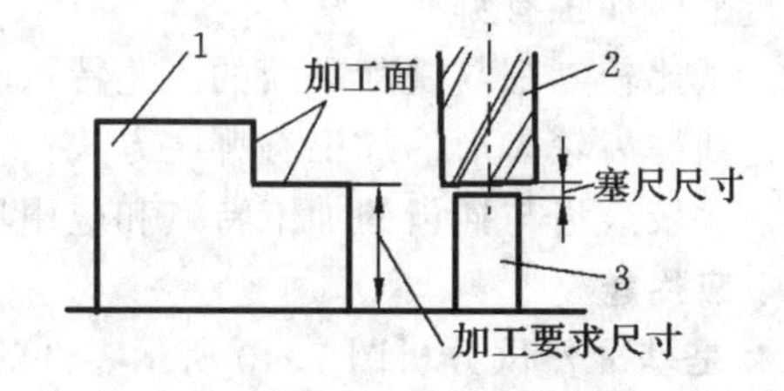

图8.2 铣削时利用调整法对刀

3）定尺寸刀具法

通过刀具的尺寸来保证加工表面的尺寸精度的方法称为定尺寸刀具法。如用钻头、铰刀、拉刀来加工孔均属于定尺寸刀具法加工。这种方法操作简便，生产率较高，加工精度也较稳定。

4）自动控制法

通过自动测量和数字控制装置，在达到尺寸精度时自动停止加工的一种尺寸控制方法称为自动控制法。这种方法加工质量稳定，生产率高，是机械制造业的发展方向。

2. 获得形状精度的方法

1）刀尖轨迹法

通过刀尖的运动轨迹来获得形状精度的方法称为刀尖轨迹法。所获得的形状精度取决于刀具和工件间相对成形运动的精度。车削、铣削、刨削等均属于刀尖轨迹法加工。

2）仿形法

刀具按照仿形装置进给运动对工件进行加工的方法称为仿形法。所得到的形状精度取决于仿形装置的精度以及其成形运动的精度。仿形铣、仿形车均属仿形法加工。

3）成形法

利用成形刀具对工件进行加工获得形状精度的方法称为成形法。成形刀具替代一种成形运动，所获得的形状精度取决于成形刀具的形状精度和其成形运动精度。

4）范成法

利用刀具和工件作展成切削运动形成包络面，从而获得形状精度的方法称为范成法（或称包络法、展成法）。如滚齿、插齿就属于范（展）成法加工。

3. 获得位置精度的方法

当零件较复杂、加工面较多时，需要经过多道工序的加工，其位置精度取决于工件的安装方式和安装精度。工件安装常用的方法如下。

1）直接找正安装

直接找正安装，即用划针、百分表等工具直接找正工件位置并加以夹紧的方法。如图8.3中用四爪单动卡盘安装工件，要保证加工后的B面与A面的同轴度要求，先用百分表按外圆A进行找正，夹紧后车削外圆B，从而保证B面与A面的同轴度要求。此法生产率低，精度取决于工人的技术水平和测量工具的精度，一般只用于单件小批生产。

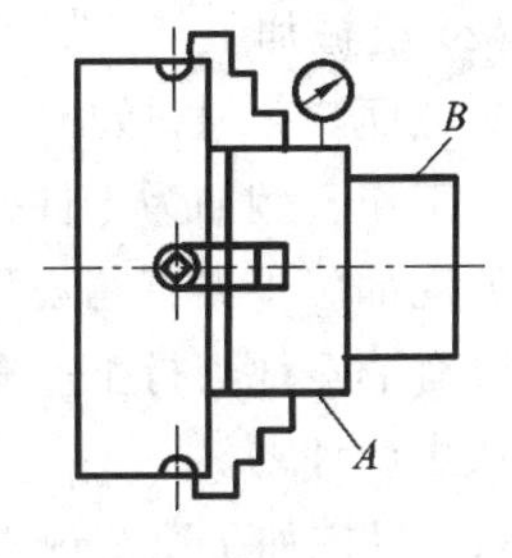

图8.3 直接找正安装

2）按画线找正安装

按画线找正安装，即先用画针画出要加工表面的位置，再按画线用画针找正工件在机床上的位置并加以夹紧。由于画线既费时，又需要技术高的划线工，所以一般用于批量不大、形状复杂且笨重的工件或低精度毛坯的加工。

3）用夹具安装

用夹具安装，即将工件直接安装在夹具等定位元件上。这种方法安装迅速、方便，定位精度较高而且稳定，生产率也较高，广泛应用于批量和大量生产。

二、机械加工工艺规程基本知识

1. 机械加工工艺规程概念

机械加工工艺规程是规定零件机械加工工艺过程和操作方法等的工艺文件之一，它是在具体的生产条件下，把较为合理的工艺过程和操作方法，按照规定的形式书写成工艺文件，经审批后用来指导生产。机械加工工艺规程一般包括以下内容：工件加工的工艺路线、各工序的具体内容及所用的设备和工艺装备、工件的检验项目及检验方法、切削用量、时间定额等。

2. 机械加工工艺规程的格式

不同的生产类型对工艺规程的要求不同。单件小批生产由于生产的分工较粗，通常只需说明零件的加工工艺路线（即其加工工序的顺序），填写工艺过程卡。对于大批量生产，因其生产组织严密、分工细致，工艺规程应尽量详细，要求对每道加工工序的加工精度，操作过程，切削用量，使用的设备及刀、夹、量具等均需作出具体规定。因此除了工艺过程卡外，还应有相应的加工工序卡。此外,必要时还需要检验工序卡和机床调整卡。中小批量生产经常采用机械加工工艺卡,其详细程度介于工艺过程卡和加工工序卡之间。

3. 机械加工工艺规程的作用

(1) 机械加工工艺规程是指导生产的主要技术文件,是指挥现场生产的依据。

机械加工工艺规程是依据工艺学原理和工艺试验,经过生产验证而确定的,是科学技术和生产经验的结晶,是获得合格产品的技术保证,是指导企业生产活动的重要文件。在生产中必须遵守工艺规程,否则生产调度、技术准备、关键技术研究、器材配置等都无法安排,生产将陷入混乱。但是,机械加工工艺规程也不是固定不变的,工艺人员应总结工人的革新创造,可以根据生产实际情况,及时地汲取国内外的先进工艺技术,对现行工艺不断地进行改进和完善,但必须有严格的审批手续。对于大批大量生产的工厂,由于生产组织严密,分工细致,要求机械加工工艺规程比较详细,以便于组织和指挥生产。对于单件小批生产的工厂,机械加工工艺规程可以简单些。但无论生产规模如何,都必须有机械加工工艺规程。

(2) 机械加工工艺规程是生产组织和管理工作的基本依据。

一方面,有了机械加工工艺规程,在新产品投入生产之前,就可以进行有关生产前的技术准备工作。例如为零件的加工准备机床,设计专用的工、夹、量具等。另一方面,工厂的设计和调度部门根据工艺规程,安排各零件的投料时间和数量,调整设备负荷,各工作地按工时定额有节奏地进行生产等,使整个企业的各科室、车间、工段和工作地紧密配合,保证均衡地完成生产计划。

(3) 机械加工工艺规程是新建或改(扩)建工厂或车间的基本资料。

在新建或改(扩)建工厂或车间时,只有依据机械加工工艺规程才能确定生产所需要的机床和其他设备的种类、数量和规格,以及车间的面积、机床的布局、生产工人的工种和技术等级及辅助部门的安排。除此以外,先进的机械加工工艺规程也起着推广和交流先进经验的作用,典型机械加工工艺规程可指导同类产品的生产。但是,机械加工工艺规程不是固定不变的,它可以根据生产实际情况进行修改,使其不断改进和完善,但必须有严格的审批手续。

三、机械加工工艺规程的设计原则与步骤

1. 机械加工工艺规程的设计原则

机械加工工艺规程设计的原则是优质、高产和低成本。编制机械加工工艺规程应以保证零件加工质量,达到设计图纸规定的各项技术要求为前提。在制订机械加工工艺规程时,要了解国内外本行业工艺技术的发展,通过必要的工艺试验,尽可能采用先进适用的工艺和工艺装备,力争减少材料和能源消耗,并符合环境保护要求,充分考虑和利用现有生产条件,尽可能做到均衡生产。在一定的生产条件下,可能会出现几种能够保证零件技术要求的工艺方案。此时应通过成本核算或相互对比,选择经济上最合理的方案,使产品生产成本最低。在工艺方案上要尽量采取机械化或自动化措施,尽量减轻工人劳动强度,保证安全生产,创造良好、文明的劳动条件。

2. 制订机械加工工艺规程所需的原始资料

(1) 产品全套装配图和零件图。

(2) 产品验收的质量标准。

(3) 产品的生产纲领(年产量)。

(4) 零件毛坯图及毛坯生产情况。毛坯资料包括各种毛坯制造方法的技术经济特征、各种型材的品种和规格、毛坯图等。在无毛坯图的情况下,需实际了解毛坯的形状、尺寸及机械性能等。机械加工工艺规程设计人员应研究毛坯图并了解毛坯的生产情况,如了解毛坯的余量、结构工艺性、铸件的分型面和浇冒口位置、模锻件的出模斜度和飞边位置等,以便正确选择零件加工时的装夹部位和装夹方法,合理确定工艺过程。

(5) 本厂的生产条件。为了使制订的机械加工工艺规程切实可行,一定要考虑本厂的生产条件。如全面了解工厂(车间)设备的种类、规格和精度状况,了解毛坯的生产能力及技术水平,了解加工设备和工艺装备的规格和性能,了解工人的技术水平及现有刀、夹、量具的规格,以及了解专用设备与工艺装备的制造能力等。

(6) 国内外先进工艺及生产技术的发展与应用情况。制订工艺规程时,要经常研究国内外有关工艺技术资料,积极引进适用的先进工艺技术,提高工艺水平,以获得最大的经济效益。

(7) 有关的工艺手册、标准等技术资料。

3. 机械加工工艺规程的设计步骤

(1) 分析零件工作图和产品装配图。阅读零件工作图和产品装配图,以了解产品的用途、性能及工作条件,明确零件在产品中的位置、功用及其主要的技术要求。

(2) 工艺审查。主要审查零件图上的视图、尺寸和技术要求是否完整、正确,分析各项技术要求制订的依据,找出其中的主要技术要求和关键技术问题,以便在设计机械加工工艺规程时采取措施予以保证,并审查零件的结构工艺性。

(3) 确定毛坯的种类及其制造方法。常用的机械零件的毛坯有铸件、锻件、焊接件、型材、冲压件以及粉末冶金件、成形轧制件等。零件的毛坯种类有的已在图纸上明确,如焊接件。有的随着零件材料的选定而确定,如选用铸铁、铸钢、青铜、铸铝等,此时毛坯必为铸件,且除了形状简单的小尺寸零件选用铸造型材外,均选用单件造型铸件。对于材料为结构钢的零件,除了重要零件如曲轴、连杆明确是锻件外,大多数只规定了材料及其热处理要求。这就需要机械加工工艺规程设计人员根据零件的作用、尺寸和结构形状来确定毛坯的种类。对于一般的阶梯轴,若各阶梯的直径差较小,则可直接以圆棒料作的毛坯。对重要的轴或直径差大的阶梯轴,为了减少材料消耗和切削加工量,则宜采用锻件毛坯。

(4) 拟订机械加工工艺路线。这是机械加工工艺规程设计的核心部分,其主要内容有:选择定位基准,确定加工方法,安排加工顺序、热处理、检验和其他工序等。

(5) 确定各工序所需的机床和工艺装备。工艺装备包括夹具、刀具、量具、辅具等。机床和工艺装备的选择应在满足零件加工工艺的需要和可靠地保证零件加工质量的前提下,与生产批量和生产节拍相适应,并应优先考虑采用标准化的工艺装备和充分利用现有条件,以降低生产准备费用。对必须改装或重新设计的专用机床、专用或成组工艺装备,应在进行经济性分析和论证的基础上提出设计任务书。

(6) 确定各工序的加工余量,计算工序的尺寸和公差。

(7) 确定切削用量。

(8) 确定各工序的工时定额。

(9) 评价工艺路线。对所制订的工艺方案应进行技术分析和经济性分析,并应对多种工艺方案进行比较后采用优化方法,以确定出最优工艺方案。

(10) 填写或打印工艺文件。

四、机械加工工艺规程的内容

将机械加工工艺规程的内容填入一定格式的卡片,即形成用于生产准备和用作加工依据的工艺文件。

1. 机械加工工艺过程卡片

这种卡片以工序为单位,简要地列出了整个零件加工所经过的工艺路线(包括毛坯制造、机械加工和热处理等),是制订其他工艺文件的基础,也是生产技术准备、编排作业计划和组织生产的依据,参见表8.1。在这种卡片中,由于各工序的说明不够具体,故一般不能直接指导工人操作,而多在生产管理方面使用。但是,在单件小批生产中,由于通常不编制其他较详细的工艺文件,所以多以这种卡片指导生产。

表8.1　机械加工工艺过程卡片

机械加工工艺过程卡片	产品型号		零件图号			
	产品名称		零件名称		共　页	第　页

材料牌号	(1)	毛坯种类	(2)	毛坯外形尺寸	(3)	每毛坯可制件数	(4)	每台件数	(5)	备注	(6)

	工序号	工序名称	工序内容	车间	工段	设备	工艺装备	工时 准备	工时 单件
	(7)	(8)	(9)	(10)	(11)	(12)	(13)	(14)	(15)
制　图									
校　核									
绘图号									
装订号									

											设计(日期)	审核(日期)	标准化(日期)	会签(日期)	
	标记	处数	更改文件号	签字	日期	标记	处数	更改文件号	签字	日期					

2. 机械加工工艺卡片

它是为每一道工序制订的工艺卡片。它更详细地说明整个零件各个工序的加工要求，是用来指导工人生产、帮助车间管理人员和技术人员掌握整个零件加工过程的一种主要技术文件，广泛用于成批生产的零件和小批生产中的重要零件，参见表8.2。在这种卡片上，要注明该工序每一工步的内容、工艺参数、操作要求以及所用的设备和工艺装备。工序简图就是按一定比例用较小的投影关系绘出工序图，可略去图中的次要结构和线条，主视图方向尽量与零件在机床上的安装方向相一致，且本工序的加工表面用粗实线或红色粗实线表示。零件的结构、尺寸要与本工序加工后的情况相符合，并标注出本工序的加工尺寸及上下极限偏差，并表明加工表面粗糙度和工件的定位及夹紧情况。机械加工工艺卡片用于大批量生产的零件。

表8.2 机械加工工艺卡片

<table>
<tr><td colspan="3" rowspan="2">工　厂</td><td colspan="2" rowspan="2">机械加工工艺卡片</td><td colspan="2">产品型号</td><td colspan="2"></td><td colspan="2">零(部)件图号</td><td colspan="2"></td><td colspan="3">共　页</td></tr>
<tr><td colspan="2">产品名称</td><td colspan="2"></td><td colspan="2">零(部)件名称</td><td colspan="2"></td><td colspan="3">第　页</td></tr>
<tr><td colspan="3">材料牌号</td><td></td><td>毛坯种类</td><td></td><td>毛坯外形尺寸</td><td></td><td>每毛坯件数</td><td></td><td colspan="2">每台件数</td><td></td><td>备注</td><td colspan="2"></td></tr>
<tr><td rowspan="3">工序</td><td rowspan="3">装夹</td><td rowspan="3">工步</td><td rowspan="3">工序内容</td><td rowspan="3">同时加工零件数</td><td colspan="4">切削用量</td><td rowspan="3">设备名称及编号</td><td colspan="3">工艺装备名称及编号</td><td rowspan="3">美术等级</td><td colspan="2">工时定转</td></tr>
<tr><td rowspan="2">背吃刀量/mm</td><td rowspan="2">切削速度/(m/min)</td><td rowspan="2">每分钟转数或往复次数</td><td rowspan="2">进给量/(mm或mn/双行程)</td><td rowspan="2">夹具</td><td rowspan="2">刀具</td><td rowspan="2">量具</td><td rowspan="2">单件</td><td rowspan="2">准备</td></tr>
<tr></tr>
<tr><td></td><td></td><td></td><td></td><td></td><td></td><td></td><td></td><td></td><td></td><td></td><td></td><td></td><td></td><td></td><td></td></tr>
<tr><td></td><td></td><td></td><td></td><td></td><td></td><td></td><td></td><td></td><td></td><td>绘制(日期)</td><td>审核(日期)</td><td>会签(日期)</td><td></td><td colspan="2"></td></tr>
<tr><td></td><td></td><td></td><td></td><td></td><td></td><td></td><td></td><td></td><td></td><td></td><td></td><td></td><td></td><td colspan="2"></td></tr>
<tr><td>标记</td><td>处数</td><td>更改文件号</td><td>签字</td><td>日期</td><td>标记</td><td>处数</td><td>更改文件号</td><td>签字</td><td>日期</td><td></td><td></td><td></td><td></td><td colspan="2"></td></tr>
</table>

3. 机械加工工序卡片

它是根据机械加工工艺卡片为一道工序制订的。它更详细地说明整个零件各个工序的要求，是用来具体指导工人操作的工艺文件。在这种卡片上要画出工序简图，注明该工序的加工表面及应达到的尺寸和公差，工件的装夹方式，刀具的类型和位置，进刀方向和切削用量等。说明该工序中每一工步的内容、工艺参数、操作要求以及所用的设备和工艺装备,参见表8.3。机械加工工序卡片一般用于大批大量生产的零件。

表8.3　机械加工工序卡片

	机械加工工序卡片	产品型号		零件图号			
		产品名称		零件名称		共　页	第　页

	车　间	工序号	工序名称	材料牌号	
	(1)	(2)	(3)	(4)	
	毛坯种类	毛坯外形尺寸	每毛坯可制件数	每台件数	
	(5)	(6)	(7)	(8)	
	设备名称	设备型号	设备编号	同时加工件数	
	(9)	(10)	(11)	(12)	
	夹具编号	夹具名称	切削液		
	(13)	(14)	(15)		
	工位器具编号	工位器具名称	工序工时		
			准备	单件	
	(16)	(17)	(18)	(19)	

	工步号		工步内容	工艺设备	主轴转速(r/min)	切削速度(m/min)	进给量(mn/r)	背吃刀量/mn	进给次数	工步工时	
										机动	辅助
	(20)		(21)	(22)	(23)	(24)	(25)	(26)	(27)	(28)	(29)
制　图											
校　核											
底图号											
装订号											

	标记	处数	更改文件号	签字	日期	标记	处数	更改文件号	签字	日期	设计(日期)	审核(日期)	标准化(日期)	会签(日期)	

8.2　机械加工工艺规程的制订

一、工艺路线的拟订

拟订工艺路线是设计工艺规程最为关键的一步,需顺序完成以下几个方面的工作。

1. 定位基准的选择

在机械加工工艺规程设计中,正确选择定位基准,对保证零件加工要求、合理安排加工顺序有着至关重要的影响。参看 7.2 节来选择定位基准。

2. 表面加工方法的选择

机器零件的结构形状都是由一些最基本的几何表面组成的，机器零件的加工过程就是获得这些几何表面的过程。同一种表面可选用各种不同的加工方法，但每种加工方法所能获得的加工质量、所用加工时间和费用却各不相同。工程技术人员的任务，就是要根据具体加工条件选用最适当的加工方法，保证加工出合乎图纸要求的机器零件。选择加工方法时，首先根据零件主要表面的技术要求和工厂具体条件，先选定它的最终工序加工方法，然后再逐一选定该表面各有关前道工序的加工方法。零件的加工表面都有一定的加工要求，一般都不可能通过一次加工就能达到要求，而是要通过多次加工（即多道工序）才能逐步达到要求。要根据每个加工表面的技术要求，确定加工方法及加工方案，要考虑被加工材料的性质、生产类型，即要考虑生产率与经济性的问题。大批大量生产可采用专用高效率的设备，单件小批生产通常采用通用设备和工艺装备，应该充分利用本厂（本车间）的现有设备和技术条件，挖掘企业潜力。

3. 加工阶段的划分

当零件的加工质量要求较高时，一般都要经过不同的加工阶段，逐步达到加工要求，即遵循所谓的"渐精"原则。粗加工阶段是高效地切除加工表面上的大部分余量，使毛坯在形状和尺寸上接近零件成品；半精加工阶段是切除粗加工后留下的误差，使被加工工件达到一定精度，为精加工作准备，并完成一些次要表面的加工；精加工阶段是保证各主要表面达到零件图规定的加工质量要求。光整加工阶段的主要任务是降低表面粗糙度或进一步提高尺寸精度和形状精度，但一般不能纠正表面间位置误差。

划分加工阶段的主要目的是保证零件加工质量。划分阶段以后，粗加工阶段造成的加工误差，可以通过半精加工和精加工阶段予以逐步修正，零件的加工质量容易得到保证，有利于及早发现毛坯缺陷并得到及时处理，有利于合理利用机床设备。为了在机械加工工序中插入必要的热处理工序，同时使热处理发挥充分的效果，这就自然地把机械加工工艺过程划分为几个阶段，并且每个阶段各有其特点及要达到的目的。此外，还有利于保护精加工过的表面少受磕碰、避免切屑滑伤等损坏。

4. 工序的集中与分散

确定加工方法之后，就要根据零件的生产类型和工厂（车间）具体条件确定工艺过程的工序数。确定零件加工过程工序数有两种不同的原则：一种是工序集中原则，另一种是工序分散原则。

按工序集中原则组织工艺过程的特点是：有利于采用自动化程度较高的高效机床和工艺装备，生产效率高，工序数少，工件的装夹次数少，设备数少，可相应减少操作工人数和减小生产占用面积。工件的装夹次数少，不但可缩短辅助时间，而且由于在一次装夹中加工了许多表面，有利于保证各加工表面之间的相互位置精度要求。

按工序分散原则组织工艺过程，就是使每个工序所包括的加工内容尽量少些，其极端情况是每个工序只包括一个简单工步。按工序分散原则组织工艺过程的特点是：所用机床和工艺装备简单，易于调整对刀，对操作工人的技术水平要求不高，工序数多，设备数多，操作工人多，生产占用面积大。

5. 工序顺序的安排

1）机械加工工序的安排

机械加工工序的安排一般遵循以下几个原则：先加工定位基准面，后加工其他表面；先加工主要表面，后加工次要表面；先安排粗加工工序，后安排精加工工序；先加工平面，后加工孔。

2）热处理工序及表面处理工序的安排

为改善工件材料切削性能而安排的热处理工序，例如退火、正火、调质等，应在切削加工之前进行。为消除工件内应力而安排的热处理工序，例如人工时效、退火等，最好安排在粗加工之后进行。为改善工件材料的机械性能而安排的热处理工序，例如渗碳淬火等，一般都安排在半精加工和精加工之间进行。为提高工件表面耐磨性、耐蚀性而安排的热处理工序以及以装饰为目的而安排的热处理工序，例如镀铬、镀锌、发蓝等，一般都安排在工艺过程最后阶段进行。

3）其他工序的安排

为保证零件的制造质量，防止产生废品，需在下列场合安排检验工序：粗加工全部结束之后，送往外车间加工的前后，工时较长和重要工序的前后，最终加工之后。

6. 机床设备与工艺装备的选择

机床设备的尺寸规格应与工件的形状尺寸相适应，精度等级应与本工序加工要求相适应，电机功率应与本工序加工所需功率相适应，机床设备的自动化程度和生产效率应与工件生产类型相适应。选用机床设备应立足于国内，必须进口的机床设备，须经充分论证，多方对比，合理地分析其经济性，不能盲目引进。如果工件尺寸太大（或太小）或工件的加工精度要求过高，没有现成的设备，可考虑自制专用机床。根据工序加工要求提出专用机床设计任务书；机床设计任务书应附有与该工序加工有关的一切必要的数据资料，包括工序尺寸公差及技术条件，工件的装夹方式，工序加工所用切削用量、工时定额、切削力、切削功率，以及机床的总体布置形式等。在中小批生产中，首先考虑选用通用工艺装备；在大批大量生产中，根据加工要求设计制造专用工艺装备。

7. 工艺文件的编制

机械加工工艺规程设计须遵循的原则：所设计的机械加工工艺规程应能保证机器零件的加工质量，达到设计图纸上规定的各项技术要求；应使工艺过程具有较高的生产率，使产品尽快投放市场，设法降低制造成本；注意减轻工人的劳动强度，保证生产安全。设计机械加工工艺规程必须具备的原始资料，参看8.1节。

二、机械加工工艺规程的拟订

根据生产过程中工艺性质的不同，又可以分为毛坯制造、机械加工、热处理及装配等不同的机械加工工艺规程。本节仅介绍拟订机械加工工艺规程的一些基本知识。

1. 零件的工艺分析

1）分析部件装配图，审查零件图

通过分析装配图和零件图，可熟悉产品的用途、性能、工况，明确被加工零件在产品中的功用，进而审查设计图样是否完整和正确。了解被加工零件的功用，就加深了对各项技术要求的理解，这样在制订机械加工工艺规程时，就能抓住为保证零件使用要求应解决的主要矛盾，为合理地制订机械加工工艺规程奠定基础。

2）分析零件的结构工艺性

结构工艺性是指在不同生产类型的具体生产条件下，毛坯的制造、零件的加工、产品的装配和维修的可行性与经济性。在保证使用要求的前提下，结构工艺性的好坏直接影响到生产率、劳动量、材料消耗、生产成本。这就要求在进行产品和零件设计时，一定要保证合理的结构工艺性。主要从以下方面来衡量产品的结构工艺性：组成产品的零件总数，组成产品的零件的平均精度，材料种类及需求量，各种不同制造方法在加工中所占的比例，产品装配的复杂程度。主要从以下方面来优化零件的结构工艺性：加工工具进出方便，减少内表面加工，减轻重量，减少加工面积，形状简单，进给和调刀次数少，尺寸标准化和规格化，按基准重合原则选择设计基准，按尺寸链最短原则标注零件尺寸。表 8.4 所示为常见零件的机械加工结构工艺性对照表。

表 8.4 常见零件的机械加工结构工艺性对照表

序号	零件结构			
	工艺性不好		工艺性好	
1	孔离箱壁太近：①钻头在圆角处易引偏；②箱壁高度尺寸大，需加长钻头方能钻孔	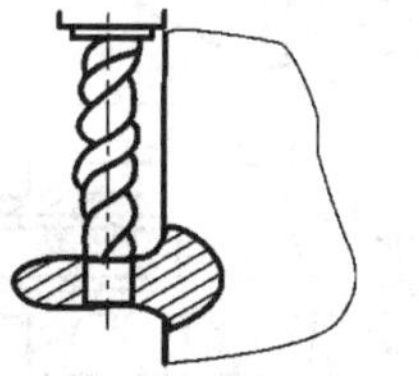	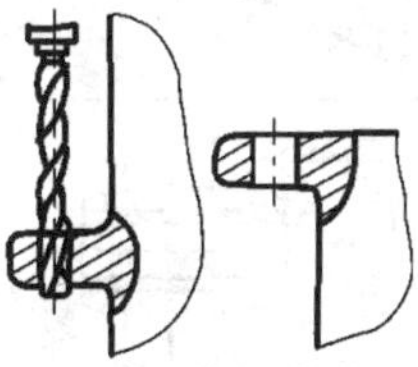	①加长箱耳，不需加长钻头可钻孔；②只要使用上允许，将箱耳设计在某一端，则不需加长箱耳，即可方便于加工
2	车螺纹时，螺纹根部易打刀，工人操作易紧张，且不能清根	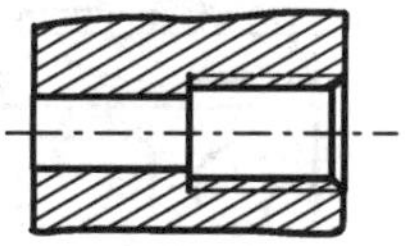	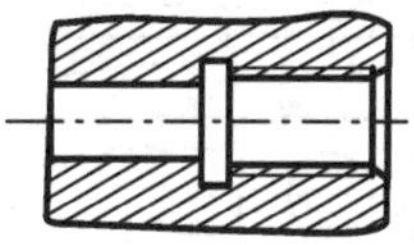	留有退刀槽，可使螺纹清根，操作相对容易，可避免打刀
3	插键槽时，底部无退刀空间，易打刀	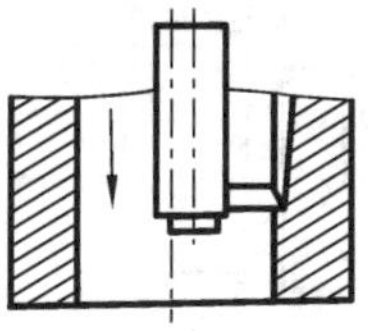	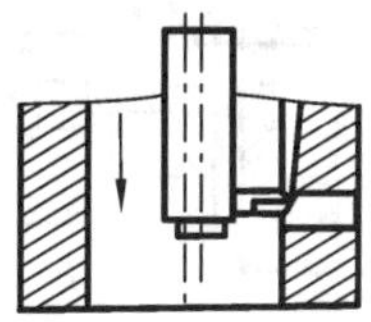	留出退刀空间，避免打刀
4	键槽底与左孔母线齐平，插键槽时易划伤左孔表面	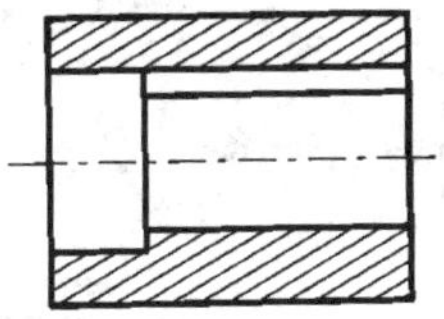	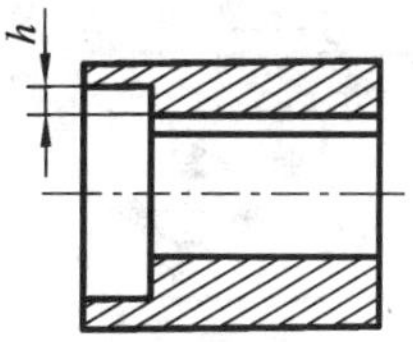 h	左孔尺寸稍大，可避免划伤左孔表面，操作方便

续表

序号	零件结构			
	工艺性不好		工艺性好	
5	小齿轮无法加工，无插齿退刀槽	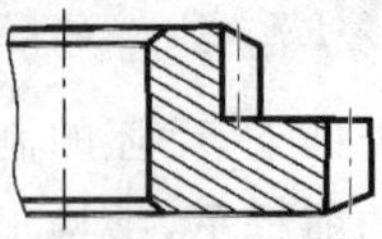	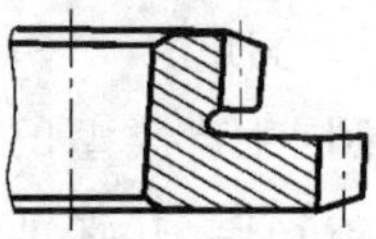	大齿轮可滚齿或插齿，小齿轮可以插齿加工
6	两端轴径需磨削加工，因砂轮圆角而不能清根	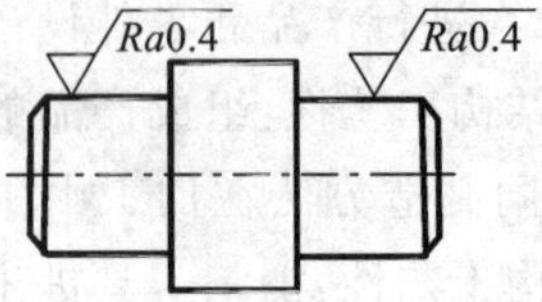 Ra0.4　Ra0.4	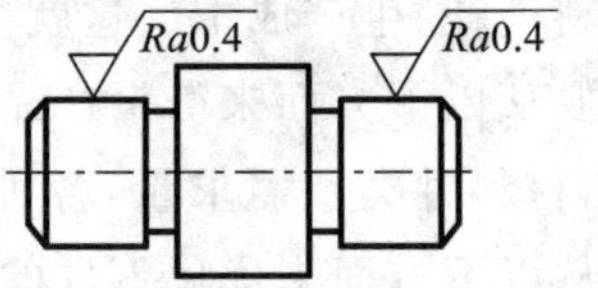 Ra0.4　Ra0.4	留有退刀槽，磨削时可以清根
7	斜面钻孔，钻头易引偏	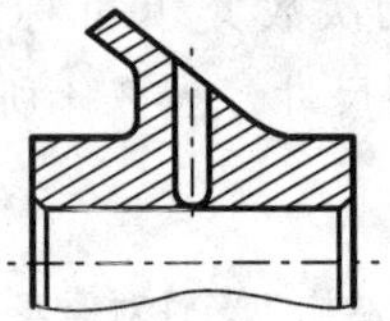	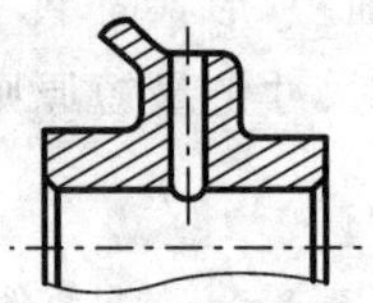	只要结构允许，留出平台，可直接钻孔
8	锥面需磨削加工，磨削时易碰伤圆柱面，并且不能清根	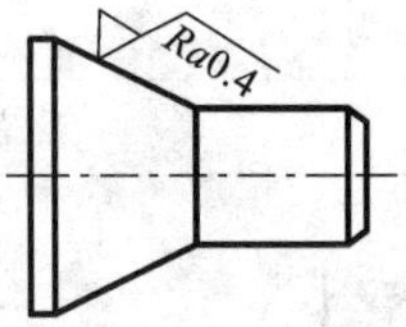 Ra0.4	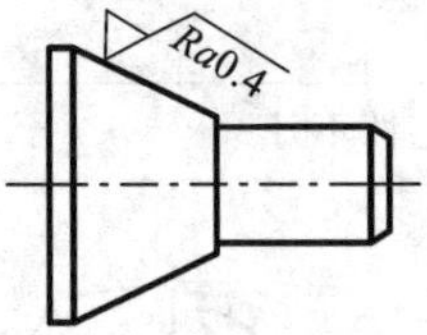 Ra0.4	可方便地对锥面进行磨削加工
9	加工面设计在箱体内，加工时调整刀具不方便，观察也困难	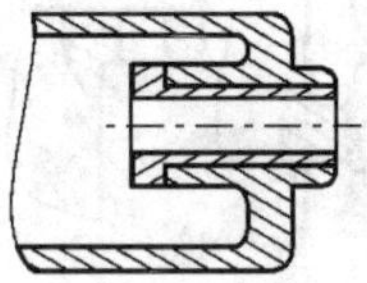	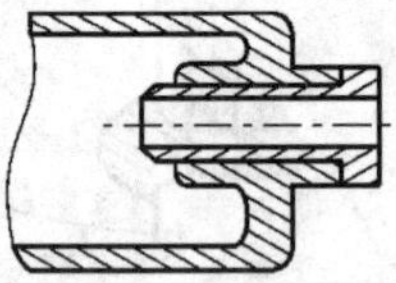	加工面设计在箱体外部，加工方便
10	加工面高度不同，需两次调整刀具加工，影响生产率	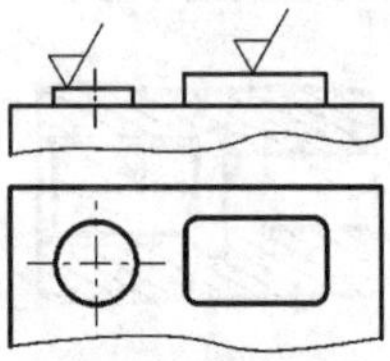	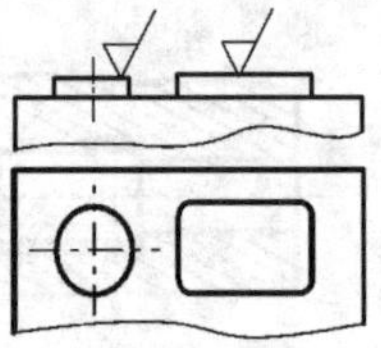	加工面在同一高度，调整刀具一次，可加工两个平面
11	三个空刀槽的宽度有三种尺寸，需用三把不同尺寸的刀具进行加工	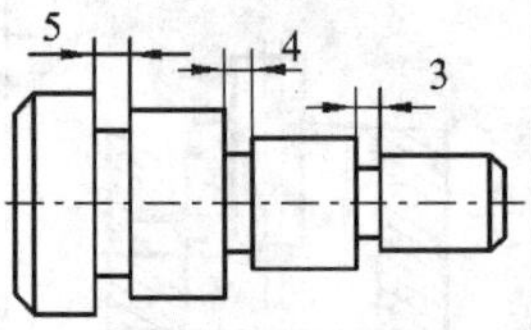 5　4　3	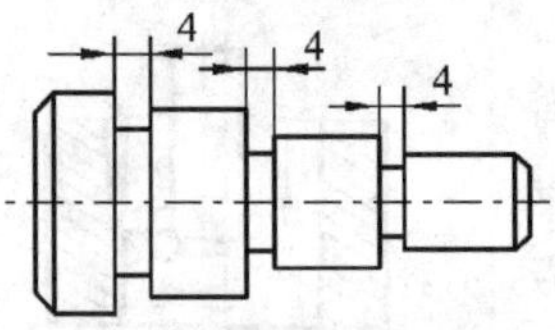 4　4　4	同一个宽度尺寸的空刀槽，使用一把刀具即可完成加工
12	同一端面上的螺纹孔，尺寸相近，由于需更换刀具，因此加工不方便，而且装配也不方便	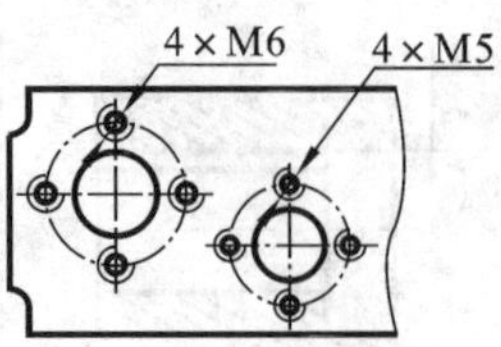 4×M6　4×M5	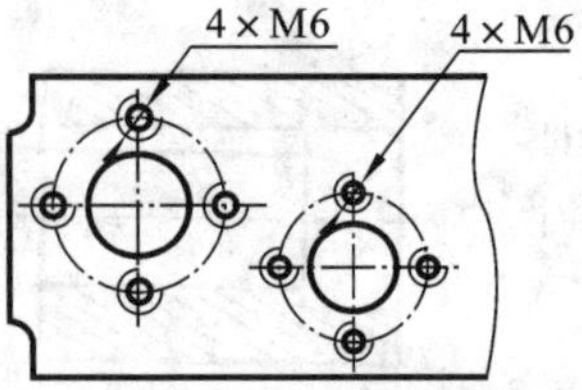 4×M6　4×M6	尺寸相近的螺纹孔，应该为同一尺寸螺纹孔，方便加工和装配

续表

序号	零件结构	
	工艺性不好	工艺性好
13	加工面加工时间长，并且零件尺寸越大，平面度误差越大	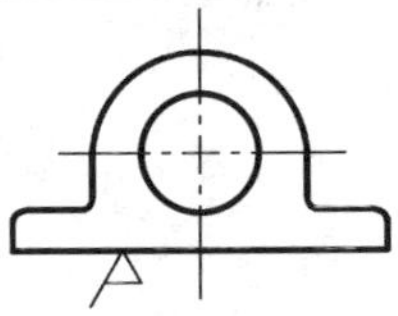 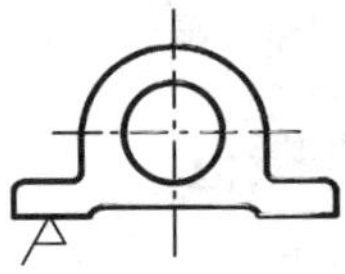 加工面减小，节省工时，减少刀具损耗，并且容易保证平面度要求
14	外圆和内孔有同轴度要求，由于外圆需在两次装夹下加工，同轴度不易保证	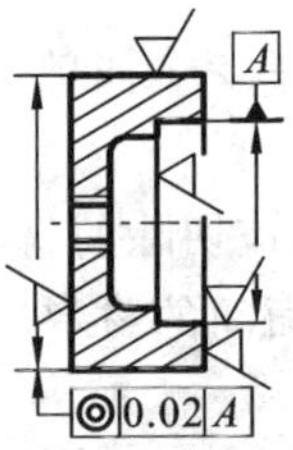 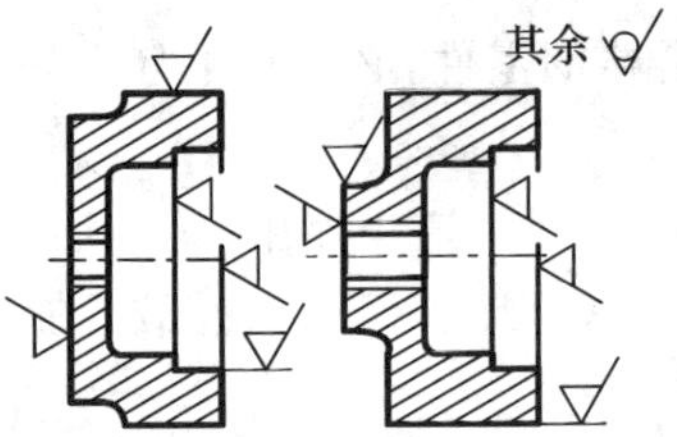 可在一次装夹下加工外圆和内孔，同轴度要求容易得到保证
15	内壁孔出口处有阶梯面，钻孔时易钻偏或钻头折断	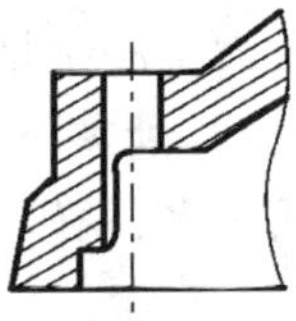 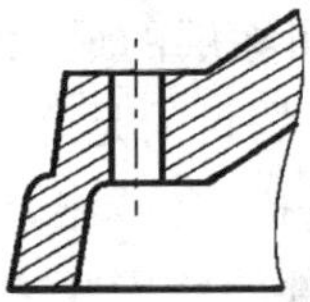 内壁孔出口处平整，钻孔方便，容易保证孔中心位置度
16	加工 *B* 面时以 *A* 面为定位基准，由于 *A* 面较小，定位不可靠	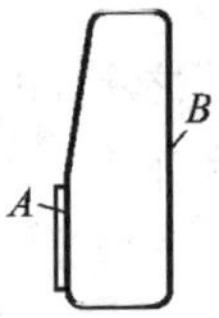 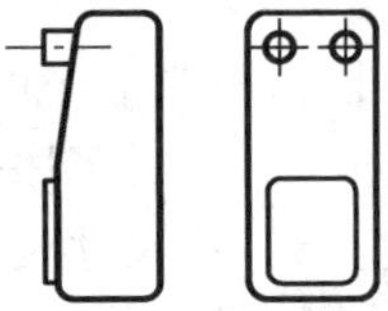 附加定位基准，加工时保证 *A*、*B* 面平行，加工后将附加定位基准去掉
17	两个键槽分别设置在阶梯轴相差 90° 的方向上，需两次装夹加工	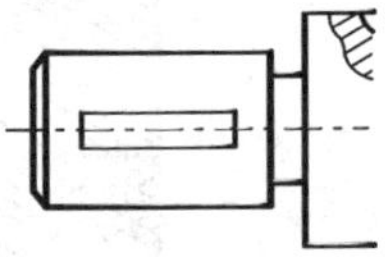 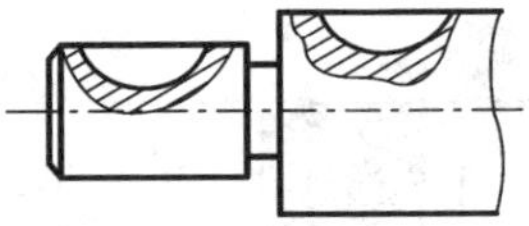 将阶梯轴的两个键槽设计在同一方向上，一次装夹即可对两个键槽进行加工
18	钻孔过深，加工时间长，钻头耗损大，并且钻头易偏斜	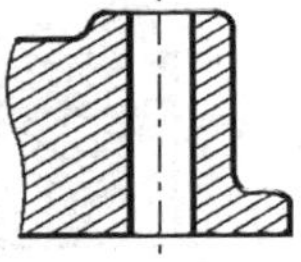 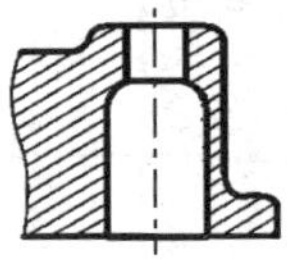 钻孔的一端留空，钻孔时间短，钻头寿命长，不易钻偏
19	进、排气(油)通道设计在孔壁上，加工相对困难	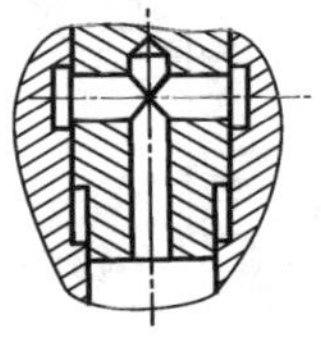 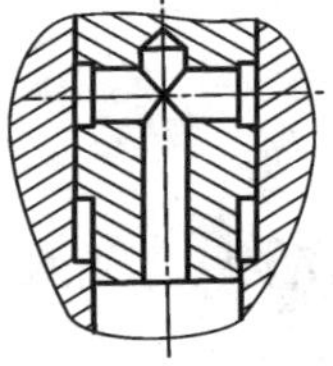 进、排气(油)通道设计在轴的外圆上，加工相对容易

2. 毛坯的选择及加工余量的确定

毛坯上留作加工用的材料层，称为加工余量。加工余量及确定的方法参见 8.3 节。

8.3 加工余量与工序尺寸的确定

一、加工余量的概念

1. 加工余量

为了加工出合格的零件,必须从毛坯上切去的那层金属的厚度,称为加工余量。加工余量的分类如下。

① 工序余量——在一道工序中,某一加工表面被切除的材料层厚度。

② 总余量——从毛坯表面到工件最后加工表面间的材料厚度,等于相应表面各工序余量之和。

③ 最小余量——被切除层的最小厚度。包括最小工序余量和最小总余量。

④ 最大余量——被切除层的最大厚度。包括最大工序余量和最大总余量。

在工件上留加工余量的目的是为了切除上一道工序所留下来的加工误差和消除表面缺陷,如铸件表面冷硬层、气孔、夹砂层,锻件表面的氧化皮、脱碳层、表面裂纹,切削加工后的内应力层等,从而提高工件的精度和表面粗糙度。

1) 工序余量

工步(工序) 余量是指相邻两工序(工步) 的尺寸之差,也就是某道工序(工步) 所切除的金属层厚度。工序余量与上一道工序的工序尺寸和本道工序的工序尺寸有关。

图 8.4 表示工序余量与工序尺寸及其的关系。

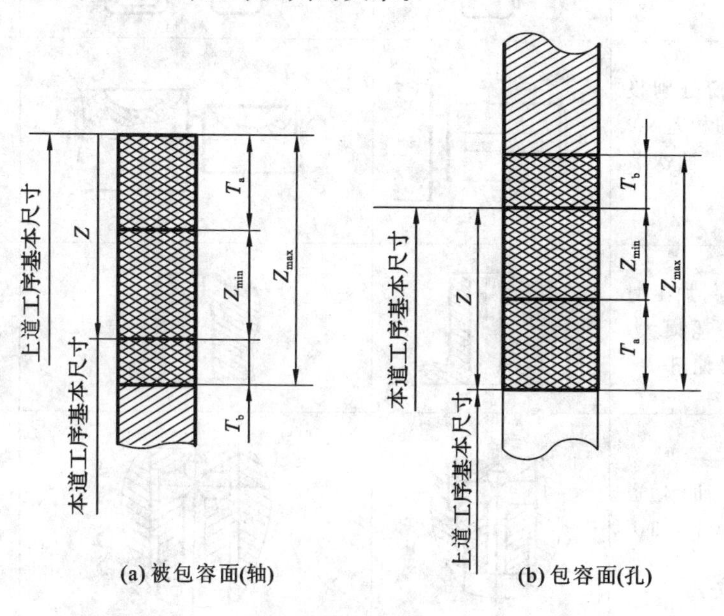

图 8.4 工序余量与工序尺寸及其公差的关系

2) 工序余量计算公式

工序余量(见图 8.5)等于相邻两工序的工序尺寸之差。

(1) 对于外表面(见图 8.5(a))

$$Z=a-b \tag{8-1}$$

式中:Z——本道工序的工序余量(mm);

a——前道工序的工序尺寸(mm);

b——本道工序的工序尺寸(mm)。

(2) 对于内表面(见图 8.5(b))

$$Z=b-a \tag{8-2}$$

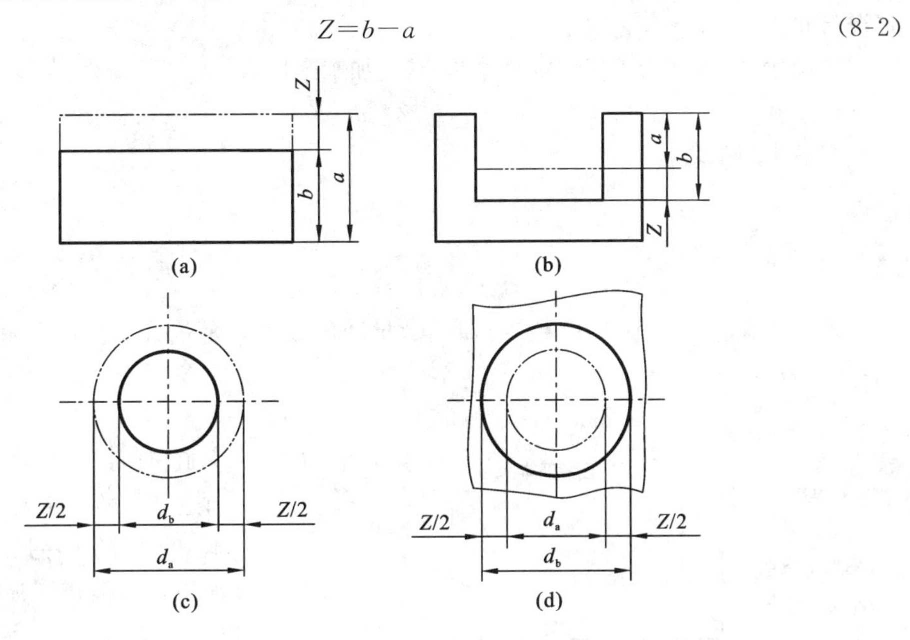

图 8.5 加工余量

(3) 单边余量。单边余量如图 8.6 所示。

(4) 双边余量。双边余量如图 8.7 所示。

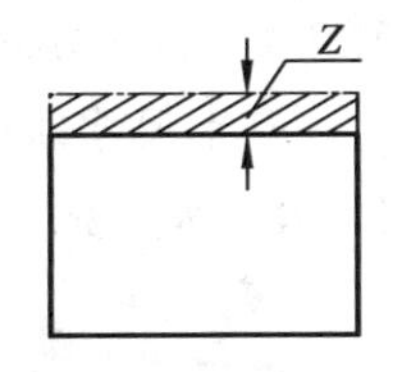

图 8.6 单边余量

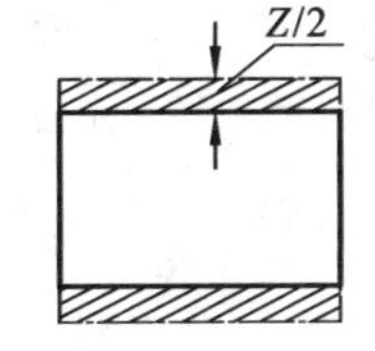

图 8.7 双边余量

上述加工余量均为非对称的单边余量,旋转表面的加工余量为双边对称余量。

对于轴(见图 8.5(c))

$$Z=d_a-d_b \tag{8-3}$$

式中:Z——直径上的加工余量(mm);

d_a——前道工序的加工直径(mm);

d_b——本道工序的加工直径(mm)。

对于孔(见图 8.5(d))

$$Z=d_b-d_a \tag{8-4}$$

当加工某个表面的工序是分几个工步时,则相邻两工步尺寸之差就是工步余量。它是某工步在加工表面上切除的金属层厚度。

(5) 工序基本加工余量、最大加工余量、最小加工余量及余量公差。

由于毛坯制造和各个工序尺寸都存在着误差,加工余量是个变动值。当工序尺寸用基本尺寸计算时,所得到的加工余量称为基本加工余量或公称加工余量。

最小加工余量 Z_{min} 是保证该工序加工表面的精度和质量所需切除的金属层最小厚度。最大加工余量 Z_{max} 是该工序加工余量的最大值。下面以外圆为例来计算,其他各类表面的情况与此相类似。

当尺寸 a 、b 均为工序基本尺寸时,基本加工余量为

$$Z=a-b$$

则最小加工余量

$$Z_{min}=a_{min}-b_{max}$$

而最大加工余量

$$Z_{max}=a_{max}-b_{min}$$

图 8.8 表示了工序尺寸公差与加工余量间的关系。余量公差是加工余量间的变动范围,其值为

$$T_Z=Z_{max}-Z_{min}=(a_{max}-a_{min})+(b_{max}-b_{min})=T_a+T_b \tag{8-5}$$

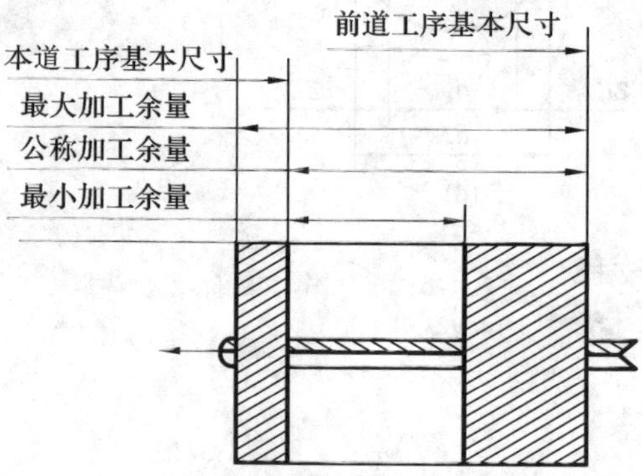

式中:T_Z——本道工序余量公差(mm);

T_a——前道工序的工序尺寸公差(mm);

T_b——本道工序的工序尺寸公差(mm)。

所以,余量公差为前道工序与本道工序的尺寸公差之和。

工序尺寸公差带的分布,一般采用“单向入体原则”。即对于被包面(轴类),基本尺寸取公差带上限,下偏差取负值,工序基本尺寸即为最大尺寸;对于包容面(孔类),基本尺寸取公差带下限,上偏差取正值,工序基本尺寸即为最小尺寸,但孔中心距及毛坯尺寸公差采用双向对称布置。

图 8.8　工序尺寸公差与加工余量

2. 加工总余量

毛坯尺寸与零件图样上的设计尺寸之差称为加工总余量。它是从毛坯到成品时从某一表面切除的金属层总厚度,也等于该表面各工序余量之和,即

$$Z_{总}=\sum_{i=1}^{n}Z_i \tag{8-6}$$

式中:Z_i——第 i 道工序的工序余量(mm);

n——该表面总加工的工序数。

加工总余量也是个变动值,其值及公差可从有关手册中查得或凭经验确定。图 8.9 所示为内孔和外圆表面经多次加工时加工总余量、工序余量与加工尺寸的分布图。

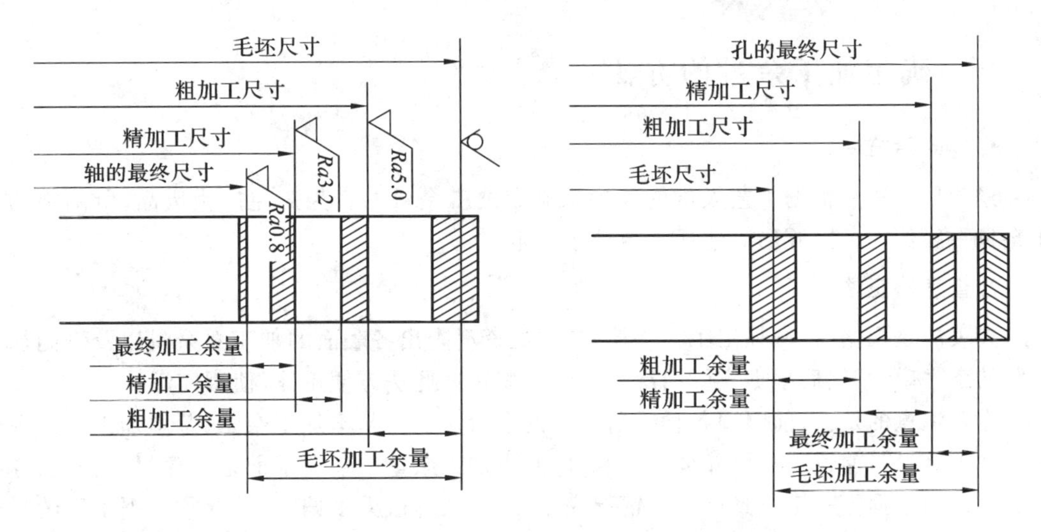

图 8.9 内孔和外圆表面经多次加工时加工总余量、工序余量与加工尺寸的分布图

二、影响加工余量大小的因素

加工余量主要取决于前一道工序加工面(或毛坯面）的状态。为保证本道工序的加工精度,需将前道工序加工面(或毛坯面）的缺陷部分去除。

影响加工余量的因素比较复杂,现将其主要因素分析如下:前道工序的尺寸公差 T_{i-1}（见图 8.10)、前道工序产生的表面粗糙度 Ry 和表面缺陷层深度 H_{i-1}（见图 8.11)、前道工序留下的空间位置误差 e(见图 8.12)、本道工序的装夹误差 ε_i（见图 8.13）。

由于空间位置误差和装夹误差都是有方向的,所以应采用矢量相加的方法。

综上所述,工序余量的组成可用下式来表示:

对于单边余量
$$Z_i = T_{i-1} + Ry + H_{i-1} + |e + \varepsilon_i| \tag{8-7}$$

对于双边余量
$$2Z_i = T_{i-1} + 2(Ry + H_{i-1}) + 2|e + \varepsilon_i| \tag{8-8}$$

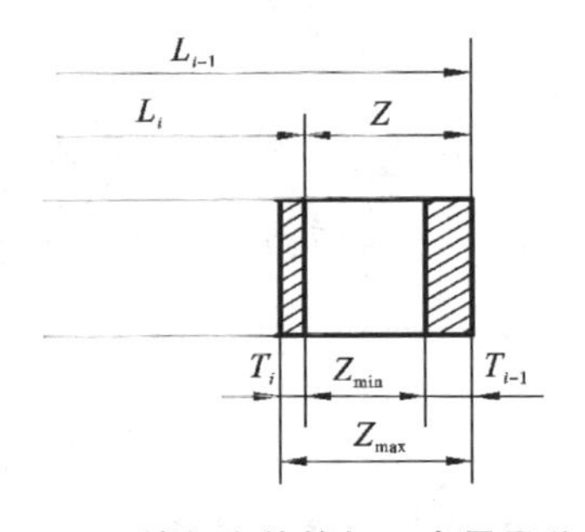

图 8.10 被包容件的加工余量及公差

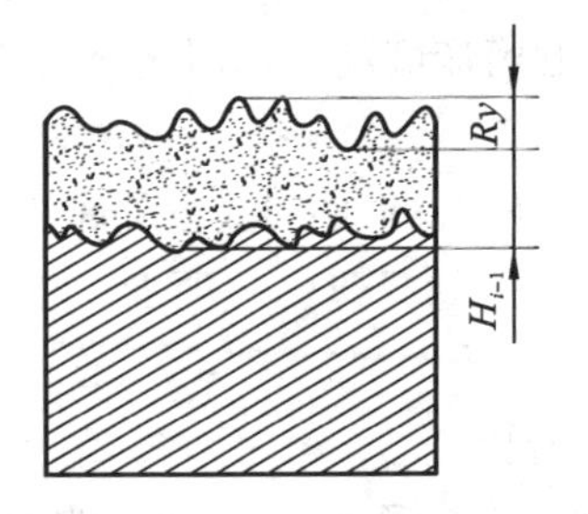

图 8.11 工件的加工表面质量(表面粗糙度及缺陷层)

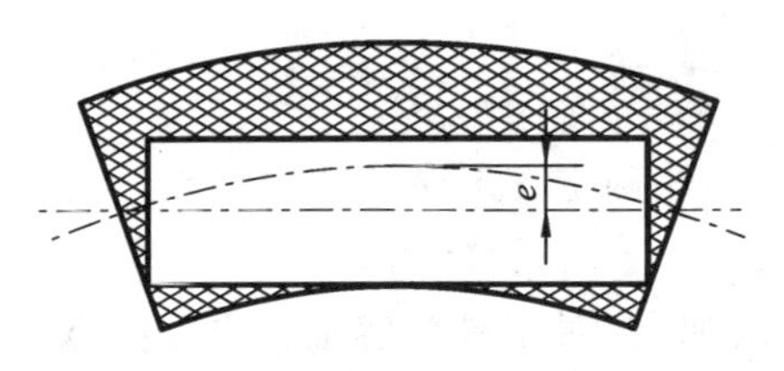

图 8.12 轴线弯曲对加工余量的影响

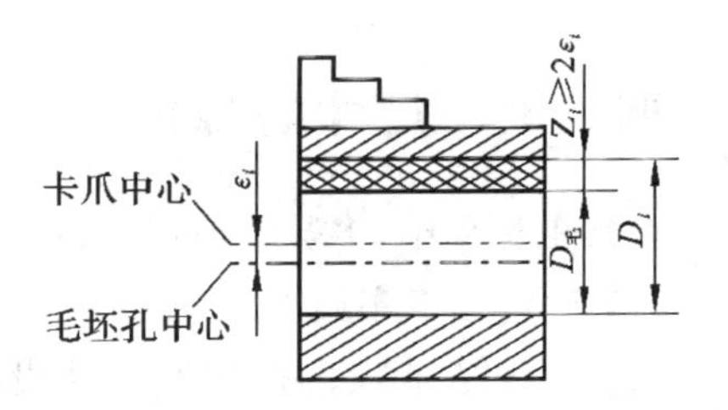

图 8.13 装夹误差对加工余量的影响

三、确定加工余量的方法

1. 经验估算法

经验估算法是根据工艺人员的经验来确定加工余量的。为避免产生废品,所确定的加工余量一般偏大。经验估算法适于单件小批生产。

2. 查表修正法

查表法是根据《机械加工工艺手册》提供的资料查出各表面的加工总余量以及不同加工方法的工序余量,然后根据实际情况进行适当修正。此法方便迅速,使用广泛。

需要注意的是:目前国内各种手册所给的余量多数为基本加工余量,基本加工余量等于最小加工余量与前道工序尺寸公差之和,即基本加工余量中包含了前道工序尺寸公差;各种手册提供的数据不一定与具体加工情况完全相符,余量值大多偏大,因此须根据工厂的具体情况加以修正。各种铸、锻件的加工总余量已由有关国家标准给出,并由热加工工艺人员在毛坯图上标定。对于圆棒料毛坯,在选用标准直径的同时,加工总余量也就确定了。因此,用查表法确定加工余量时,粗加工工序余量一般应由加工总余量减去后续各半精加工与精加工的工序余量之和而求得。

3. 分析计算法

这是对影响加工余量的各种因素进行分析,然后根据一定的计算式来计算加工余量的方法。此法确定的加工余量较合理,但需要全面的试验资料,计算也较复杂,故很少应用。

在影响因素清楚、统计分析资料齐全的情况下,可以采用分析计算法,用式(8-7)或式(8-8)计算出工序余量。计算时应根据所采用的加工方法的特点,可将计算式合理简化。

(1) 采用浮动镗刀镗孔或浮动铰刀铰孔或拉刀拉孔,由于这些加工方法不能纠正位置误差,故计算式简化为

$$Z_i=2(Ry+H_{i-1}) \tag{8-9}$$

公式中的符号参看图8.10~图8.13,下同。

(2) 无心磨床磨削外圆时无装夹误差,故计算式可简化为

$$Z_i=2(Ry+H_{i-1}+e) \tag{8-10}$$

(3) 对于研磨、珩磨、抛光等加工方法,其主要任务是去掉前一工序所留下的表面痕迹,因而最小加工余量只包含一项 Ry 值,即

$$Z_{\min}=Ry \quad (平面加工)$$
$$Z_{\min}=2Ry \quad (轴、孔加工) \tag{8-11}$$

用分析计算法确定加工余量的过程较为复杂,故用于大批量生产或贵重材料零件的加工。

四、工序尺寸的确定

在加工过程中,多数情况属于基准重合。可按如下方法确定各工序尺寸和公差。

(1) 确定各工序加工余量。

(2) 从最终加工工序开始,即从设计尺寸开始,逐次加上(对于被包容面)或减去(对于包容面)每道工序的加工余量,可分别得到各工序的基本尺寸。

(3) 除最终加工工序取设计尺寸公差外，其余各工序按各自采用的加工方法所对应的加工经济精度确定工序尺寸和公差。

(4) 除最终加工工序按图纸标注公差外，其余各工序按“入体原则”标注工序尺寸公差。

(5) 一般毛坯余量(即加工总余量) 已事先确定，故第一道加工工序的余量由毛坯余量(加工总余量)减去后续各半精加工和精加工的工序余量之和而求得。

五、尺寸链原理与应用

在结构设计、加工工艺或装配工艺过程中，经常会遇到相关尺寸、公差和技术要求的计算分析问题。在很多情况下，运用尺寸链原理可以较好地获得解答。

1. 尺寸链的基本概念

(1) 尺寸链的定义。在机器的装配或零件的加工过程中，一组相互联系的尺寸，按一定的顺序排列形成的封闭尺寸组合，称为尺寸链。

尺寸链的特点是具有封闭性和关联性。组成尺寸链的尺寸数(环数)不能少于三个。

(2) 尺寸链的组成。组成尺寸链的每一个尺寸，称为一个环。按各环的性质不同，又可将环分成组成环和封闭环。加工过程中间接获得的环或装配过程中最后自然形成的环，称为封闭环。一个尺寸链中，封闭环仅有一个。对封闭环有影响的全部环，称为组成环。组成环按其对封闭环的影响不同又可分为增环和减环。如果某一组成环的变化引起封闭环同向变化，则该环属于增环。反之，如果某一组成环的变化引起封闭环异向变化，则该环属于减环。

(3) 增、减环的判定。一般常用回路法来判定增、减环。其方法是：对于一个尺寸链，在封闭环旁画一箭头(方向任选)，然后沿箭头所指方向绕尺寸链一圈，并给各组成环标上与绕行方向相同的箭头，凡与封闭环箭头同向的为减环，反向的为增环。在图 8.14 所示五环尺寸链中，A_0 是封闭环，A_1、A_2 是减环，A_3、A_4 是增环。图 8.15 所示是一个 n 环尺寸链，A_0 是封闭环，其中有 k 个增环，$n-k-1$ 个减环。

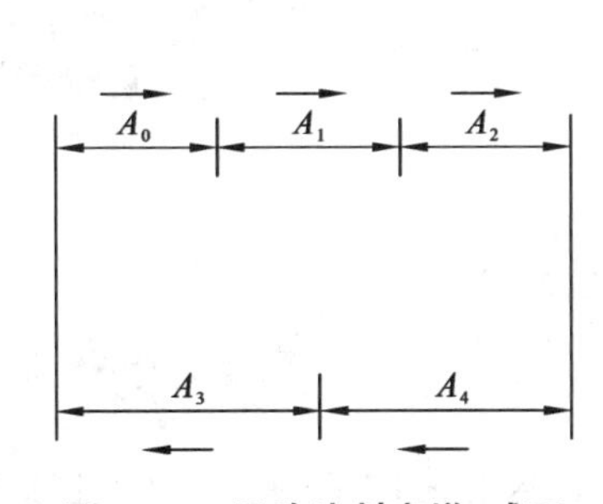

图 8.14 回路法判定增、减环

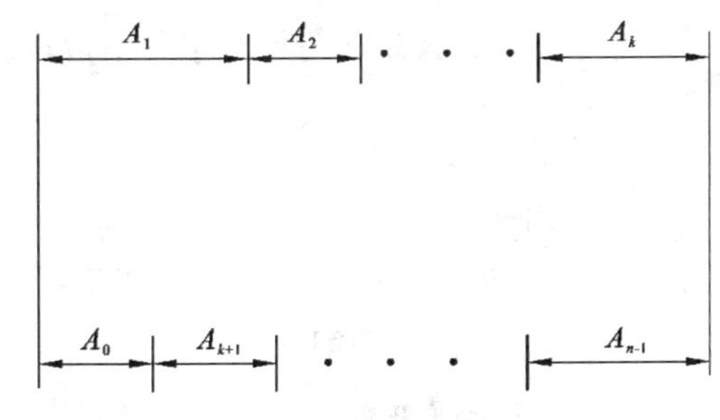

图 8.15 n 环尺寸链

2. 尺寸链的计算公式

1) 封闭环基本尺寸的确定

$$A_0 = \sum_{z=1}^{k} A_z - \sum_{j=k+1}^{n-1} A_j \tag{8-12}$$

式中：k——增环数；

n——总环数；

A_z——增环尺寸；

A_j——减环尺寸；

A_0——封闭环。

2）用极值法求解尺寸链

(1) 极限尺寸。

$$A_{0\max} = \sum_{z=1}^{k} A_{z\max} - \sum_{j=k+1}^{n-1} A_{j\min} \tag{8-13}$$

式中：$A_{0\max}$——封闭环的最大值；

$A_{z\max}$——增环的最大值；

$A_{j\max}$——减环的最大值。

$$A_{0\min} = \sum_{z=1}^{k} A_{z\min} - \sum_{j=k+1}^{n-1} A_{j\max} \tag{8-14}$$

式中：$A_{0\min}$——封闭环的最小值；

$A_{z\min}$——增环的最小值；

$A_{j\min}$——减环的最小值。

(2) 封闭环上、下极限偏差。

$$ES_{A_0} = \sum_{z=1}^{k} ES_{A_z} - \sum_{j=k+1}^{n-1} EI_{A_j} \tag{8-15}$$

式中：ES_{A_0}——封闭环的上极限偏差；

ES_{A_z}——增环的上极限偏差；

EI_{A_j}——减环的下极限偏差。

$$EI_{A_0} = \sum_{z=1}^{k} EI_{A_z} - \sum_{j=k+1}^{n-1} ES_{A_j} \tag{8-16}$$

式中：EI_{A_0}——封闭环的下极限偏差；

EI_{A_z}——增环的下极限偏差；

ES_{A_j}——减环的上极限偏差。

3）封闭环公差。封闭环公差等于各组成环公差之和。

$$T_{A_0} = \sum_{i=1}^{n-1} T_{A_i} \tag{8-17}$$

式中：TI_{A_0}——封闭环公差；

T_{A_i}——组成环公差。

3. 工艺尺寸链的应用与解法

应用工艺尺寸链解决实际问题的关键，是要找出工艺尺寸之间的内在联系，正确确定出封闭环和组成环。当确定了尺寸链的封闭环和组成环后，就能应用尺寸链的计算公式进行具体计算。下面通过两个实例分析工艺尺寸链的建立和计算方法。

【例 8-1】 图 8.16 所示为轴承衬套，图 8.16(b)所示尺寸为设计要求。在加工端面 C 时应保证设计尺寸 $50_{-0.1}^{0}$ mm，实际操作时不好测量，如果改为测量尺寸 x，由于测量基准 A 与设计基准不一致，试进行工序尺寸换算。

【解】 本例中尺寸 $10_{-0.15}^{0}$ mm、$50_{-0.1}^{0}$ mm 和 x 构成一线性尺寸链，由于尺寸 $10_{-0.15}^{0}$ mm 和 x 是通过直接测量得到的，因而是尺寸链的组成环。尺寸 $50_{-0.1}^{0}$ mm 是测量过程中间接得

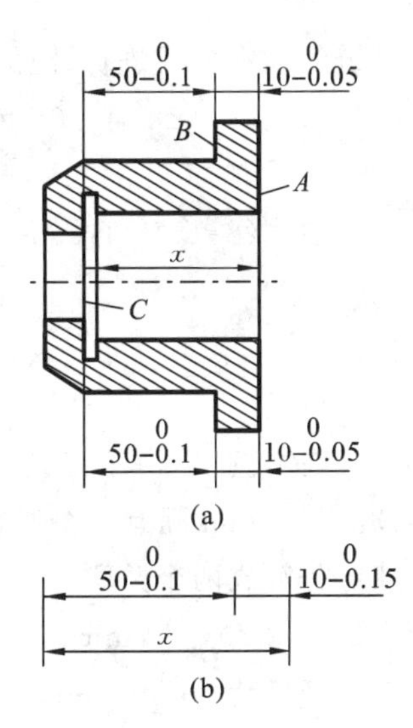

图 8.16 轴承衬套

到的，因而是封闭环，由式(8-15) 得基本尺寸为

$$T_{50}=T_{10}+T_x$$

因而 T_{10}(=0.15 mm)>T_{50}(=0.1 mm)，所以 T_x 无解。

为了保证 T_{50}，必须重新分配组成环公差，根据工艺可能性，现取 T_{10}=0.05 mm，并标注成 $10_{-0.05}^{\ 0}$ mm(见图 8.16(a))，由式(8-12)、式(8-15)和式(8-16)解得

基本尺寸　　$x=(50+10)\ \text{mm}=60\ \text{mm}$

增环上极限偏差

$$ES_x=ES_{50}+EI_{10}=(0-0.05)\ \text{mm}=-0.05\ \text{mm}$$

增环下极限偏差

$$EI_x=EI_{50}+ES_{10}=(-0.1+0)\ \text{mm}=-0.1\ \text{mm}$$

故应标注为　$x=60_{-0.10}^{-0.05}$ mm

此例说明，当组成环公差之和大于封闭环公差，即在求某一组成环的公差时，若得到零值或负值(或上极限偏差小于下极限偏差) 的结果时，则必须根据工艺可能性重新决定其余组成环的公差，也就是紧缩它们的制造公差，提高其加工精度。

【例 8-2】 图 8.17(a)所示为一带键槽的齿轮孔，孔需淬火后磨削，故键槽深度的最终尺寸不能直接获得，因其设计基准内孔要继续加工，所以插键槽时的深度只能作为加工中间的工序尺寸，拟订机械加工工艺规程时应将它计算出来。有关内孔及键槽的加工顺序是：

(1) 镗内孔至 $\phi 39.6_{\ 0}^{+0.10}$ mm；

(2) 插键槽至尺寸 A；

(3) 热处理；

(4) 磨内孔至 $\phi 40_{\ 0}^{+0.05}$ mm，同时间接获得键槽深度尺寸 $43.6_{\ 0}^{+0.34}$ mm。

试确定工序尺寸 A 及其公差(为简单起见，不考虑热处理后内孔的变形误差)。

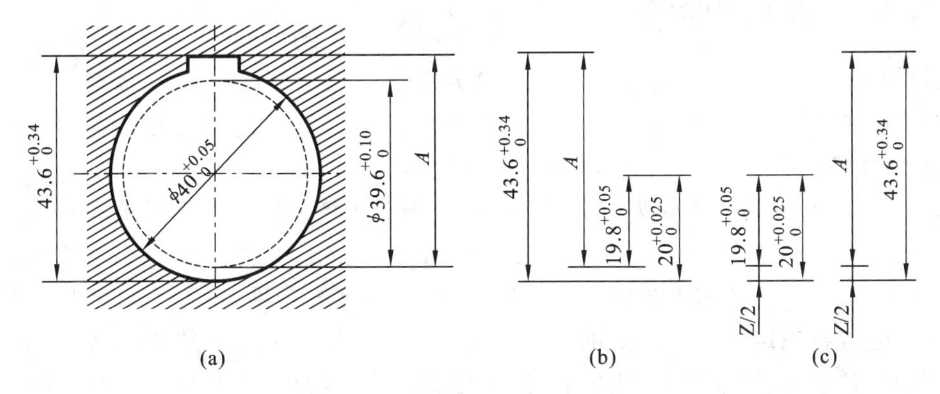

图 8.17 内孔及键槽的工艺尺寸链

【解】 由图 8.17(a)的有关尺寸，可以建立起图 8.17(b)所示的四环尺寸链。在该尺寸链中，设计尺寸 $43.6_{\ 0}^{+0.34}$ mm 是间接保证的，所以是尺寸链的封闭环，A 和 $20_{\ 0}^{+0.025}$ mm(即 $\phi 40_{\ 0}^{+0.05}$mm 的半径)为增环，$19.8_{\ 0}^{+0.05}$ mm(即 $\phi 39.6_{\ 0}^{+0.10}$ mm 的半径)为减环。利用前面尺

寸链的基本公式进行计算。

由式(8-12),$43.6=A+20-19.8$ 得

$$A=(43.6-20+19.8)\ \text{mm}=43.4\ \text{mm}$$

由式(8-15)和式(8-16)得

$$ES_A=(0.34-0.025)\ \text{mm}=0.315\ \text{mm}$$

$$EI_A=(0+0.05)\ \text{mm}=0.05\ \text{mm}$$

所以 $$A=43.4^{+0.315}_{+0.050}\ \text{mm}=43.45^{+0.265}_{0}\ \text{mm}$$

在本例中,由于工艺尺寸 A 是从还需要加工的设计基准内孔注出的,所以与设计尺寸 $43.6^{+0.34}_{0}$ mm 间有一个半径磨削余量 $Z/2$ 的差别,利用这个余量,可将图8.17(b)所示的尺寸链分解成两个并联的三环尺寸链,如图8.17(c)所示,其中 $Z/2$ 为公共环。

在由 $20^{+0.025}_{0}$ mm、$19.8^{+0.05}_{0}$ mm 和 $Z/2$ 组成的尺寸链中,半径磨削余量 $Z/2$ 的大小取决于半径尺寸 $20^{+0.025}_{0}$ mm 及 $19.8^{+0.05}_{0}$ mm,是间接形成的,因而是尺寸链的封闭环,解此尺寸链即可得。

对于由 $Z/2$、A 和 $43.6^{+0.34}_{0}$ mm 组成的尺寸链,由于半径磨削余量 $Z/2$ 作为中间变量已由上述计算确定,而设计尺寸 $43.6^{+0.34}_{0}$ mm 取决于工序尺寸 A 及余量 $Z/2$,因而在该尺寸链中,$43.6^{+0.34}_{0}$ mm 是封闭环,$Z/2$ 变成了组成环。解此尺寸链可得

$$A=43.45^{+0.265}_{0}\ \text{mm}$$

与上面计算结果完全相同。由此结果还可以看到,工序尺寸 A 的公差比设计尺寸 $43.6^{+0.34}_{0}$ mm 的公差恰好少了一个余量差的数值。这正是以还需继续加工的设计基准,标注工序尺寸的工艺尺寸公差的特点。

8.4 数控加工工艺概述

一、数控加工的概念

数控加工就是将零件图形、工艺参数、加工步骤等以数字信息的形式,编成程序代码输入到数控机床的控制系统中,再由其进行运算处理后转换成驱动伺服机构的指令信号,从而控制数控机床各执行部件协调动作,自动地加工出零件来。

数控加工过程的具体步骤为:阅读零件图纸,充分了解图纸的技术要求,如尺寸精度、几何公差、表面粗糙度、工件的材料和硬度、加工性能以及工件数量等;根据零件图纸的要求进行工艺分析,包括结构工艺性分析、材料和设计精度合理性分析、大致工艺步骤分析等;根据工艺分析确定加工所需要的一切工艺信息——如加工工艺路线、工艺要求、刀具的运动轨迹、位移量、切削用量(主轴转速、进给量、吃刀深度)以及辅助功能(换刀、主轴正转或反转、切削液开或关)等,填写加工工序卡和工艺过程卡;根据零件图和工艺内容,按照所用数控系统规定的指令代码及程序格式进行数控编程;将编写好的程序通过传输接口,输入到数控机床的数控装置中。调整好机床并调用该程序后,就可以加工出符合图纸要求的零件。

二、数控加工工艺过程

1. 数控加工工艺的概念

数控加工工艺是伴随着数控机床的产生、发展而逐步完善起来的一种应用技术，是大量数控加工实践经验的总结。数控加工工艺过程是利用切削刀具在数控机床上直接改变加工对象的形状、尺寸、表面位置、表面状态等，使其成为成品或半成品的过程。数控机床的应用使机械加工的全过程产生了很大的变化。拟订数控加工工艺是进行数控加工的一项基础性工作。数控加工工艺的内容主要包括选择合适的机床、刀具、夹具、走刀路线及切削用量等，只有选择合适的工艺参数及切削策略才能获得较理想的加工效果。从加工的角度看，数控加工技术主要是围绕加工方法和加工参数的合理确定及其实现的理论与技术。

1）数控加工零件的特点

在数控机床上加工的零件，可以是普通零件，但更多的是普通机床加工起来具有一定的难度或对操作人员的技术水平有相当高要求的零件，一般在数控机床上加工的零件有如下的特点：多品种、小批量生产的零件或新产品试制中的零件、短期急需的零件；轮廓形状复杂，对加工精度要求较高的零件；用普通机床加工较困难或无法加工（需昂贵的工艺装备）的零件；价值昂贵，加工中不允许报废的关键零件。

2）数控加工工艺的特点

在设计零件的数控加工工艺时，首先要遵循普通加工工艺的基本原则和方法，同时还必须考虑数控加工本身的特点和零件编程的要求。

由于数控加工具有加工自动化程度高、精度高、质量稳定、设备费用高等特点，数控加工相应形成了以下特点。

（1）采用先进的工艺装备，采用多坐标联动自动控制加工复杂表面。

（2）数控加工工艺内容要求具体而详细。由操作工人灵活掌握并通过适时调整来处理的许多具体工艺问题和细节，在数控加工时转变为编程人员必须事先设计和安排的内容。

（3）数控加工工艺要求更严密且精确，自动化程度较高，但自适应性差，每一环节都要考虑。

（4）制订数控加工工艺要进行零件图形的数学处理和编程尺寸设定值的计算。

（5）数控加工工艺中的工序相对集中，因此，工件各部位的数控加工顺序可能与普通机床上的加工顺序有很大区别。对数控工艺规程中的工序内容要求特别详细。如加工部位、加工顺序、刀具配置与使用顺序、刀具加工时的对刀点、换刀点及走刀路线、夹具及工件的定位与安装、切削参数等都要清晰明确，数控加工工艺中的工序内容比普通机床加工工艺中的工序内容详细得多。

（6）确定数控加工工艺切削用量时要考虑进给速度对加工工件形状精度的影响。

（7）制订数控加工工艺时要特别强调刀具选择的重要性。

（8）数控加工工艺的特殊要求。

（9）数控加工程序的编写、校验与修订是数控加工工艺的一项特殊内容。

2. 数控加工工艺的主要内容

数控加工工艺的主要内容如下：①选择适合在数控机床上加工的零件，确定工序内容与工步,选取刀具和辅具,确定切削用量等;②对零件图样进行数控加工工艺分析,明确加工内容及技术要求,并根据数控编程的要求对零件图作数学处理,确定零件的加工方案,制订数控加工工艺路线,如划分工序,安排加工顺序以及处理与非数控加工工序的衔接等,确定数控加工工序;③确定工件的定位与装夹方法,确定刀具、夹具和对数控加工程序进行调整;④确定刀具补偿和加工路线,分配数控加工中的加工余量,确定各工序的切削参数,处理数控机床上的部分工艺指令;⑤编写、校验和修改加工程序,首件试加工与现场问题处理。⑥填写数控加工工艺卡片、数控加工刀具卡片;⑦绘制各道工序的数控加工路线图,进行数控加工工艺技术文件的定型与归档。

3. 常用的数控加工方法

1) 选择并决定进行数控加工的内容

选择数控加工不等于零件全部都如此,需对零件图纸进行工艺分析,有针对性地选择数控加工,选择顺序如下:①普通机床无法加工的;②普通机床难加工的、质量又难保证的;③普通机床效率低、劳动强度大的。

2) 选择数控加工方法

(1) 平面孔系零件。孔数多,孔位置精度要求较高,宜采用点位直线控制的数控钻床或数控镗床加工。这样可以减轻工人的劳动强度,提高生产率,易于保证精度。选择加工方法时,主要考虑加工精度和加工效率两个原则,即:用什么加工方法能保证零件的加工精度,用什么加工方法能提高零件的加工效率。

(2) 旋转体类零件。用数控车床或数控磨床来加工的车削零件毛坯多为棒料或锻坯,加工余量较大且不均匀,因此在编程中,粗车的加工路线往往是要考虑的主要问题。选择加工方法时,主要考虑加工效率和刀尖强度两个原则。

考虑加工效率原则:车床上加工时,通常加工余量大,必须合理安排粗加工路线,以提高加工效率。实际编程时,一般不宜采用循环指令(否则,以工进速度的空刀行程太大)。比较好的方法是用粗车尽快去除材料后精车。

考虑刀尖强度原则:数控车床上经常用到低强度刀具加工细小凹槽,在确定加工方法时必须考虑选用刀具的刀尖强度。

(3) 平面轮廓零件。平面轮廓零件多由直线和圆弧组成,可在两坐标轴联动的铣床上加工。曲面轮廓的零件,多采用三个或三个以上坐标轴联动的铣床或加工中心。选择加工方法时,主要考虑加工精度和加工效率两个原则。在确定加工方法时应注意两点:一是刀具的切入与切出方向的控制,以使工件表面轮廓光滑;二是一次逼近方法的选择。用微小直线段或圆弧段逼近非圆曲线轮廓的方法称为一次逼近方法。在只具有直线和圆弧插补功能的数控铣床上加工非圆曲线轮廓时,微小直线段或圆弧段与被加工轮廓之间的误差称为一次逼近误差,选择一次逼近方法时,应该使工件的轮廓误差在合格范围内,同时程序段的数量以少为佳。

(4) 立体轮廓零件。立体轮廓零件常用多坐标轴联动数控机床(加工中心)加工。选择加工方法时,主要考虑加工精度和加工效率两个原则。在确定加工方法时,应考虑工件强度及表面质量、立体轮廓零件上的强度薄弱部位、常常难以承受粗加工时的切削量,同时对表面质量要求高的部位要采取相应的工艺措施。

(5) 模具型腔的加工。模具型腔表面复杂,不规则,表面质量及尺寸精度要求高,且常采用硬、韧的难加工材料，此时考虑粗铣后选用数控电火花成形加工。

(6) 板材零件的加工。该类零件根据零件形状采用数控剪板机、数控板料折弯机及数控冲压机加工。传统冲压工艺是用模具生产具有特定形状的工件，模具结构复杂，易磨损，价格昂贵，生产率低。数控冲压设备能使加工过程按程序要求自动控制，采用小模具冲压加工形状复杂的大工件，一次装夹集中完成多工序加工。数控加工采用软件排样，既能保证加工精度，又能获得高的材料利用率。

(7) 平板形零件的加工。平板形零件选用数控电火花线切割机床加工，除工件内侧角部的最小半径受金属丝直径限制外，任何复杂的内外侧形状都可以加工。

4. 数控机床的合理使用

数控机床的正常使用条件为：数控机床所处位置的电源电压应波动小，环境温度低于 30 ℃，相对湿度应小于 80%。机床应远离振源，应避免阳光直接照射和热辐射、潮湿和气流的影响。同时对电源电压有严格控制，电源电压波动必须在数控机床允许的范围内，并保持相对稳定，否则会影响数控系统的正常工作。数控电控箱内部设有排风扇或冷风机，以保持电子元件特别是中央处理器工作温度恒定或温差变化很小。用户应按说明书的规定使用数控机床。不允许随意改变控制系统内制造厂设定的参数。数控系统中的参数只有间隙补偿参数值可根据实际情况予以调整。用户不能随意更换机床附件，如使用超出说明书规定的液压卡盘等。使用液压卡盘、液压刀架、液压尾座、液压缸的压力，都应在许用压力范围内，不允许任意提高。

三、数控加工工艺分析

1. 数控加工工艺系统的基本组成

图 8.18 所示为数控机床加工工件的基本过程，即从零件图到加工完零件的过程。

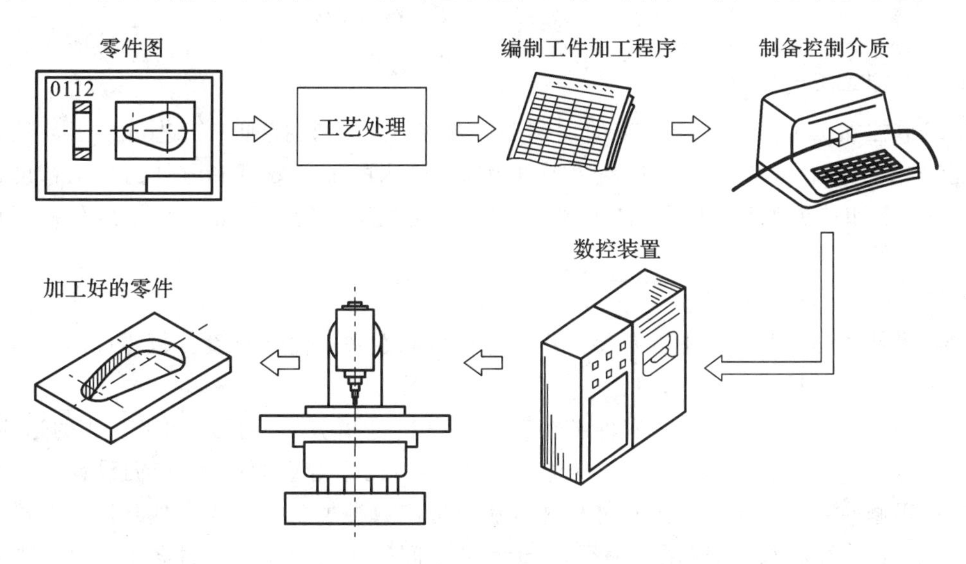

图 8.18 数控机床加工工件的基本过程

数控加工工艺系统是由数控机床、夹具、刀具和工件等组成的，如图 8.19 所示。采用数控技术，或者说装备了数控系统的机床，称为数控机床。它是一种技术密集度和自动化程度都比较高的机电一体化加工装备。数控机床是实现数控加工的主体。无论是普通机床还是数控机床都必须依靠刀具才能完成切削工作。工件是数控加工的对象。

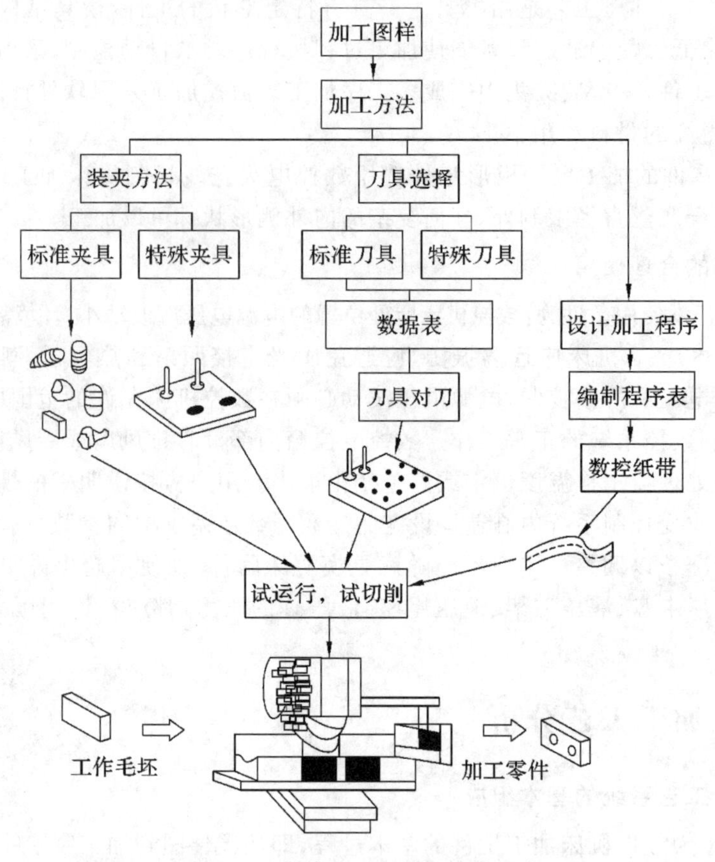

图 8.19　数控加工工艺系统的组成

2. 数控加工工艺分析

制订数控加工工艺是数控加工的前期工艺准备工作。数控加工工艺贯穿于数控程序中,数控加工工艺制订得合理与否,对程序的编制、机床的加工效率和零件的加工精度都有重要影响。因此,应遵循一般的工艺原则并结合数控加工的特点认真而详细地分析零件的数控加工工艺。

1) 零件图的工艺分析

分析零件图是工艺制订中的首要工作。应从可能性和方便性角度分析零件图。零件图的工艺分析主要包括以下内容。

(1) 零件结构工艺性分析。零件结构工艺性分析是指分析零件对加工方法的适应性,所分析的零件结构应便于加工成形。若发现零件的结构不合理等问题,应向设计人员或有关部门提出修改意见。零件图上尺寸标注方法应适应数控加工的特点。应从同一基准引注尺寸或直接给出坐标尺寸,以便于编程,便于尺寸之间的相互协调。零件各加工部位的结构工艺性应符合数控加工的特点。零件的内腔和外形最好采用统一的几何类型,以减少刀具规格和换刀次数。内槽圆角的大小决定刀具直径的大小,因而内槽圆角半径不应太小。铣削零件底平面时,槽底圆角半径不应过大。应采用统一的基准定位,以保证两次装夹加工其相对位置的准确性。零件上最好有合适的孔作为定位基准孔。

(2) 轮廓几何要素分析。零件轮廓是数控加工的最终轨迹，也是数控编程的依据。构成零件轮廓的几何元素的条件应充分。手工编程时，要计算零件轮廓上每个基点的坐标；自动编程时，要对构成零件轮廓的所有几何元素进行定义。要分析零件轮廓的几何元素的给定条件是否充分。由于设计等多方面的原因，在图样上可能出现构成零件加工轮廓的条件不充分现象。尺寸模糊不清会增加编程工作的难度，有的甚至导致无法编程。分析轮廓要素时，以能在 AutoCAD 上准确绘制的轮廓为充分条件。

(3) 精度及技术要求分析。精度及技术要求分析指对被加工零件的精度及技术要求进行分析，它是零件工艺性分析的重要内容，只有在分析零件尺寸精度、形状精度、位置精度和表面粗糙度的基础上，才能对加工方法、装夹方式、刀具及切削用量进行正确而合理的选择。精度及技术要求分析主要包括以下内容：分析精度及各项技术要求是否齐全、是否合理；分析每道工序的加工精度能否达到图样要求，若达不到，需采取其他措施(如磨削)弥补，则应给后续工序留有余量；找出图样上有位置精度要求的表面，这些表面应在一次安装下完成加工。对表面粗糙度要求较高的表面，应确定相应的工艺措施(如磨削)。

(4) 零件图的数学处理。零件图的数学处理主要是计算零件加工轨迹的尺寸，即计算零件加工轮廓的基点和节点的坐标，或刀具中心轮廓的基点和节点的坐标，以便编制加工程序。

2) 数控加工工艺的制订

在进行了零件图的工艺分析之后，制订数控加工工艺时，主要工作内容有工序的划分，各工序加工余量的确定，加工路线的确定，工件的定位、安装，夹具的选择，刀具的选择，对刀点与换刀点的确定，切削用量的选择，加工方案的确定等。

(1) 数控加工工序的划分。划分数控加工工序时推荐遵循下列原则。

保证精度的原则。数控加工要求工序尽可能集中，常常粗、精加工在一次装夹下完成，为了减少热变形和由切削力引起的变形对工件的形状精度、位置精度、尺寸精度和表面粗糙度的影响，应将粗、精加工分开进行。对既有内表面(内型腔)需加工，又有外表面需加工的零件，安排加工工序时，应先进行内外表面的粗加工，后进行内外表面的精加工。切不可将零件上一部分表面(外表面或内表面)加工完毕后，再加工其他表面(内表面或外表面)，以保证工件的表面质量要求。同时，对一些箱体零件，为保证孔的加工精度，应先加工表面而后加工孔。

提高生产效率的原则。数控加工中，为减少换刀次数，节省换刀时间，应将需用同一把刀加工的部位全部加工完成后，再换另一把刀来加工其他部位，同时应尽量减少刀具的空行程。用同一把刀加工工件的多个部位时，应以最短的路线到达各加工部位。

实际中，数控加工工序要根据具体零件的结构特点、技术要求等情况综合考虑。数控加工零件的工序可以集中，尽可能一次装夹完成大部分或全部工序。根据零件图样分析是否可以在一台数控机床完成全部工序。数控加工工序的划分方法如下。

① 以一次安装、加工作为一道工序。这种方法适用于加工内容较少的工件，加工完后就能达到待检状态。

② 以同一把刀加工的内容划分工序。在一次装夹中，尽可能用同一把刀加工出可能加工的所有部位。有些工件虽然能在一次安装中加工出很多待加工表面，但由于程序太长，会受到某些限制，如控制系统的限制(主要是内存容量)、机床连续工作时间的限制(如一道工

序在一个工作班内不能结束）等。因此程序不能太长，一道工序的内容不能太多。对于加工内容很多的工件，可按其结构特点将加工部位分成几个部分，如内腔、外形、曲面或平面，并将每一部分的加工作为一道工序。

③ 根据零件的加工精度、刚度和变形等因素来划分工序，先粗加工再精加工。一次安装中，不允许将零件某一部分表面加工完毕后，再加工零件的其他表面。

加工顺序的安排应根据零件的结构和毛坯状况，以及定位安装与夹紧的需要来考虑。重点是保证定位夹紧时工件的刚度和有利于保证加工精度。加工顺序安排一般应按以下原则进行：上道工序的加工不能影响下道工序的定位与夹紧，中间穿插有通用机床加工工序的也应综合考虑；先进行内腔加工，后进行外形加工；以相同定位、夹紧方式或同一把刀加工的工序，最好连续加工，以减少重复定位次数、换刀次数与挪动压板次数；在同一次安装中进行的多道工序，应先安排对工件刚性破坏较小的工序。

(2) 加工余量的确定。

一般零件通常要经过粗加工、半精加工、精加工才能达到最终的精度要求。因此，零件总的加工余量应等于各中间工序加工余量之和。加工余量的确定原则是采用最小加工余量原则，以求缩短加工时间，降低零件的加工费用；应有充分的加工余量，防止造成废品。确定加工余量时还应考虑的情况是，由于零件的大小不同，切削力、内应力引起的变形也会有差异，若工件大，加工过程中的变形增加，加工余量相应地应取大一些。零件热处理时也会引起变形，应适当增大加工余量。加工方法、装夹方式和工艺装备的刚性可能引起零件的变形，过大的加工余量会由于切削力增大、切削热增加而引起零件变形，故应控制零件的最大加工余量。确定零件加工余量的方法参看 8.3 节。

(3) 加工路线的确定。

在数控机床上加工零件，一般有两种情况：一是有零件图样和毛坯，要选择适合加工该零件的数控机床；二是已经有了数控机床，要选择适合该机床加工的零件。

① 机床的选择。数控车床适合加工形状比较复杂的轴类零件和由复杂曲线回转形成的模具内型腔；立式数控铣床适合加工平面凸轮、样板、形状复杂的平面或立体零件，以及模具的内、外型腔等；卧式数控铣床适合加工箱体、泵体、壳体类零件；多坐标轴联动的加工中心则可以用于加工各种复杂的叶轮、模具等。

② 粗、精加工的选择。只经过粗加工的表面，尺寸精度可达 IT14～IT12，表面粗糙度(或 Ra 值)可达 12.5～50 μm。经粗、精加工的表面，尺寸精度可达 IT9～IT7，表面粗糙度 Ra 值可达 1.6～3.2 μm。

③ 孔加工方法的选择。孔加工的方法比较多，有钻孔、扩孔、铰孔和镗孔等。大直径的孔还可采用圆弧插补方式进行铣削加工。对于直径大于 ϕ30 mm，且已铸出或锻出毛坯孔的孔加工，一般采用粗镗→半精镗→孔口倒角→精镗的加工方案。大直径的孔可采用立铣刀粗铣→精铣的加工方案。对于直径小于 ϕ30 mm 的无毛坯孔的孔加工，通常采用锪平端面→打中心孔→钻→扩→孔口倒角→铰加工方案。有同轴度要求的小孔，通常采用锪平端面→打中心孔→钻→半精镗→孔口倒角→精镗(或铰) 加工方案。为提高孔的位置精度，在钻孔工步前推荐安排锪平端面和打中心孔工步。孔口倒角安排在半精加工之后、精加工之前，以防孔内产生毛刺。

④ 螺纹的加工。在数控机床上车螺纹时，沿螺距方向的 Z 向进给应和机床主轴的旋

转保持严格的速比关系，因此应避免在进给机构加速或减速过程中进行切削。为此要有引入距离 δ_1 和超越距离 δ_2。如图 8.20 所示，δ_1 和 δ_2 的数值与机床拖动系统的动态特性有关，与螺纹的螺距和螺纹的精度有关，一般为 2～5 mm，对大螺距和高精度的螺纹取大值。若螺纹收尾处没有退刀槽时，收尾处的形状与数控系统有关，一般按 45°退刀收尾。

铣削平面零件时，一般采用立铣刀侧刃进行切削。为减少接刀痕迹，保证零件表面质量，对刀具的切入和切出程序需要精心设计。如图 8.21 所示，铣削外表面轮廓时，铣刀应沿零件轮廓曲线的延长线上切向切入和切出零件表面，而不应沿法向直接切入零件，以避免加工表面产生划痕，保证零件轮廓光滑。铣削内轮廓表面时，切入和切出无法外延，这时铣刀可沿零件轮廓的法线方向切入和切出，并将其切入、切出点选在零件轮廓两几何元素的交点处。图 8.22 所示为加工凹槽的三种加工路线。图 8.22(a) 和图 8.22(b) 分别为用行切法和环切法加工凹槽的走刀路线；图 8.22(c) 为先用行切法最后环切一刀光整轮廓表面。三种方案中，图 8.22(a) 方案最差，图 8.22(c) 方案最好。在轮廓铣削过程中要避免进给停顿，否则会因铣削力的突然变化，在停顿处轮廓表面上留下刀痕。

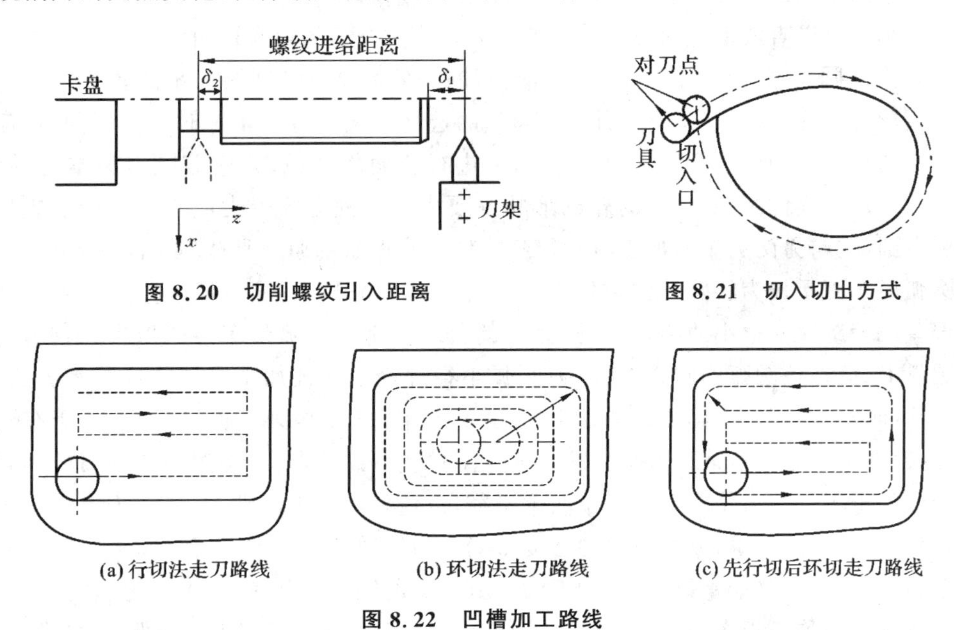

图 8.20 切削螺纹引入距离

图 8.21 切入切出方式

(a) 行切法走刀路线

(b) 环切法走刀路线

(c) 先行切后环切走刀路线

图 8.22 凹槽加工路线

(4) 工件的定位、安装与夹具的选择。

工件定位、安装的基本原则：力求设计基准、工艺基准与编程计算的基准统一；尽量减少工件的装夹次数，尽可能在一次定位装夹后，加工出全部待加工表面；避免采用占机人工调整式加工方案，以充分发挥数控机床的效能。选择夹具的基本原则：当零件加工批量不大时，应尽量采用组合夹具、可调式夹具及其他通用夹具，以缩短生产准备时间，节省生产费用；成批生产时，采用专用夹具，力求结构简单；零件在夹具上的装卸要快速、方便、可靠，以缩短机床的停机时间；夹具上的各零部件应不妨碍机床对待加工零件各加工表面的加工，即夹具要开敞，其定位夹紧元件不能影响加工中的走刀(如不能产生碰撞等)。

除了使用通用三爪自定心卡盘、四爪卡盘，在大批量生产中便于自动控制的液压、电动及气动夹具外，数控车床加工中还有多种相应的夹具，主要分为两大类，即用于轴类工件的夹具和用于盘类工件的夹具。数控车床加工轴类工件时，坯件装夹在主轴顶尖和尾座顶尖之间,工件由主轴上的拨盘或拨齿顶尖带动旋转。这类夹具在粗车时可以传递足够大的转矩,以适应主轴高速旋转车削。用于轴类工件的夹具有自动夹紧拨动卡盘、拨齿顶尖、三爪拨动卡盘和快速可调万能卡盘等。车削空心轴时,常用圆柱心轴、圆锥心轴或各种锥套轴或堵头作为定位装置。盘类工件的夹具适用在无尾座的卡盘式数控车床上。用于盘类工件的夹具主要有可调卡爪式卡盘和快速可调卡盘等。

数控铣床上的夹具一般安装在工作台上,其形式根据被加工工件的特点可多种多样,如通用台虎钳、数控分度转台等。

(5) 刀具的选择。

与普通机床加工方法相比,数控加工对刀具提出了更高的要求,不仅要求刀具的刚性好、精度高,而且要求尺寸稳定,耐用度高,断屑和排屑性能好,同时还要求安装调整方便。数控机床上所选用的刀具常采用适应高速切削的刀具材料(如高速钢、超细粒度硬质合金)并使用可转位刀片。刀具、辅具的选择原则:质量第一,价格第二。

数控车削常用的车刀一般分尖形车刀、圆弧形车刀以及成形车刀三类。

尖形车刀是以直线形切削刃为特征的车刀。这类车刀的刀尖由直线形的主副切削刃构成,如90°内外圆车刀、左右端面车刀、切槽(切断)车刀及刀尖倒棱很小的各种外圆和内孔车刀。尖形车刀几何参数(主要是几何角度)的选择方法与普通车削时基本相同,但应结合数控加工的特点(如加工路线、加工干涉等)进行全面的考虑,并应兼顾刀尖本身的强度。用这类车刀加工零件时,其零件的轮廓形状主要由一个独立的刀尖或一条直线形主切削刃位移后得到,它与另两类车刀加工时所得到零件轮廓形状的原理是截然不同的。

圆弧形车刀是较为特殊的数控加工用车刀。其特征是,构成主切削刃的刀刃形状为一圆度误差或轮廓误差很小的圆弧;该圆弧上的每一点都是圆弧形车刀的刀尖,因此,刀位点不在圆弧上,而在该圆弧的圆心上;车刀圆弧半径理论上与被加工零件的形状无关,并可按需要灵活确定或经测定后确认。圆弧形车刀可以用于车削内外表面,特别适用于车削各种光滑连接(凹形)的成形面。选择车刀圆弧半径时应考虑两点:一是车刀切削刃的圆弧半径应小于或等于零件凹形轮廓上的最小曲率半径,以免发生加工干涉;二是车刀圆弧半径不宜太小,否则不但制造困难,还会因刀尖强度太弱或刀体散热能力差而导致车刀损坏。当某些尖形车刀或成形车刀(如螺纹车刀)的刀尖具有一定的圆弧形状时,也可作为这类车刀使用。

成形车刀俗称样板车刀,其加工零件的轮廓形状完全由车刀刀刃的形状和尺寸决定。数控车削加工中,常见的成形车刀有小半径圆弧车刀、非矩形车槽刀和螺纹车刀等。在数控加工中,应尽量少用或不用成形车刀,当确有必要选用时,则应在工艺文件或加工程序单上详细说明。

铣削用刀具及其选择:数控加工中,铣削平面零件及其内外轮廓时常用平底立铣刀,该刀具有关参数的经验数据如下:铣刀半径R_D应小于零件内轮廓面的最小曲率半径R_{min},一般取$R_D=(0.8\sim0.9)R_{min}$;零件的加工高度$H\leqslant(1/4\sim1/6)R_D$,以保证刀具有足够的刚度。用平底立铣刀铣削内槽底部时,由于槽底两次走刀需要搭接,而刀具底刃起作用的半径为$R_e=R-r$,即每次切槽的直径为$d=2R_e=2(R-r)$,故编程时应取刀具半径为$R_e=0.95(R-r)$,以避免两次走刀之间出现过高的刀痕。对于一些立体型面和变斜角轮廓外形的加工,常用球形铣刀、环形铣刀、鼓形铣刀、锥形铣刀和盘铣刀。

目前,数控机床上大多使用系列化、标准化刀具,对可转位机夹外圆车刀、端面车刀等的刀柄和刀头都有国家标准及系列化型号；对于加工中心及有自动换刀装置的机床，刀具的刀柄都已有系列化和标准化的规定。

标准化数控加工刀具从结构上可分为整体式和镶嵌式。镶嵌式又可分为焊接式和机夹式。机夹式根据刀体结构不同，又分为可转位和不转位两种。标准化数控加工刀具从制造所采用的材料上可分为高速钢刀具、硬质合金刀具、陶瓷刀具、立方氮化硼刀具、金刚石刀具和涂层刀具等。

(6) 对刀点与换刀点的确定。

在进行数控加工编程时，往往是将整个刀具视为一个点，这就是“刀位点”，它是在加工上用于表现刀具位置的参照点。一般来说，立铣刀、端铣刀的刀位点是刀具轴线与刀具底面的交点。球头铣刀的刀位点为球心，镗刀、车刀的刀位点为刀尖或刀尖圆弧中心，钻头的刀位点是钻尖或钻头底面中心。对刀操作就是要测定出在程序起点处刀具刀位点相对于机床原点以及工件原点的坐标位置，即确定对刀点(也称起刀点)。

正确选择“对刀点”的原则是刀具起点应尽量选在零件的设计基准或工艺基准上。如孔定位，将孔中心作为对刀点，以提高零件的加工精度。对刀点应选在便于观察、检测且对刀方便的位置上；对于建立了绝对坐标系的数控机床，对刀点最好选在该坐标系的原点或选在已知坐标值的点上，便于坐标值的计算，对刀误差通过试切加工的结果进行调整。

换刀点是加工中心、数控车床等多刀加工机床上设置的，指加工过程中需要换刀时刀具与工件的相对位置点。往往设在工件的外部，离工件有一定的换刀安全距离，以能顺利换刀，不碰撞工件和其他部件。铣床上，常以机床参考点为换刀点；加工中心上，以换刀机械手的固定位置点为换刀点；车床上，则以刀架远离工件的行程极限点为换刀点。

(7) 切削用量的选择。

数控编程时，编程人员必须确定每道工序的切削用量，并以指令的形式写入程序中。切削用量包括切削速度、背吃刀量及进给速度等。对于不同的加工方法，需要选用不同的切削用量。切削用量的选择原则：粗加工时，以提高生产率为主，也应考虑经济性和加工成本；半精加工和精加工时，在保证加工质量的前提下，兼顾切削效率、经济性和加工成本。具体数值应根据机床说明书、切削用量手册，并结合经验而定。从刀具的耐用度出发，切削用量的选择顺序是：先确定背吃刀量，其次确定进给量，最后确定切削速度。切削用量的选择主要包括背吃刀量、主轴转速及进给速度等，对粗、精加工，钻、铰、镗孔与攻螺纹等不同切削用量都应编入加工程序。

背吃刀量由机床、工件和刀具的刚度来决定，在刚度允许的条件下，尽可能使背吃刀量等于工件的加工余量，减少走刀次数，提高生产效率。确定背吃刀量的原则：工件表面粗糙度值 $Ra=12.5\sim25$ μm 时，如果加工余量小于 5～6 mm，粗加工一次进给就可以达到要求。但在余量较大，工艺系统刚性较差或机床动力不足时，应分多次进给完成；工件表面粗糙度值 $Ra=3.2\sim12.5$ μm 时，分粗加工和半精加工两步进行，粗加工时的背吃刀量选取同前。粗加工后留 0.5～1.0 mm 的余量，在半精加工时切除；工件表面粗糙度值要求 $Ra=0.8\sim3.2$ μm 时，分粗加工、半精加工、精加工三步进行，半精加工时的背吃刀量取 1.5～2 mm。精加工时背吃刀量取 0.3～0.5 mm。

进给量主要根据零件的加工精度和表面粗糙度要求及刀具、工件的材料选取。最大进给速度受机床刚度和进给系统的性能限制。当工件的质量要求能够得到保证时，为提高生产效率,可选择较高的进给速度,可在100～200 m/min范围内选取。切断、加工深孔或用高速钢刀具加工时,宜选择较低的进给速度,在20～50 m/min范围内选取。加工精度、表面粗糙度要求高时,进给速度应选小些,在20～50 m/min范围内选取。刀具空行程时,特别是远距离“回零”时,可选择该机床数控系统设定的最高进给速度。主轴转速根据允许的切削速度和工件(或刀具)直径来选择。其计算公式为

$$n=\frac{1000v}{\pi D} \tag{8-18}$$

式中:v——切削速度(m/min),由刀具的耐用度决定;

n——主轴转速(r/min);

D——工件直径或刀具直径(mm)。

计算主轴转速n时,要根据机床说明书选取机床已有的或较接近的转速。数控车削切削条件参考表如表8.5所示。数控铣削刀具材料与许用最高切削速度参考表如表8.6所示。

表8.5 数控车削切削条件参考表 单位:m/min

被切削材料名称		轻切削	一般切削	重切削
		背吃刀量0.5～1.0 mm 进给量0.05～0.3 mm/r	背吃刀量1～4 mm 进给量0.2～0.5 mm/r	背吃刀量5～15 mm 进给量0.4～0.8 mm/r
优质碳素结构钢	10#	100～250	150～250	80～220
	45#	60～230	70～220	80～180
合金钢		100～220	100～230	70～220
		70～220	80～220	80～200

表8.6 数控铣削刀具材料与许用最高切削速度参考表 单位:m/min

序号	刀具材料	类别	主要化学成分	最高切削速度
1	碳素工具钢		Fe	
2	高速钢	钨系 铝系	18W+4Cr+1V+(CO) 7W+5Mo+4Cr+1V	50
3	超硬工具	P种(钢用) M种(铸钢用) K种(铸铁用)	WC+CO+TiC+(TaC) WC+CO+TiC+(TaC) WC+CO	150
4	涂镀刀具 (COATING)		超硬母材料镀Ti TiNi103 A203	250
5	瓷金 (CERMET)	TiCN+NbC系 NbC系 TiN系	TiCN+NbC+CO NbC+CO TiN+CO	300

总之,切削用量的具体数值应根据机床性能、相关的手册并结合实际经验用类比方法确

定。应使主轴转速、切削深度及进给速度三者能相互适应,以形成最佳切削用量。

(8) 加工方案的确定。

确定加工方案时,根据主要表面的尺寸精度和表面粗糙度的要求,初步确定为达到这些要求所需要的加工方法,即精加工的方法,再确定从毛坯到最终成形的加工方案。通常对一个零件进行加工有多种加工方案,在确定加工方案时,要进行分析比较,从中选出比较好的加工方案。

(9) 根据数控加工工艺,填写数控加工工艺卡片。

为了使零件在加工过程中能及时检验,也为了使零件的加工能有序进行,对于每个加工零件,在确定了数控加工方案之后,要制订详细的数控加工工艺,并且要填写数控加工工艺卡片,作为零件在加工过程中的工艺文件。

8.5 装配工艺规程设计

一、机器的装配工艺过程

装配就是把加工好的零件按一定的顺序和技术要求连接到一起,组成一部完整的机器(或产品),它必须可靠地实现机器(或产品)设计的功能。机器的装配工作,一般包括装配、调整、检验、试车等。它既是制造机器所必需的最后阶段,也是对机器的设计思想、零件的加工质量和机器装配质量的总检验。通常将机器分成若干个独立的装配单元。装配单元通常可划分为五个等级,即零件、套件、组件、部件和机器。

(1) 零件。零件是组成机器的最小单元,它是由整块金属或其他材料制成的。零件直接装入机器的不多。一般都预先装成套件、组件或部件才进入总装。

(2) 套件。在一个基准零件上,装上一个或若干个零件就构成了一个套件,它是最小的装配单元。每个套件只有一个基准零件,这个基准零件的作用是连接相关零件和确定各零件的相对位置。为形成套件而进行的装配工作称为套装。套件可以是若干个零件永久性地连接(焊接或铆接等)或是连接在一个“基准零件”上的少数零件的组合。套件组合后,有的可能还需要加工。

(3) 组件。在一个基准零件上,装上一个或若干个套件和零件就构成一个组件。每个组件只有一个基准零件,这个基准零件连接相关零件和套件,并确定它们的相对位置。为形成组件而进行的装配工作称为组装。如机床主轴箱中的主轴,在基准轴件上装上齿轮、套、垫片、键及轴承的组合件称为组件。组件与套件的区别在于,组件在以后的装配中可拆,而套件在以后的装配中一般不再拆开,可作为一个零件参加装配。

(4) 部件。在一个基准零件上,装上若干个组件、套件和零件就构成部件。同样,一个部件只能有一个基准零件,由这个基准零件来连接各个组件、套件和零件,决定它们之间的相对位置。为形成部件而进行的装配工作称为部装。部件在机器中能完成一定的、完整的功用。例如车床的主轴箱装配就是部件装配。

(5) 机器。在一个基准零件上,装上若干个部件、组件、套件和零件就成为机器,或称为产品。一台机器只能有一个基准零件。把零件和部件装配成最终产品的过程,称为总装。如卧式车床就是以床身为基准零件,装上主轴箱、进给箱、溜板箱等部件及其他组件、套件、零件所组成的机器。又如一台曲轴磨床就是由主轴箱、进给箱、溜板箱等部件和若干组件、套件、零件所组成的机器,而床身就是基准零件。

二、装配工艺的特点与组织形式

机器装配根据生产批量大致可分为三种类型:大批大量生产、成批生产和单件小批生产。生产类型与装配工作的联系的组织形式、装配工艺方法、工艺过程、工艺装备、手工操作要求等方面的联系如表 8.7 所示。

表 8.7　各种生产类型装配工作的特点

生产类型		大批大量生产	成批生产	单件小批生产
基本特性		产品固定,生产活动长期重复,生产周期一般较短	产品在系列化范围内变动,分批交替投产或多品种同时投产,生产活动在一定时期内重复	产品经常变换,不定期重复生产,生产周期一般较长
装配工作特点	组织形式	多采用流水装配线,有连续移动、间歇移动及可变节奏等移动方式,还可采用自动装配机或自动装配线	笨重、批量不大的产品多采用固定流水装配,批量较大时采用流水装配,多品种平行投产时可变节奏流水装配	多采用固定装配或固定式流水装配进行总装,同时对批量较大的部件亦可采用流水装配
	装配工艺方法	按互换法装配,允许有少量简单的调整,精密偶件成对供应或分组供应装配,无任何修配工作	主要采用互换法,但可灵活运用其他保证装配精度的装配工艺方法,如调整法、修配法及合并法,以节约加工费用	以修配法及调整法为主,互换件比例较小
	工艺过程	工艺过程划分很细,力求达到高度的均衡性	工艺过程的划分必须与批量的大小相适应,尽量使生产均衡	一般不制订详细的工艺文件,工序可适当调度,工艺也可灵活掌握
	工艺装备	专业化程度高,宜采用专用高效的工艺装备,易于实现机械化、自动化	通用设备较多,但也采用一定数量的专用工、夹、量具,以保证装配质量和提高工效	一般为通用设备及通用工、夹、量具
	手工操作要求	手工操作比重小,熟练程度容易提高,便于培养新工人	手工操作比重较大,技术水平要求较高	手工操作比重大,要求工人有高的技术水平和多方面工艺知识
应用实例		汽车,拖拉机,内燃机,滚动轴承,手表,缝纫机,电气开关	机床,机车车辆,中小型锅炉,矿山采掘机械	重型机床,重型机器,汽轮机,大型内燃机,大型锅炉

三、装配工艺规程设计

将装配工艺过程用文件形式规定下来就是装配工艺规程。它是指导装配工作的技术文件,也是进行装配生产计划及技术准备的主要依据。从广义上讲,机器及其部件、组件装配图,尺寸链分析图,各种装配夹具的应用图,检验方法图及其说明,零件机械加工技术要求一览表,各个“装配单元”及整台机器的运转、试验规程及其所用设备图,以及装配周期表等,均属于装配工艺范围内的文件。装配工艺规程对保证装配质量、提高装配生产效率、缩短装配周期、减轻工人劳动强度、缩小装配占地面积、降低生产成本等都有重要的影响。它取决于装配工艺规程的合理性。

1. 制订机器装配工艺规程的原则

制订机器装配工艺规程的原则有以下几点。

(1) 保证产品装配质量,并力求提高装配质量,以延长产品的使用寿命。

(2) 合理安排装配工序,尽量减少钳工装配工作量。

(3) 提高装配工作效率,缩短装配周期。

(4) 尽可能减少车间的作业面积,力争单位面积上具有最大生产率。

2. 制订机器装配工艺规程的原始资料

制订机器装配工艺规程的原始资料有:①产品的装配图及验收技术标准;②产品的生产纲领;③生产条件。

3. 装配工艺规程的内容

分析产品图样,确定装配组织形式,划分装配单元,确定装配方法,拟订装配顺序,划分装配工序,编制装配工艺系统图和装配工艺规程卡片,计算装配时间定额,选择和设计装配过程中所需要的工具、夹具和设备,规定总装配和部件装配的技术条件、检查方法和检查工具,确定合理的运输方法和运输工具,确定装配时间定额。

4. 装配工艺规程的设计步骤

(1) 进行产品分析。研究产品的装配图及验收技术条件,分析产品图样,掌握装配的技术要求和验收标准,对产品的结构进行尺寸分析和工艺分析。结合产品的结构特点和生产批量,确保达到装配精度的装配方法,研究产品分解成“装配单元”的方案,以便组织平行、流水作业。确定装配的组织形式,装配的组织形式分固定式和移动式两种。装配的组织形式确定以后,装配方式、工作点的布置、工序的分散与集中及每道工序的具体内容也应根据装配的组织形式而确定。固定式装配工序集中,移动式装配工序分散。

(2) 拟订装配工艺过程。确定装配工作的具体内容。根据产品的结构和装配精度的要求可以确定各装配工序的具体内容和装配工艺方法及设备。选择合适的装配方法及所需的设备、工具、夹具和量具等。当车间没有现成的设备、工具、夹具、量具时,还得提出设计任务书。所用的工艺参数可参照经验数据或计算确定。划分装配单元,确定装配顺序。装配各级装配单元时,先要确定一个基准零件进入装配,然后安排其他零件、组件或部件进入装配。如车床装配时,床身是一个基准零件,先进入总装,其他的装配单元再依次进入。安排装配顺序的一般原则为:先下后上,先内后外,先难后易、先重大后轻小,先精密后一般。工时定额及工人的技术等级是按装配工作标准时间来确定的。装配工作的时间定额包括基本时间和辅助时间，即工序时间和工作地点服务时间(工作地点服务时间即工人所需的间歇时间，一般按工序时间的百分数来计算)。目前装配的工时定额大都根据实践经验估计，工人的技术等级并不作严格规定。但必须安排有经验的、技术熟练的工人在关键的装配岗位上操作，以把好质量关。

(3) 编写装配工艺文件。装配工艺规程中的装配工艺过程卡片和装配工序卡片的编写方法与机械加工的工艺过程卡片和工序卡片的基本相同。在单件小批生产中，一般只编写工艺过程卡片，对关键工序才编写工序卡片。在生产批量较大时，除编写装配工艺过程卡片外还需编写详细的装配工序卡片及装配工艺守则。

(4) 装配元件系统图。在装配工艺规程设计中，划分装配工序时常采用绘制装配元件系统图的方法。装配元件系统图是用图解法说明产品零件和部件的装配程序，以及各装配单元的组成零件。在设计装配车间时，可以根据它来组织装配单元的平行装配，并可合理地按照装配顺序布置工作地点，将装配过程的运输工作减至最少。

四、保证机器装配精度的工艺方法

1. 装配精度的概念

产品的装配精度一般包括尺寸精度、相关零部件的距离精度和配合精度。例如，轴和孔的配合间隙或配合过盈的变化范围，它影响配合性质和配合质量。

(1) 位置精度。包括相关零、部件间的同轴度、平行度、垂直度和各种跳动等。

(2) 相对运动精度。零、部件间的相对运动精度是指有相对运动的零、部件间在运动方向和运动位置上的精度，运动方向上的精度如车床溜板移动在水平面内的直线度、溜板移动轨迹对主轴回转中心的平行度等。运动位置上的精度，如滚齿机滚刀主轴与工作台的相对运动精度等。

(3) 接触精度。接触精度常以接触面积大小及接触点的分布来衡量。零、部件间的接触精度影响接触刚度和配合质量的稳定性。如锥体配合、齿轮啮合和导轨面之间均有接触精度要求。

一般来说，机器和部件的装配精度与其相关的若干个零、部件的加工精度有关。如果零件的加工精度低于规定的精度要求，即使采用合理的装配方案，也可能无法使产品满足装配精度要求，所以应当合理地规定和控制这些相关零件的加工精度。当遇到有些要求较高的装配精度时，靠很高的相关零件的加工精度来保证比较困难。通常的做法是，按经济精度来加工相关零、部件，而在装配时则采取一定的工艺措施(如选择、修配或调整等措施)来保证装配精度。

2. 装配精度与零件精度的关系

各种机器或部件都是由许多零件有条件地装配在一起的。各个相关零件的误差累积起来，就反映到装配精度上。因此，机器的装配精度受零件特别是关键零件的加工精度影响很大。

3. 装配尺寸链的基本概念

机器是由许多零件装配而成的，这些零件加工误差的累积将影响装配精度。在分析具有累积误差的装配精度时，首先应找出影响这项精度的相关零件，并分析其具体影响因素，然后确定各相关零件具体影响因素的加工精度。可将有关影响因素按照一定的顺序一个个地连接起来，形成封闭链，此封闭链即为装配尺寸链。装配尺寸链的封闭环就是装配所要保证的装配精度或技术要求。装配精度（封闭环）是零、部件装配后才最后形成的尺寸或位置关系。在装配关系中，对装配精度有直接影响的零、部件的尺寸和位置关系，都是装配尺寸链的组成环。如同工艺尺寸链一样，装配尺寸链的组成环也分为增环和减环。装配尺寸链按各环的几何特征和所处空间位置不同分为以下四类。

(1) 直线尺寸链：由长度尺寸组成，且各尺寸彼此平行。

(2) 角度尺寸链：由角度、平行度、垂直度等构成。

(3) 平面尺寸链：由构成一定角度关系的长度尺寸及相应的角度尺寸（或角度关系）构成，且它们处于同一或彼此平行的平面内。

(4) 空间尺寸链：由位于空间相交平面的直线尺寸和角度尺寸（或角度关系）构成。

在装配尺寸链中，装配精度是封闭环，相关零件的设计尺寸是组成环。如何查找对某装配精度有影响的相关零件，进而选择合理的装配方法和确定这些零件的加工精度，是建立装配尺寸链和求解装配尺寸链的关键。

4. 装配尺寸链分析

1) 装配尺寸链的组成和查找方法

根据装配精度要求确定封闭环，再取封闭环两端的任一个零件为起点，沿装配精度要求的位置方向，以装配基准面为查找的线索，分别找出影响装配精度要求的相关零件（组成环），直至找到同一基准零件，甚至是同一基准表面为止。这样，所有有关零件上直接连接两个装配基准面间的位置尺寸或位置关系，便是装配尺寸链的全部组成环。装配尺寸链也可从封闭环的一端开始，依次查找相关零、部件直至封闭环的另一端，还可以从共同的基准面或零件开始，分别查到封闭环的两端。

2) 查找装配尺寸链应注意的问题

机械产品的结构通常都比较复杂，对装配精度有影响的因素很多，查找尺寸链时，在保证装配精度的前提下，可以不考虑那些影响较小的因素，使装配尺寸链适当简化。在装配精度既定的条件下，组成环数越少，则各组成环所分配到的公差值就越大，零件加工越容易、越经济。在查找装配尺寸链时，每个相关的零、部件只应有一个尺寸作为组成环列入装配尺寸链，即将连接两个装配基准面间的位置尺寸直接标注在零件图上。这样组成环的数目就等于有关零、部件的数目，即一件一环，这就是装配尺寸链的最短路线（环数最少）原则。在同一装配结构中，在不同位置方向上都有装配精度的要求时，应按不同方向分别建立装配尺寸链。

5. 装配尺寸链的计算方法

装配方法与装配尺寸链的计算方法密切相关。同一项装配精度，采用不同的装配方法时，其装配尺寸链的计算方法也不相同。装配尺寸链的计算可分为正计算和反计算。正计算用于对已设计的图纸进行校核验算；反计算主要用于产品设计过程之中。通常，在实际生产中可以按经济加工精度加工零件，以降低零件的加工成本，而在装配时需要采取一定的工艺措施,例如采取选择、修配、调整等方法以保证装配精度。虽然装配的劳动量和成本提高了,但就整个产品来看,比增加机械加工的劳动量和成本更经济。

1) 互换装配法

互换装配法是在装配过程中,零件互换后仍能达到装配精度要求的装配方法。其实质是通过控制零件的加工误差来保证产品的装配精度。根据互换程度的不同,互换法分为完全互换装配法和大数互换装配法(又称概率互换法)。

(1) 完全互换装配法。在装配时,对参加装配的零件,直接按其加工所得的尺寸进行装配,不经过任何选择、修配或调整就能达到装配精度的要求。

在设计装配体时,常遇到外购件或标准件,它们的尺寸和偏差都是已知的(例如:滚动轴承的外径、内径和宽度的尺寸及偏差都已由轴承厂决定了),在装配尺寸链计算中,只要确定它们是增环还是减环,然后把它们已知的尺寸代入尺寸链中进行计算即可。如果遇到并联尺寸链,它们的公共环在计算第一个尺寸链时是未知量,在计算第二个尺寸链时就应按已知量进行处理。

采用完全互换装配法时,装配尺寸链采用极值法计算。即尺寸链各组成环公差之和应小于封闭环公差(即装配精度要求):

$$\sum_{i=1}^{n-1} T_i \leqslant T_0 \tag{8-19}$$

式中:T_0——封闭环公差;

T_i——第 i 个组成环公差;

n——尺寸链总环数。

进行装配尺寸链正计算,即已知组成环(相关零件)的公差,求封闭环的公差,可以校核按照给定的相关零件的公差进行完全互换式装配是否能满足相应的装配精度要求。进行装配尺寸链反计算时,即已知封闭环(装配精度)的公差 T_0,来分配各相关零件(各组成环)的公差 T_i时,可以按照等公差法或相同精度等级法来进行(常用的方法是等公差法)。等公差法是按各组成环公差相等的原则分配封闭环公差的方法,即假设各组成环公差相等,求出组成环平均公差:

$$\overline{T}=\frac{T_0}{n-1} \tag{8-20}$$

式中:T_0——封闭环公差;

n——尺寸链总环数。

然后根据各组成环尺寸大小和加工难易程度,将其公差适当调整。但调整后的各组成环公差之和仍不得大于封闭环公差。

调整参照原则:当组成环是标准件尺寸(如轴承环或弹性挡圈的厚度等)时,其公差值和分布位置在相应的标准中已有规定,为已定值。当组成环是几个尺寸链的公共环时,其公差值和分布位置应由对其要求最严的那个尺寸链先行确定。而对其余尺寸链来说,该环尺寸为已定值。当分配待定的组成环公差时,一般可按经验视各环尺寸加工难易程度加以分配。如尺寸相近、加工方法相同的取其公差值相等,对难加工或难测量的组成环,其公差可取较大值等。

在确定各组成环极限偏差时,一般可按入体原则确定,即对相当于轴的被包容尺寸,按基轴制(h)决定其下极限偏差，对相当于孔的包容尺寸，按基孔制(H)决定其上极限偏差，而对孔中心距尺寸，按对称偏差即$\pm T_i/2$选取。

必须指出，应使组成环尺寸的公差值和分布位置符合相关国家标准的规定，以便于组织生产。例如，可以利用标准极限量规(卡规、塞规等)来测量尺寸。

完全互换装配法的特点：装配质量稳定可靠，装配过程简单，生产率高，易于实现装配机械化、自动化，便于组织流水作业和零、部件的协作与专业化生产，有利于产品的维护和各零、部件的更换。这种装配方法常用于高精度少环尺寸链或低精度多环尺寸链的大批大量生产装配中。采用完全互换装配法进行装配，可使装配过程简单，生产率高，易实现流水装配作业，便于组织协作生产，便于维修中更换零件，但当装配精度要求较高、装配体中组成环数较多时，会使零件尺寸公差过小，造成加工困难。对于这种情况，就要考虑采用其他装配方法。

(2) 大数互换装配法。其实质是放宽尺寸链各组成环的公差，以利于零件的经济加工。其装配特点与完全互换装配法相同，但由于零件所规定的公差要比完全互换装配法所规定的大，会有极少可能使封闭环的公差超出规定的范围，从而产生极少量的不合格产品。

大数互换装配法是以概率论为理论根据的。在正常生产条件下加工零件时，零件获得极限尺寸的可能性是较小的，大多数零件的尺寸处于公差带范围的中间部分。而在装配时，各零、部件的误差恰好都处于极限尺寸的情况更为少见。因此，在尺寸链环数较多，封闭环精度又要求较高时，使用大数互换装配法计算更为合理。

用大数互换装配法求解装配尺寸链的基本问题是合理确定各组成环的公差问题。若采用等公差分配原则，可求出组成环的平均公差为

$$\overline{T} = \frac{T_0}{\sqrt{\sum_{i=1}^{n-1} K_i^2}} \tag{8-21}$$

式中：T_0——封闭环公差；

n——尺寸链总环数；

K_i——尺寸链中各组成环的公差单位。

当封闭环公差一定时，用大数互换装配法可以扩大各组成环公差，从而降低加工费用。

2) 选择装配法

选择装配法是将尺寸链中组成环的公差放大到经济可行的程度，使零件可以比较经济地加工，然后选择合适的零件进行装配，以保证装配精度。这种方法可以分为以下几种。

(1) 直接选配法。从配对的零件群中，选择两个符合规定要求的零件进行装配。这种方法劳动量大，与工人的技术水平和测量方法有关。直接选择装配法的优点是能达到很高的装配精度，缺点是装配精度依赖于装配工人的技术水平和经验、装配的时间不易控制，因此不宜用于生产节拍要求较严的大批大量生产中。

(2)分组装配法。分组装配可以降低对组成环的加工精度要求，而不降低装配精度，但却增加了测量、分组和配套工作。分组装配法适用于成批或大量生产中装配精度要求较高、尺寸链组成环很少的情况。

① 分组互换。将装配的零件按公差预先进行分组，同一组号的零件便可按互换的原则

装配。这是生产中常用的方法,分组越多,则所获得的装配质量越高。

② 分组选配。分组后再成对选配零件,它可比分组互换法获得更高的质量。

③ 分组选配后研配。对特别精密的装配(如圆柱面或圆锥面的配合要求密封性),在进行分组选配后,往往还采用装配接触表面相互研磨的方法,以保证密合。

(3) 复合选择法。其特点是配合件公差可以不相等,装配速度较快,能满足一定的生产节拍要求。如发动机气缸与活塞的装配多采用这种方法。

3) 修配装配法

修配装配法是用钳工或机械加工的方法修整产品某个有关零件的尺寸以获得规定装配精度的方法。这样产品中其他有关零件就可以按照经济加工精度进行制造。这种方法常用于产品结构比较复杂(或尺寸链环数较多)、产品精度要求高以及单件和小批生产等情况。用修配装配法进行装配,装配工作复杂,劳动量大。产品装配以后,先要测量产品的装配精度,如果不合格,就要拆开产品,对某一零件进行修整,然后重新装配,再进行检验,直到满足规定的精度为止。

修配装配法作为解尺寸链的一种方法来说,就是修配尺寸链中某一预定组成环的尺寸,使封闭环达到规定的精度。通常所选择的修配件应是容易进行修配加工并且对其他尺寸链没有影响的零件。计算尺寸链决定修配环的实际尺寸时,要保证修配时有足够的而且是最小的修配量。修配环在修配时对封闭环尺寸变化的影响不外乎两种情况,即使封闭环尺寸变小和使封闭环尺寸变大。

采用修配装配法时,尺寸链中各尺寸均按经济加工精度加工。在装配时,累积在封闭环上的总误差必然超出其公差。为了达到规定的装配精度,必须对尺寸链中指定的组成环零件进行修配,以补偿超差部分的误差。这个组成环称为修配环,也称为补偿环。采用修配装配法装配时,首先应正确选定补偿环。作为补偿环的零件应满足以下要求:①易于修配并且装卸方便,不是公共环,即作为补偿环的零件应当只与一项装配精度有关,而与其他装配精度无关,否则修配后,保证了一个尺寸链的装配精度,但又破坏了另一个尺寸链的装配精度。②不要求进行表面处理的零件,以免修配后破坏表面处理层。当补偿环选定后,装配尺寸链的主要问题是确定补偿环的尺寸和验算修配量是否合适。其计算方法一般采用极值法。

修配装配法包括以下几种。

(1) 单件修配法。单件修配是指选择某一固定的零件作为修配件(即补偿环),装配时对该零件进行补充加工从而改变其尺寸,以保证装配精度的要求。如车床尾架底板的修配是为保证前后顶尖的等高度,又如平键的修配是为保证其与键槽的配合间隙。

(2) 套件加工修配法。将两个或更多的零件套装在一起后再进行加工修配,套装后的尺寸可以视为一个组成环,这就减少了装配尺寸链的环数,并且减少了修配的劳动量。

(3) 自身加工修配法。在机床制造中,有一些装配要求,总装时用自己加工自己的方法,来满足装配精度比较方便。例如,在总装牛头刨床时,自刨工作台面,比较容易满足滑枕运动方向与工作台面平行度的要求。又比如,在六角车床装配中也采用自身加工修配法。因此自身加工修配法在机床制造中经常采用。

修配装配法的主要优点是既可放宽组成环的制造公差,又能保证装配精度,其缺点是增加了一道修配工序,对工人技术要求较高。

4) 调整装配法

对于精度要求高且组成环数又较多的产品和部件,在不能用互换装配法进行装配时,除了用选择装配法和修配装配法外,还可用调整装配法来保证装配精度。调整装配法是在装配时用改变产品中可调整零件的相对位置或选用合适的调整件以达到装配精度的方法。调整装配法与修配装配法的实质相同,但在改变补偿环尺寸的方法上,修配装配法采用补充加工的方法去除补偿件上的金属层,调整装配法则采用调整的方法改变补偿件的实际尺寸和位置,以补偿由于各组成环公差扩大后所产生的累积误差,从而保证装配精度要求。它的特点也是按经济加工精度确定零件的公差,由于每一个组成环的公差取得较大,就必然会使装配部件超差,为了保证装配精度,可改变一个零件的位置(可动调整法),或选定一个(或几个)适当尺寸的调整件(也称补偿件)加入尺寸链(固定调整法),来补偿影响。

常见的调整装配法有以下三种。

(1) 固定调整法。

在尺寸链中选定一个或加入一个零件作为调整件。作为调整环的零件是按一定尺寸间隙级别制成的一组专门零件,根据装配时的需要,选用其中的某一级别的零件来作补偿,从而保证所需要的装配精度。通常使用的调整件有垫圈、垫片、轴套等。采用固定调整法的关键是确定调整件的分级和各级调整件的尺寸大小。在批量大、精度高的装配中,可采用一定厚度的垫片与不同厚度的薄金属片组合的方法,构成不同尺寸,使调整工作更加方便。这种方法在汽车、拖拉机等生产中应用很广泛。

(2) 可动调整法。

通过移动或旋转来改变零件的位置,可较方便地达到装配精度。可动调整法不仅装配方便,并可获得比较高的装配精度,而且可通过调整件来补偿由于磨损、热变形所引起的误差,使产品恢复原有的精度,所以在实际生产中应用较广。

(3) 误差抵消调整法。

在机床装配中应用较多,如在组装机床主轴时,通过调整前后轴承径向跳动的方向,来控制主轴锥孔的径向跳动。如在滚齿机工作台分度蜗轮装配中,采用调整两者的偏心方向来抵消误差,以提高两者的同轴度。

一个产品(或部件)究竟采用哪一种装配方法来保证装配精度,应根据产品(或部件)的装配精度要求、产品(或部件)的结构特点、尺寸链的环数、生产批量及现场生产条件等因素,进行综合考虑,确定一种最佳的装配方案。装配方法应该在产品设计阶段就首先确定,才能通过尺寸链计算,合理地确定出各个零、部件在加工和装配中的技术要求。

选择装配方法的一般原则:首先应优先选择完全互换装配法,因为这种方法的装配工作简单、可靠、经济、生产率高,零、部件具有互换性,能满足产品(或部件)成批大量生产的要求;但是,当装配精度要求较高时,采用完全互换装配法装配,将会使零件的加工比较困难或很不经济,这时应该采用其他装配方法;在成批大量生产时,环数少的尺寸链可采用分组装配法,环数多的尺寸链采用大数互换装配法或调整装配法,单件成批生产时可采用修配装配法;若装配精度要求很高,不宜选择其他装配方法时,可采用修配装配法。

五、机器的自动装配

1. 实现装配自动化的目的和意义

机器装配工艺过程的自动化，是机器制造系统自动化的一个重要环节。通常，机器的装配作业比其他加工作业复杂。需要依靠人的感觉器官，来综合观察和检测零件与部件的机械加工质量及配套情况，然后根据装配的最终技术要求，运用人的智慧和装配知识来进行判断，做出决策，并采取适合各种情况的装配工艺措施，才能获得装配质量完好的机器。在现代的机器生产中，装配工作占用的手工劳动量大，装配费用高，装配的生产率低。据统计，机电产品的装配工作量，占整个产品制造工作量的20%～70%，装配的费用约占机器总成本的1/3～1/2。装配工人数占工人总数的比例则随着机械加工自动化程度的提高而增大，在一些机电产品的生产企业中，装配工人数甚至超过机械加工的工人数。即使在工业发达的国家，其装配工作的自动化程度也远远落后于毛坯制造及切削加工的自动化程度。所以，实现机器装配自动化，已成为提高整个机械制造系统的生产率、降低成本、稳定产品质量的关键环节。此外，从提高装配精度的一致性，摆脱简单装配和繁重的手工劳动，以及避免恶劣或危险的装配环境等方面来考虑，都需要不断提高装配自动化的程度。

2. 实现机器装配自动化的条件

实现自动装配的机械产品的结构和装配工艺应该保持一定的稳定性及先进性，采用的自动装配机或装配自动线应能确保机器的装配质量。所采用的装配工艺，既应保证容易实现自动化装配，又应保证自动装配的可靠性和稳定性。通常，应使装配过程按流水方式顺序进行，尽量减少装配和运输过程中零件及部件的翻转和升降，产品的生产量应与自动化装配系统的特性相适应。在采用相对固定的自动化装配系统时，生产纲领要足够大并保持稳定。而对于多品种、中小批生产的产品，其自动装配系统应具有较大的柔性。要求设计的机器产品及其零、部件具有良好的装配工艺性，以使自动装配容易实施。零、部件的装配工艺性要求包括：结构简单，形状规则，特别是装配基面和主要配合面形状应规则。参与装配的零、部件应能互换，并且便于运输和装入，易于自动定位和定向。零、部件的组装方向尽可能一致，以便从一个方向就能完成装配。尽量减少螺纹连接，多用粘接及焊接。

3. 机器装配自动化的基本内容

机器装配工艺过程自动化的基本内容包括装配过程中物流的自动化和装配过程中信息流的自动化。

装配过程中物流的自动化包括：装配的零、部件传送和给料的自动化，零件的定向和定位自动化，零件装配作业的自动化，装配前后零件和相配件配合尺寸精度的检验及选配自动化，产品质量的最终检验和试车自动化，产品的清洗、油漆、涂油和包装自动化，成品的运输和入库自动化。

装配过程中信息流的自动化主要包括：市场预测和订货要求与生产计划间信息数据的汇集、处理和传送自动化，外购件和加工好的零件的存取及自动仓库的配套发放等管理信息流自动化，自动装配机(线)与自动运输、自动装卸机及自动仓库工作协调的信息流自动化，装配过程中的监测、统计、检查和计划调度的信息流自动化。

4. 自动装配系统的设计原则

(1) 自动装配系统中各个分系统的设计，都应围绕着使整个装配系统能自动地按最佳状态运行，以圆满达到自动装配的目的。

(2) 设计的自动装配系统，应具有与生产规模相适应的柔性，以适应产品及装配工艺的改进。

(3) 使装配作业的基本操作能够可靠地实现自动化，并使自动化机构简单可靠。

(4) 自动装配过程尽量按单个零件逐个装入的顺序来安排。应避免装成多个组件再拼装的工艺。

(5) 对大批大量生产，装配自动线划分工序时，应力求同步。不得已时，应使不同步的工序时间互成整数倍关系，以便于平衡和协调自动装配的工作。

(6) 对中小批生产，其自动装配可以不受同步的限制。但应将自动装配系统或自动装配机设计成可编程序和可以自动更换工具的数控装配中心，或程序控制的可更换工具的装配中心，或通用的装配机器人系统。

(7) 为便于实现装配、定向和定位的自动化，必要时可以改变产品零部件的结构，并减少装配过程中零部件的位置变换。

(8) 尽量采用先进的装配工艺。如用点焊、粘接工艺代替螺纹连接及铆接工艺，用工序集中的可变装配工艺代替工序分散的不变装配工艺，来扩大中小批生产的装配灵活性及可变性。

(9) 合理安排装配过程中的自动检验工序，尽量使装配质量保持稳定，即在配合精度要求高的装配件和装配工序时，安排配合件尺寸精度的自动检验和自动选配工序。

(10) 把配合精度要求高的相配件中的一种零件，安排自动分组。装配时，根据对另一相配件配合尺寸精度自动检测的结果，来选择相应组的配合件，然后再进行自动装配。如滚动轴承的内外环与滚珠(柱)的自动装配，就是采用这种工艺。

5. 装配作业的自动化

1) 轴、孔类零件的自动装配

轴、孔类零件的装配，实质上是圆柱面配合的零件装配，包括轴与套(盘)类旋转体零件的装配，轴与箱体(壳体或板)类非旋转体零件的装配。为了保证轴能够自动地顺利装入孔中，要求轴和孔都能自动对中，不能有过多的偏移量，也不能有过大的偏倾角，否则不能实现自动装配。对轴与孔偏移量的要求是，要使轴与套筒顺利地实现自动装配，轴对孔的偏移量应小于轴、孔的最小配合间隙。如果采用套筒外径定位，还应计入定位误差。显然，选择精度高的定位基准面和定位元件、定位误差小的定位方法，对自动装配是至关重要的。为使轴孔装配时容易对中，可采用自寻中心的装入装置。当孔与轴的中心发生过大的偏斜量时，自动装配机会发生不能顺利装入的故障，严重时会损坏机器。因此，应把轴对孔的偏斜量控制在最小范围。在装配中，当定向不正而出现倾斜时，常引起轴在孔中发生两点接触的情况。总之，进行自动化装配时，为预先防止装入配合件时发生“卡住”及损坏零件的故障，不仅应保证轴、孔的尺寸在规定的公差范围内，并预先安排自动分类，而且要研究并满足自动装配的工艺条件，采取诸如轴、孔端部预先倒角等工艺措施，才可能顺利地实现轴、孔的自动装配。

2) 螺纹连接件的自动装配

(1) 将螺钉或螺母自动输送到装配位置,并且使其正确定向。螺钉及螺母的自动输送和定向方法与一般自动送料的原理相同。在自动装配线上,常采用振动式送料装置来完成上述工作。在半自动装配时,常采用弹仓式输料管送料,定向工作由人来完成。

(2) 使螺钉或螺母自动找正中心。螺钉与螺孔的自动找正作业,在原理和方法上都与轴、孔类零件的自动找正相同。由于螺钉及螺母上都有倒角,所以对二者的偏移量及偏斜量要求略低于轴、孔类零件。近几年来,国外研制成功装配用的机器人,能够利用视觉和触觉装置,在计算机控制下自动找正螺孔中心,然后自动拧入,可以实现螺钉与螺孔装配的完全自动化。但是,因投资很大,故一般仍然由人来找正。

(3) 将螺钉或螺母自动拧紧。自动拧紧作业分为:半自动拧紧装置和自动拧紧装置两大类。半自动拧紧装置只有机械动力扳手,供料工作由人来完成。根据驱动方式不同,可分为:①电动拧紧器(又称电动扳手);②气动拧紧器(又称气动扳手);③液压拧紧器。在使用或设计拧紧器时,应注意与自动供料装置的配合。自动拧紧装置由自动供料装置及机械动力扳手两部分组成。根据其结构不同可以分为两类:一类是拧紧器与供料装置分开的结构,其供料装置为专门的料斗式或弹仓式供料装置,一般布置在拧紧器旁;另一类是供料装置与拧紧器合为一体的结构。

6. 提高装配自动化水平的途径

(1) 改进产品设计,提高产品自动化装配的工艺性,着重改进零、部件结构,以便于自动定向、给料、装配和检验。具有准确姿势和到位的给料是自动装配成功的关键。

(2) 提高装配工艺的通用性,使之适应类似产品的多品种生产。装备的模块化对调整生产线的工位(生产能力)会带来极大的方便,可以快速增加、减少或更换工位。灵巧的随行夹具有助于各道装配工序的精确定位和控制。

(3) 发展和使用装配机器人及装配中心。利用光学、触觉等传感器和微处理机控制技术,使机械手的重复定位精度已达±0.2 mm,可根据装配间隙和零件表面温度等因素,自动调整位置,使零件顺利装入。

(4) 人的因素必须考虑,而且仍是保证产品质量的主要措施之一。对于技术要求较高、控制因素较多的装配作业,根据具体情况保留局部的人工操作来弥补当前自动化水平的不足,既机动灵活,又可降低成本。另外,必须重视改进装配系统中各个细小环节和附属工作,使装配机械化、自动化不断提高。

8.6 时间定额和提高生产率的工艺途径

一、机械加工时间定额

1. 时间定额的概念

所谓时间定额,是指在一定生产条件下,规定生产一件产品或完成一道工序所需消耗的时间。它是安排作业计划、核算生产成本、确定设备数量、人员编制以及规划生产占用面积的重要依据。它一般是技术人员通过计算或类比的方法，或者通过对实际操作时间的测定和分析的方法进行确定的。在使用中，时间定额还应定期修订，以使其保持平均先进水平。在机械加工中，完成一个工件的一道工序所需的时间 T_0，称为单件工序时间。

2. 时间定额的组成

(1) 基本时间 t_b：直接改变生产对象的尺寸、形状、相对位置、表面状态或材料性质等工艺过程所消耗的时间。对机械加工而言，就是直接切除工序余量所消耗的时间(包括刀具的切入或切出时间)。基本时间可按公式求出，例如车削的基本时间 t_b 为

$$t_b=\frac{L_j \cdot Z}{n \cdot f \cdot a_p} \tag{8-22}$$

式中：t_b——基本时间(min)；

L_j——工作行程的计算长度(包括加工表面的长度、刀具切出和切入长度(mm)；

Z——工序余量(mm)；

n——工件的旋转速度(r/min)；

f——刀具的进给量(mm/r)；

a_p——背吃刀量(mm)。

(2) 辅助时间 t_a：为实现工艺过程所必须进行的各种辅助动作所消耗的时间，包括装卸工件、开停机床、引进或退出刀具、改变切削用量、试切和测量工件等所消耗的时间。辅助时间的确定方法随生产类型而异。大批大量生产时，为使辅助时间规定得合理，需将辅助动作分解，再分别确定各分解动作的时间，最后予以综合；中批生产时，则可根据以往统计资料来确定，单件小批生产常用基本时间的百分比进行估算。

基本时间和辅助时间的总和称为作业时间。它是直接用于制造产品或零部件所消耗的时间。

(3) 技术服务时间 t_c：在工作进行期间内，消耗在照看工作地的时间，包括更换刀具、润滑机床、清理切屑、修磨刀具和砂轮及修整工具等所消耗的时间。

(4) 组织服务时间 t_g：在整个工作班内，消耗在照看工作地的时间，包括班前班后领换及收拾刀具、检查及试运转设备、润滑设备、更换切削液和润滑剂以及班后打扫工作场地、清理设备等所消耗的时间。

(5) 休息与生理需要时间 t_n：工人在工作班内恢复体力和满足生理上的需要所消耗的时间。t_n是按一个工作班为计算单位，再折算到每个工件上的。对机床操作工人一般按作业时间的 2%估算。在实际劳动量计算时，为了简化单件时间的计算，通常把 t_c、t_g、t_n三部分时间统一化为占 t_b和 t_a的百分数，即

$$t_c+t_g+t_n=(t_b+t_a)\times\beta \tag{8-23}$$

式中，β—— t_c、t_g、t_n三部分占 t_b和 t_a的百分比。

因此单件工序时间 T_0可用下式计算：

$$T_0=(t_b+t_a)\times(1+\beta) \tag{8-24}$$

单件工序时间不应包括以下内容：与基本时间重合的辅助时间，换件或换工序所需要的机床调整时间，由于生产组织、技术状态不良和工人偶然造成的时间损失，为返修或制造代

替废品的工件而花费的时间。

(6) 准备与终结时间 t_j。成批生产中,为了更换工件或换工序而对设备及工艺装备进行重新调整所需的时间。它是工人为生产一批产品或零、部件,进行准备和结束工作所消耗的时间。如在单件或成批生产中,每次开始加工一批零件时,工人需要熟悉工艺文件、领取毛坯和材料、工艺装备、安装刀具和夹具、调整机床和其他工艺装备等所消耗的时间。加工一批工件结束后,需拆下和归还工艺装备、送交成品等所消耗的时间。t_j既不是直接消耗在每个零件上,也不是消耗在一个工作班内的时间,而是消耗在一批工件上的时间。因而分摊到每个工件上的时间为 t_j/n , n 为批量。

二、提高机械加工生产率的途径

在制订机械加工工艺规程时,必须在保证零件质量前提下,提高劳动生产率和降低成本。劳动生产率是指工人在单位时间内制造的合格产品数量,或制造单件产品所消耗的劳动时间。它表现为时间定额和产量定额两种基本形式。时间定额又称为工时定额,是在生产技术组织条件下,规定一件产品或完成某一道工序所需消耗的时间。产量定额是在一定的生产组织条件下,规定单位时间内生产合格产品数量的标准。多数企业采用时间定额来反映劳动生产率。劳动生产率是一项综合性的技术经济指标。提高劳动生产率,必须正确处理好质量、生产率和经济性三者之间的关系。提高劳动生产率的措施很多,涉及产品设计、制造工艺和组织管理等多方面,这里仅就通过缩短单件时间来提高机械加工生产率的工艺途径作一简要分析。

1. 提高劳动生产率的工艺措施

1) 缩短基本时间

在大批大量生产时,由于基本时间在单位时间中所占比重较大,因此通过缩短基本时间即可提高生产率。缩短基本时间的主要途径有以下几种。

(1) 提高切削速度、增加进给量、减少加工余量、增加切深、缩短刀具工作的行程,都可以减少基本时间。因此,高速切削和强力切削是提高机械加工劳动生产率的重要途径。如采用硬质合金刀具的切削速度可达 3.4 m/s,陶瓷刀具可达 8.4 m/s,高速滚齿可达 1.23 m/s。在磨削方面,近年来发展的趋势是高速磨削和强力磨削。国内生产的高速磨床和砂轮磨削的速度已达 60 m/s,国外已达 90~120 m/s,强力磨削的切入深度已达 12 mm,从而使生产率大大提高。

(2) 采用多刀、多刃或多轴机床加工,可同时加工一个零件上的几个表面。采用多件加工,使很多工件的表面加工时间重合,从而缩短每个零件的基本时间。多刀加工可提高切削用量,增大切削速度、进给量和背吃刀量,从而可缩短基本时间,但切削用量的增大受到刀具耐用度和机床功率、工艺系统刚度等方面的制约。随着新型刀具材料的出现,切削速度得到了迅速的提高,目前硬质合金车刀的切削速度可达 200 m/min,陶瓷刀具的切削速度可达 500 m/min。近年来出现的聚晶人造金刚石和聚晶立方氮化硼刀具切削普通钢材的切削速度达 900 m/min。采用多刀同时切削,图 8.23(b)所示每把车刀实际加工长度只有原来的 1/3;图 8.23(c)所示 每把刀的切削余量只有原来的 1/3;图 8.23(d)所示用三把刀具对同一工件上不同表面同时进行横向切入车削。显然，采用多刀同时切削比单刀切削的加工时间大大缩短。

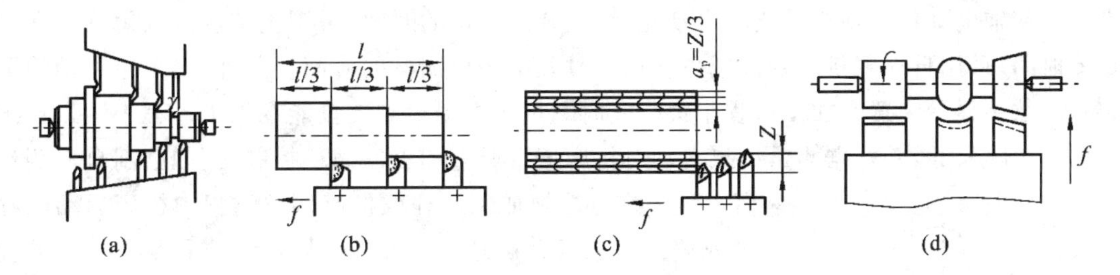

图 8.23 多刀加工

多件加工如图 8.24(a)所示零件的方式有以下三种。①顺序多件加工，即工件顺着走刀方向一个接着一个地安装，如图 8.24(b)所示。这种方法减少了刀具切入和切出的时间，也减少了分摊到每一个工件上的辅助时间。②平行多件加工，即在一次走刀中同时加工 n 个平行排列的工件。加工所需的基本时间和加工一个工件相同，所以分摊到每个工件的基本时间就减少到原来的 $1/n$，n 是同时加工的工件数。这种方式常见于铣削和平面磨削，如图 8.24(c) 所示。③平行顺序多件加工。这种方法为顺序多件加工和平行多件加工的综合应用，如图 8.24(d) 所示。这种方法适用于工件较小，批量较大的情况。

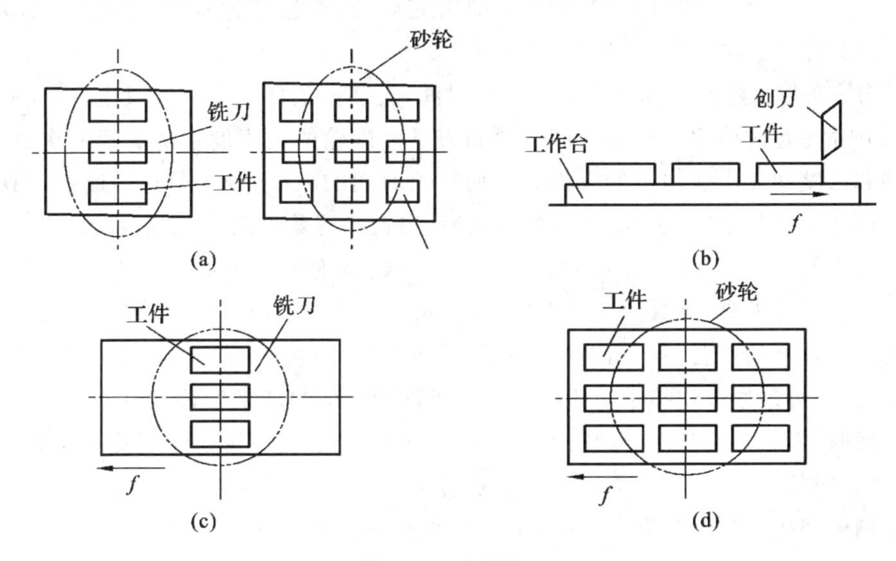

图 8.24 多件加工

(3) 减少加工余量。采用精密铸造、压力铸造、精密锻造等先进工艺提高毛坯的制造精度，减少加工余量，缩短基本时间，有时甚至不需要再进行机械加工，大幅度提高了生产率。

2) 缩短辅助时间

辅助时间在单件时间中也占有较大比重，尤其是在大幅度提高切削用量后，基本时间显著减少，辅助时间所占比重就更高。此时采取措施缩减辅助时间就成为提高生产率的重要方向。缩短辅助时间有两种途径：一是使辅助动作实现机械化和自动化，直接缩短辅助时间；二是使辅助时间与基本时间重合，间接缩短辅助时间。

(1) 直接缩短辅助时间。采用专用夹具装夹工件，工件在装夹中不需找正，可缩短装卸工件的时间。大批大量生产时，广泛采用高效气动、液动夹具来缩短装卸工件的时间。单件小批生产中，受专用夹具制造成本的限制，为缩短装卸工件的时间，可采用组合夹具及可调夹具。使辅助动作实现机械化和自动化，缩短装卸工件的时间；采用调整法以缩短试切和测量的时间，采用自动测量装置以减少在加工过程中停机测量的时间。此外，可采用主动检测装置或数字显示装置在加工过程中进行实时测量。主动检测装置能在加工过程中测量加工表面的实际尺寸，并根据测量结果自动对机床进行调整和工作循环控制，例如磨削自动测量装置。数显装置能把加工过程或机床调整过程中机床运动的移动量或角位移连续精确地显示出来，大大节省了停机测量的辅助时间。

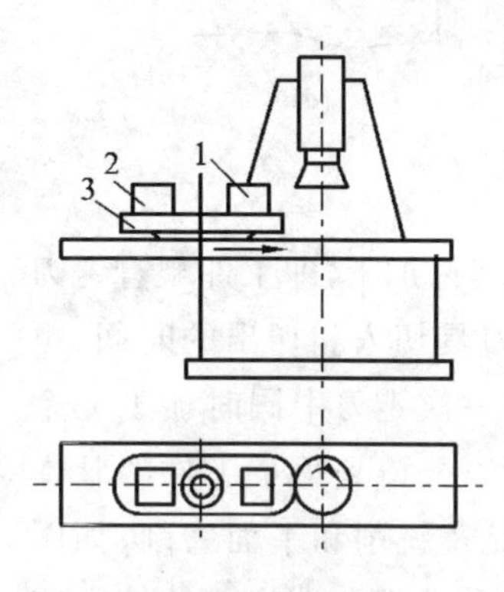

图 8.25　双工位夹具

1、2—工件；3—双工位夹具

(2) 间接缩短辅助时间。可采用多工位夹具、多工位工作台或多轴自动机，使工件的装卸时间与基本时间重叠。也可采用两个夹具交替工作，如在外圆磨床或多刀半自动车床上用心轴来定位加工工件时，可采用两个同样的心轴，一个心轴在机床上加工时，用同样的另一个心轴来装卸工件。以及在铣削中采用多工位夹具和回转工作台。图 8.25 所示为立式铣床上采用双工位夹具工作的实例。加工工件 1 时，工人在工作台的另一端装上工件 2；工件 1 加工完后，工作台快速退回原处，工人将夹具转 180°即可加工另一工件 2。

(3) 缩短布置工作地时间。布置工作地时间，大部分消耗在更换刀具上，因此必须减少换刀次数并缩短每次换刀所需的时间。提高刀具和砂轮的耐用度可减少换刀次数，以增加每次刃磨和修整间隔中所加工的零件数。而换刀时间的减少，则主要通过改进刀具的安装方法和采用装刀夹具来实现。如采用各种快换刀夹，刀具微调机构，专用对刀样板或对刀样件及自动换刀装置等，以减少刀具的装卸和对刀所需的时间。例如在车床和铣床上采用可转位硬质合金刀片刀具，既减少了换刀次数，又减少了刀具装卸、对刀和刃磨的时间。

到每个零件上的准备与终结时间。直接减少准备与终结时间，可以通过零件标准化和通用化实现，并可采用成组技术组织生产。按零件的相似原理来设计夹具和布置刀具，以减少零件更换时，刀具与夹具的调整时间。采用可换刀夹或刀架，即每个机床配备几个备用刀架，按照加工对象预先调整好，等待使用。这样可使工人在更换工件时，可迅速换刀。采用准备与终结时间极少的先进设备，如液压仿形机床、数控机床等。

2. 提高劳动生产率的综合措施

(1) 改进产品的结构设计。减少产品中零件的数量并减轻重量，这样既减少了劳动量又节约了材料的消耗；改善零件的结构工艺性，使零件便于加工，以及便于采用高效率的设备与工艺。尽量提高零件、部件和产品的通用化、标准化和系列化的程度，以减少设计的工作量，扩大加工零件的批量，有利于采用高效率的加工方法与加工设备。

(2) 采用新工艺、新技术。采用先进的毛坯制造方法，如粉末冶金、石蜡铸造、冷挤压、爆炸成形等提高毛坯的制造精度，减少加工的劳动量。采用机械化和自动化的先进工艺与设备，缩短工序单件时间，改善生产组织和生产管理。

(3) 采用先进的生产组织形式。采用自动线生产，改进生产管理，做好各项技术准备工作，合理制订生产计划，合理调配劳动力，做好服务工作与组织工作，如流水线的组织。

(4) 采用计算机技术。在生产中，广泛采用计算机辅助设计、辅助制造以及计算机管理等。

习题

简答题

1. 什么是生产过程？什么是工艺过程？
2. 什么是工序、安装、工步和走刀？
3. 什么是生产纲领？什么是生产类型？
4. 什么是基准？粗基准和精基准选择的原则有哪些？
5. 试分析比较直接找正、划线找正和夹具装夹法的工艺特点及应用范围。
6. 什么是定位基准？什么是六点定位原则？
7. 试述铣床夹具的分类。
8. 制订机械加工工艺规程时，为什么要划分加工阶段？
9. 试述机械加工顺序的安排原则。
10. 什么是尺寸链？什么是封闭环、组成环？判断增、减环的方法有哪些？
11. 工艺规程的作用和制订原则各有哪些？
12. 何谓经济加工精度？选择加工方法时应考虑的主要问题有哪些？
13. 何为工序集中？何为工序分散？各有什么特点？
14. 何谓毛坯余量、工序余量和总余量？影响加工余量的因素有哪些？
15. 装配包括哪些内容？
16. 装配精度有哪几类？它们之间关系如何？怎样确定装配精度要求？
17. 装配尺寸链和工艺尺寸链有何区别？
18. 请说明建立装配尺寸链的方法、步骤和原则。
19. 试述时间定额的组成。
20. 试述提高机械加工生产率的工艺途径。

参考文献 CANKAOWENXIAN

[1] 林承全. 机械设计基础[M]. 武汉:华中科技大学出版社,2008.

[2] 张国文,吴安德. 机械制造基础[M]. 北京:人民邮电出版社,2006.

[3] 卢秉恒. 机械制造基础[M]. 北京:机械工业出版社,2006.

[4] 杨宗德. 机械制造技术基础[M]. 北京:国防工业出版社,2006.

[5] 林承全,杨辉. 模具设计与制造专业教学改革的研究[J]. 新课程研究,2008,111(11):17-18.

[6] 林承全. 论铸铁件皱皮缺陷及其预防措施[J]. 湖北造纸,2007,93(3):40-42.

[7] 林承全. 论冲压模具设计制造与模具寿命的关系[J]. 科技信息,2007,236(24):158-159.

[8] 林承全,余小燕,郭建农. 机械设计基础学习与实训指导[M]. 武汉:华中科技大学出版社,2007.

[9] 杨宏,林承全. 翻带式砂带磨木机的研发[J]. 湖北造纸,2007,93(3):47-49.

[10] 余小燕,郑毅. 机械制造基础[M]. 北京:科学出版社,2005.

[11] 刘美玲,雷震德. 机械设计基础[M]. 北京:科学出版社,2005.

[12] 李舒燕,林承全. 模具制造工艺[M]. 武汉:湖北科学技术出版社,2008.

[13] 林承全,胡绍平. 冲压模具课程设计指导与范例[M]. 北京:化学工业出版社,2008.

[14] 陆全龙,刘明皓. 液压与气动[M]. 北京:科学出版社,2007.

[15] 陆全龙,吴水萍. 液压与气动习题实验指导[M]. 武汉:华中科技大学出版社,2007.

[16] 林承全,胡绍平,杨辉. 模具线切割加工中表面变质层的研究[J]. 装备制造技术,2008,160(4):22-23.

[17] 韩森和,林承全,余小燕. 冲压工艺及模具设计与制造[M]. 武汉:湖北科学技术出版社,2008.

[18] 林承全,余小燕. 冲压模具设计指导书[M]. 武汉:湖北科学技术出版社,2008.

[19] 林承全. 机芯自停杆冲裁弯曲级进模的设计与制造[J]. 模具制造,2008,85(8):26-28.

[20] 王明海. 机械制造技术[M]. 北京:中国农业工业出版社,2004.

[21] 林承全,杨辉. 加大机械设计改革措施的研究[J]. 科技与企业,2007,12:251-252.

[22] 林承全,罗小梅. 焊片少废料级进模设计与制造的研究[J]. 装备制造技术,2008,157(1):8-10.